U0011288

如何衡量萬事萬物

經典
紀念版

HOW TO
MEASURE
ANYTHING

Finding the value of "intangibles" in business

做好量化決策、分析的有效方法。

Douglas
W. Hubbard

道格拉斯・哈伯德 —— 著　　高翠霜 —— 譯

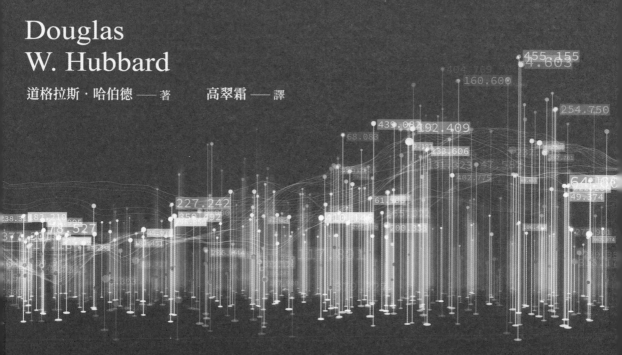

經營管理　112

如何衡量萬事萬物
做好量化決策、分析的有效方法（經典紀念版）

作　　　者	道格拉斯‧哈伯德（Douglas W. Hubbard）
譯　　　者	高翠霜
責 任 編 輯	許玉意、林博華
行 銷 業 務	劉順眾、顏宏紋、李君宜

總　編　輯	林博華
發　行　人	涂玉雲
出　　　版	經濟新潮社
	104台北市中山區民生東路二段141號5樓
	電話：(02) 2500-7696　傳真：(02) 2500-1955
	經濟新潮社部落格：http://ecocite.pixnet.net
發　　　行	英屬蓋曼群島商家庭傳媒股份有限公司城邦分公司
	104台北市中山區民生東路二段141號11樓
	客服服務專線：02-25007718；25007719
	24小時傳真專線：02-25001990；25001991
	服務時間：週一至週五上午09:30~12:00；下午13:30~17:00
	劃撥帳號：19863813　戶名：書虫股份有限公司
	讀者服務信箱：service@readingclub.com.tw
香港發行所	城邦（香港）出版集團有限公司
	香港灣仔駱克道193號東超商業中心1樓
	電話：(852) 25086231　傳真：(852) 25789337
	E-mail: hkcite@biznetvigator.com
馬新發行所	城邦（馬新）出版集團 Cite (M) Sdn Bhd
	41, Jalan Radin Anum, Bandar Baru Sri Petaling,
	57000 Kuala Lumpur, Malaysia.
	電話：(603) 90578822　傳真：(603) 90576622
	E-mail: cite@cite.com.my
印　　　刷	漾格科技股份有限公司
初 版 一 刷	2014年1月14日
二 版 一 刷	2022年8月2日

城邦讀書花園
www.cite.com.tw

ISBN：978-626-96153-5-3、978-626-96153-6-0 (EPUB)　　　版權所有‧翻印必究

定價：500元　　　Printed in Taiwan

前言

2007年本書第一版出版之後，發生了許多事。首先是，我的出版商和我發現，《如何衡量萬事萬物》（*How to Measure Anything*）這樣的書名顯然引起廣大興趣。三年來，該書一直是亞馬遜網路書店商業數學類的最佳暢銷書。讀者的興趣非但沒有減弱的跡象，還橫跨許多行業和國家。

在這第二版當中，我所要傳遞的基本訊息是，糾正一個瀰漫在今日許多組織中的昂貴迷思：有些事物無法進行衡量。這個被眾人緊緊擁護的信念，造成了經濟、公共福利、環境、甚至國防上的重大漏洞。「無形事物」諸如品質、員工士氣的價值、甚至是潔淨水的經濟影響等，常常是重大商業決策或政府政策決定的一部分。一項重要的決策常常需要對所謂的無形事物有更好的了解，然而當一位主管相信某事物是不可衡量的，便不會考慮對它做衡量。

結果，決策時所擁有的資訊少於應該有的，因此提高錯誤的機會。如此一來造成資源錯置，拒絕好的想法，卻採用壞的想法。於是白白浪費金錢。在一些例子中，則是生命和健康都面臨危害。相信有些事物（甚至是非常重要的事物）是不可能衡量的，是整個經濟齒輪中的砂石，阻礙了經濟的運行。

所有重要的決策人士，若能知道他們真正需要了解的事物都是可以衡量的，對他們將有很大的助益。然而，在民主社會和自由企業的經濟中，選民和消費者就是這些「重要的決策人士」。若能仔細經過

衡量，你生活中的一些決定或是在職業責任上的決策，將有機會大幅改善。實際上可以確定的是，你的生活已經因為**其他人**的決策缺乏衡量，而受到（負面的）影響。

　　我的職業生涯是藉由衡量許多人認為無法衡量的事物起家的。1988年在我剛拿到MBA學位、擔任普華永道會計師事務所（Coopers & Lybrand）管理顧問工作後不久，我開始注意到大家需要有更好的衡量。我常感到驚訝，客戶總以完全無法衡量為由，因而放棄一個關鍵的數量──而那是會影響到一項重大新投資或政策的。在某些案例中，當有人說某件事物是「無法衡量的」，我會想起那些確實被衡量的特定例子。我開始懷疑，所有宣稱無法衡量的，可能都言之過早，因此我會進行研究，用以確認或反駁這類宣稱。一次又一次，我不斷發現，那些被宣稱為不可衡量的事物，已有學術上或其他產業的專業人士做過衡量了。

　　值此同時，我還注意到，討論數量方法的書籍，並沒有強調所有的事物都是可以衡量的，也沒有聚焦在讓真正需要的人可以取得資料。這些書籍傾向於假設讀者的目標是要求衡量的精確程度，是足以在科學期刊上發表的精確程度──而不只是用非統計學家也能懂的方法來降低重大決策的不確定性。

　　觀察幾年之後，1995年我認定，為經理人提供更佳的衡量，是有市場的。我結合許多領域的方法，創造了一套解決對策。不僅能對每一個宣稱不可衡量的事物進行衡量，連最棘手的「無形事物」也常能以令人驚訝的簡單方法做衡量。人們根深蒂固地相信，重要的數量是無法衡量的。挑戰這個信念的時候到了。

　　撰寫此書期間，我覺得自己好像在揭開一項大祕密，而一旦祕密跑出來了，很多事物也許都會不一樣了。我甚至想像它對經理人來說會是某種小型的「科學革命」──類似於一個世紀前，費德列‧泰勒

（Frederick Taylor）所引進的「科學管理」（scientific management）。科學管理最初的焦點在於將勞動流程做最適化，現今我們需要的則是將管理決策的衡量最適化。對於常被管理階層忽略的那些事物，正式的衡量方法才剛達到相當於煉金術的水準。我們需要從煉金術前進到化學和物理學。

　　本書分為四篇，需要您依序閱讀。第一篇成立了「所有事物都是可以衡量的」論述，並提出一些會激發讀者在看似不可能時也嘗試去做衡量的例子。它涵蓋整本書的基本哲理，因此，請務必閱讀這一篇。尤其，在本篇中為衡量所下的特殊定義，是正確了解本書其他部分的重要關鍵。

　　第二篇則是具體描繪如何進行衡量——特別是探討不確定性、風險、資訊的價值。您會學到如何以「校準的機率評估」來衡量自己主觀的不確定性，以及如何用這項資訊去計算風險和做更多衡量的價值。在前進到下一篇之前，了解這些觀念是很重要的。

　　第三篇討論如何用各種觀察方法來降低不確定性，包括隨機抽樣和對照控制實驗。本篇提供一些快速估算的捷徑，同時也討論改善衡量的方法，逐步降低不確定性。

　　第四篇收集有趣的衡量解決方式和案例，討論諸如偏好、價值、彈性和品質等事物的衡量方法。同時加入一些新的衡量工具，包括校準的人的判斷或甚至是網際網路。最後會集結所有的評量方式，來應用在兩個個案研究上。

　　在第1章，我對讀者提出一項挑戰，在此請容我再次強調那項挑戰。請寫下你在家庭生活或工作上的一項或多項衡量難題，然後抱持著「找到衡量它們的方法」這個特定目的來閱讀此書。如果那些衡量對你的決策有任何明顯的影響，則這本書的成本及閱讀此書所花的時間，就都得到了多倍的回報。

第一篇

衡量：
總是有方法可以衡量的

第1章

無形事物及其帶來的挑戰

對於你所談論的東西，你若是能加以量度，並以數字將之
表達出來，那麼你對於那樣東西可說是有了某種程度的了解；
反之，你若是無法加以量度，或是無法以數字將之表達出來，那
麼你對於那樣東西的所知，則要歸於貧乏之列，或是嚴重不足之
列……。

——開爾文爵士（Lord Kelvin，英國物理學家暨上議院議員，1824-1907）

萬事萬物都是可以衡量的。如果有辦法觀察一件事物，這件事物就能被某種方式衡量。無論這項衡量有多「模糊」，只要能讓你知道得比以前多，它就是一項衡量。而那些最常被視為無法衡量的事物，事實上卻總是可以用相對簡單的方法予以量化。

正如本書英文副標所示，我們要討論的是如何找出企業界常稱之為「無形事物」（intangibles）的價值。對於「無形」這個名詞，通常有兩種理解。其一，「無形」通常用來形容那些真的看不見形體（亦即，無法碰觸到、不是具體的東西），然而卻普遍被認為是可以衡量的事物。像是時間、預算、專利所有權等等，便是無法碰觸到、卻可以被衡量的事物。事實上，已有成熟的產業在做像是版權、商標等所謂無形資產的估價工作。但是，「無形」這個名詞也意指無法用任何方法衡量的事物，無論是直接或間接的方法。以這個意義而言，我主張這樣的無形事物是不存在的。

你在企業組織中一定聽過「無形資產」──亦即那些可能無法用任何方法衡量的東西。事實上，由於這個「無法衡量」的假設太過強烈，以至於鮮少有人嘗試要對它進行觀察，而失去可能獲得令人驚訝的事實的機會。以下是真實人生中所謂的無形事物：

- 管理效能
- 新產品的預期營收
- 政府新環境政策對公眾健康的影響
- 研究的生產力
- 創造新產品的「靈活性」
- 資訊的價值

- 倒閉的風險
- 某個政黨贏得總統大選的機會
- 資訊科技計畫失敗的風險
- 品質
- 公眾形象

這些例子，每一項都與組織必須要做的重大決策有密切關聯。然而在大多數的組織中，由於這些「無形」事物被認為是無法衡量的，因此導致無法取得充足的決策資訊。

我在某個地方曾多次看到這個現象，那就是檢視投資計畫並做出核可與否決策的「指導委員會」（steering committees）。這些投資計畫可能是關於資訊科技、新產品的研究和開發、重大的房產開發案，或是廣告宣傳活動。在有些案例中，委員會直接拒絕那些主要利益為所謂「軟」利益的投資計畫。像是「增進口碑的廣告宣傳」、「降低策略性風險」，或是「高檔品牌定位」等名稱的計畫，在評價過程中常被忽略，因為這些全被視為無法衡量。這些概念受到拒絕並不是因為提案人沒有事先對計畫的利益進行衡量（這是一個合理的拒絕理由）；而是大家從來就認為這些利益是不可能衡量的。結果，有些最重要的策略提案因此被忽略，反而選擇不重要的成本節約點子。同樣令人感到不安的是，有些重大的投資計畫，甚至在缺乏衡量計畫能否運作的情況下，就草率獲得通過。

實際上，有一些組織已經成功地對上述事項全都做過分析和衡量，而且所使用的方法可能沒有你想的那麼複雜。本書的目的就是要告訴企業組織兩件事：

1. 看起來非常棘手的無形事物，其實是可以衡量的。
2. 可利用符合經濟效益的方式完成衡量。

為了達成這些目標，本書將先說明關於無形事物常見的一些誤解，告訴大家如何衡量無形事物，並對特定的問題提供一些有趣的方法。同時提出一些案例，說明人們如何解決一些被認為是最困難衡量的工作，希望讀者能從這些例子中得到啟發、獲得靈感。

在這本書中，我們會提供簡單的圖形、表格，以及步驟流程，藉以克服許多人對使用量化衡量方法的恐懼。你完全不需要受過任何進階的數學方法訓練，只需要具備一些能清晰定義問題的能力即可。

建議你可多加利用本書的補充資料網站（網址為www.howtomeasureanything.com），下載關於這本書中許多計算的詳盡細節。同時也有額外的學習協助、案例以及討論區，可供你提問關於本書或是在衡量方面所遭遇的一般性問題。

萬事萬物都可以衡量

建議從一個有用的練習先試試看。在我們順著章節往下閱讀時，請寫下那些你認為是無法衡量的事物，或至少是你不確定要如何衡量的事物。在讀完本書之後，我的目標是讓你能夠找到所列出的每件事物的衡量方法。你不必有所保留，我們將會討論到衡量像是海洋中魚群的數量、幸福婚姻的價值，甚至是人類生命的價值等這類看似無法衡量的事物。無論你要衡量與企業、政府、教育、藝術有關的現象，或是任何其他事物，都能在本書中找到適用的方法。

我的目標不在涵蓋物理科學或是經濟學中的每一個領域，尤其是

那些已經有衡量方法的領域。在這裡，我們所聚焦的衡量，乃是那些與重大組織性決策有關的，甚至是關鍵性的，然而似乎還沒有明顯且符合實際的衡量解答者。

如果在本書中未能提及你特定的衡量問題，請別遽下結論，以為這本書沒有涵蓋與該議題有關的衡量方法。我即將談到的方法，適用於所有的不確定性問題，且多少都與你的公司、社區、甚至你的個人生活有關。就像是，你在小學上的算術課，可能沒有特別教你347乘以79的解答，但是你知道相同的程序適用於所有的數字組合和運算。因此，如果你的問題正好沒有在本書的討論之列——像是更完善的產品標示法的價值、電影劇本的品質，或是潛能開發研討會的效能——請不要驚慌。你只要讀完整本書並且加以實際應用，你的無法衡量問題就會變成完全可以衡量。

命題

首先，我們陳述三項命題（proposition）來定義並著手處理企業的衡量問題：

1. 管理階層在意衡量，因為衡量可以對具不確定性的決策提供資訊。
2. 任何一項決策，都存在許多有待衡量的事物以及衡量方法——但是完全的確定性極少是符合現實的選項。
3. 因此，管理階層需要有一個方法可以分析降低決策不確定性的各種選項。

也許你認為前兩項重點過於簡單明顯。但少有管理顧問、績效衡量專家、或甚至是統計學家，在處理問題時會明顯地用以支援決策為目標。即使他們明確地把這個目標放在心上，至少最後那一點，是許多企業的衡量方法所缺乏的。

將衡量視為降低不確定性的最適化問題，將有助於我們解決問題。衡量乃是要支援決策，而衡量本身就有許多決策要處理。

如果需要做的決策具有高度不確定性，而且一旦做錯了，後果非常嚴重，那麼能降低不確定性的衡量，就具有很高的價值。如果衡量不能告訴我們重要的訊息，沒有人會在意衡量。同樣地，如果衡量是免費的、明顯可見而又即時，則我們對於要衡量的標的、方法或甚至是否要做衡量，就無需猶豫了。

的確，若我們願意進行衡量，是因為衡量本身有其市場價值（例如，消費者調查的結果），或是因為它能滿足我們的好奇心，或是具有娛樂性（例如，陶藝估價的學術研究）。然而，如果一項衡量對你的決策不能提供參考資訊，但仍有可能對願意付錢購買這項資訊的人，提供了決策資訊。如果你對於毛象到底發生了什麼事具有學術上的好奇心，那麼，我相信本書對於如何設定這個問題將會有所貢獻。

這本書處理三大課題：為什麼沒有一項事物是真正無法衡量的、如何設定及定義各種衡量問題，以及如何使用有力且實際的衡量方法來解答問題。接下來兩章為第一點建立論證：你真的可以衡量萬事萬物。第4章到第7章，從支援特定決策的觀點回答問題，並以此來設定衡量問題。我們必須要回答，在想要的衡量之下，「到底真正的問題／決策／困境是什麼？」我們也必須回答「該問題真正要衡量的是什麼，以及準確／正確程度要多少？」這些問題架構出衡量要解答的主要決策，以及衡量的過程中需做的「微決策」（microdecisions）。

本書其餘的部分，則是結合了這個方法和強有力且實際的實證方法，來降低不確定性。最後一章將敘述在現實世界的問題中該如何應用。由於這個方法可以應用於萬事萬物，細節有時會變得複雜。但是比起組織慣常在做的一些方案，複雜程度則是低得多了。我之所以知道，乃是因為我已成功協助過許多組織應用這些方法於**真正**複雜的問題：創業投資、IT投資組合、衡量訓練、增進國土安全，以及其他許多事項。

事實上，有用的衡量常常比人們原先猜想的要簡單得多。在第2章中我會敘說三個聰明人為大家原本認為很難或不可能衡量的事物做衡量的故事，藉此來說明我的論點。

第2章

直覺衡量的習慣

　　只要你研究問題的態度多一點創意、少一點失敗主義,則即使在預算限制下,還是能觀察到一些有用的事物。

立志成為衡量萬事萬物的高手似乎是很有企圖心的事，然而，在過程中我們仍需要一些激勵人心的案例以維持動力。我們需要的是一些衡量「英雄」——那些憑直覺看到衡量解答的人，他們常常以令人訝異的簡單方法解答了困難的衡量問題。幸運的是，有許多人——有靈感同時也帶給別人靈感——可以展現給我們看，這樣的技能是什麼樣子。然而，許多最佳範例似乎都不是來自企業界。事實上，這本書將大量援引外界的案例，來揭露可以應用在企業上的衡量方法。

- 一位古希臘人，藉由觀察正午時分在不同城市的日影長度差異，以及應用簡單的幾何學，估算出地球的圓周。
- 一位諾貝爾物理獎得主，以如何估計芝加哥市內鋼琴調音師人數為例，教導學生如何做估計。
- 一名九歲的女孩，她設計一項實驗，推翻了新興的治療法「觸摸療法」（therapeutic touch，一種能量療法），並在兩年之後刊登在《美國醫學會期刊》（*Journal of the American Medical Association, JAMA*）上，成為該期刊歷來最年輕的發表人。

你可能聽過這三位，或其中的一或二人。這三位都未曾見過彼此（他們生活在不同的時代），但是每一位都有能力評估衡量問題。他們能夠利用簡單的觀察，以迅速估計未知的事物。將他們的方法與你在企業裡常見的方法做對照比較，是很重要的。上述例子裡的人物，是真實存在過或仍然存在的人，他們的名字是埃拉托色尼（Eratosthenes）、恩里科（Enrico），以及艾蜜莉（Emily）。

古希臘人如何衡量地球大小

我們第一位衡量界的前輩做了一件那個時代許多人可能會認為是不可能的事。一位名為埃拉托色尼（大約公元前276─194年）的古希臘人，為地球的圓周做了首次有紀錄的衡量。若你對他並不陌生，可能是因為許多高中三角和幾何教科書中皆曾提及這號人物。

埃拉托色尼沒有使用精確的量測裝備，而且他肯定沒有雷射或衛星。他甚至沒有進行具危險性或是可能要花上一輩子的努力去環繞地球航行。反而是，他在亞歷山卓圖書館閱讀時，讀到了在埃及南部的賽伊尼（Syene）城裡有個深井，每年都會有一天，正午的陽光能照到整個井底。這表示在那個時間點，太陽必定是在那一點的正上方。但他也觀察到，在同一時間，亞歷山卓城（幾乎位於賽伊尼城的正北方）裡的垂直物體，則是有影子的。這表示亞歷山卓城在同一時間接收到的日光，角度有些微不同。埃拉托色尼體認到，他可以利用這項資訊估計地表彎曲的程度。

他觀察到，每年那天正午在亞歷山卓的日影角度，相當於一個圓形圓弧的五十分之一。然而，如果亞歷山卓和賽伊尼城之間的距離是五十分之一的圓弧，那麼地球的圓周必定是兩城間距離的50倍。時至現代，企圖複製埃拉脫色尼的計算，其結果因為日照角度、古代度量單位的轉換、兩座古城的精確距離，而或有不同，但是通常得到的結果，發現他的答案與真正數值間的差異只在3%以內。[1]埃拉托色尼的計算是先前知識的大幅進步，而他的誤差比起幾十年前現代科學家關於宇宙大小和年紀的估計，還要來得小。即使在1,700年後，哥倫布很顯然是不知道或是無視於埃拉托色尼的成果；他的估算整整少了25%。（哥倫布認為自己可能是在印度，而不是在另一個廣大、位

於中間的大陸，這就是原因之一。）事實上，比埃拉托色尼更精確的衡量，則是在哥倫布之後又過了300年才出現。在那時候，兩個法國人，藉由十八世紀晚期法國最精密的量測設備、眾多工作人員以及龐大經費，終於能夠做得比埃拉托色尼更好。[2]

這就是給企業界上的一課：埃拉托色尼靠著計算一些簡單的觀察，做出看似不可能的衡量。我曾在衡量及風險分析研討課程中詢問學員，他們要如何在沒有現代工具的幫助下做估算，他們通常都會採取一些「困難的方法」（例如，環繞地球航行）。但是，埃拉托色尼實際上，**可能根本沒有離開圖書館周邊**去做這項計算。他的衡量是基於其他更簡單的觀察。他從已確定的少數事實中，設法找出許多資訊，而不是將困難的方法預設為唯一的方法。

估算：學學恩里科・費米

另一位不是企業界的人，但也能為企業內的衡量問題帶來靈感，就是恩里科・費米（Enrico Fermi, 1901-1954），他是1938年諾貝爾物理獎得主。他有著非常熟練的本能，能做直覺的、甚至聽起來很隨興的衡量。

有一個著名的例子。1945年7月16日美國第一次成功試爆原子彈的現場，費米展現了他的衡量技巧。當時他是在基地觀察爆炸的原子科學家之一。正當其他科學家忙著為衡量爆炸力場的設備做最後調校的時候，費米則是用筆記簿的一頁紙張在做碎紙。第一波爆炸波的風開始向觀察基地席捲而來時，他慢慢地將這些碎紙撒下，同時觀察這些碎紙被爆炸波吹散落下的範圍（散落最遠的紙片視為是壓力波的最

高點）。費米的結論是，力場必定大於10公噸。這在當時是全新的訊息，因為其他觀察試爆的專家，都不知道下限為何。觀察到的爆炸會不會大於5公噸？還是大於2公噸？剛開始這個答案並非顯而易見。（這是地球上第一次原子試爆，還沒有人看過這類事件。）分析量測設備的數據之後，力場最後的測定值為18.6公噸。費米和埃拉托色尼一樣，知道一項法則，就是將一項簡單的觀察──碎紙被風吹落地的散布狀況──連結到所要衡量的數據上。

快速估算的價值，常常展現於費米的職業生涯中。他以要求學生概估一些聽起來不可思議的數值為名，學生們乍看之下可能會自認為對這些數值一無所知。這類「費米提問」（Fermi question）中最著名的例子為，費米要學生估算芝加哥市內有多少位鋼琴調音師。他（科學及工程學系的）學生們一開始會說根本不可能知道這個數目。當然，有些解答方式是直接去找廣告、詢問認證單位等，逐一計算調音師的人數。但是費米想要教導學生，要如何解答那些不容易確定結果的問題。他要學生發掘關於提問數值已知的**一些事情**。

費米會從要求學生估算其他關於鋼琴和鋼琴調音師的事項開始，這些雖仍是不確定的，但較容易估算。包括目前芝加哥市的人口數（1930年代到1950年代，大約是300多萬）、一個家庭平均的成員數量（2或3人）、需要定期調音的家庭比例（不超過1/10但不小於1/30）、多久需要調音一次（也許平均一年一次）、每位調音師一天能夠調校多少架鋼琴（包含交通時間，大約是4或5架），以及調音師一年工作多少天（約莫250天左右）。如此便可做下列計算，以求得結果：

芝加哥調音師人數＝人口數／每戶平均人數

　　　　　　×擁有調過音的鋼琴的家庭比率

　　　　　　×平均每年調音次數／

　　　　　　（每名調音師每天可調的鋼琴架數×

　　　　　　一年的工作天數）

　　依照你所選擇每項數值不同，你得到的答案可能在20人到200人的範圍之內，最普遍的會是在50人左右。拿這個數字和確實的數據（費米從電話簿或職業工會名單取得的數據）相較，總是比學生原先所想的更接近真實數值。雖然結果看起來範圍似乎很大，但是比起學生剛開始常有的「我們甚至都不知道從何猜起？」想法，這可是個進展。

　　解答費米提問的這項方法即稱為「費米分解法」（Fermi decomposition）或「費米解法」（Fermi solution）。此法能幫助我們估算不確定的數值，也同時提供基礎，讓我們了解不確定性來自何處。是來自於做過鋼琴調音的家戶比率嗎？還是鋼琴多久需要調音一次？還是調音師一天可以調音的鋼琴架數？或是其他？知道不確定性的最大來源，將指引出可以降低最多不確定性的衡量。

　　就技術上而言，費米分解法還不算是一項衡量。它並非以新的觀察做為根據。（而我們稍後將會看到，這是「衡量」一詞的中心意義。）它其實是在評估你對一個問題已經知道的資訊，因而讓你得到一個約略估計的數目。企業界從這當中學習到的是，可以避開「不確定性是無法偵測、無法分析」的困境。不被問題中的不確定性打倒，反而開始自問，在這個問題中你確實知道些什麼。稍後我們將會看到，要對那些看似完全無法衡量的事物做衡量，非常重要的一步就是，評估你目前對於這個數值所知道的資訊。

費米分解法應用在業務拓展計畫

Wizard of Ads行銷公司的查克‧麥凱（Chuck McKay），鼓勵各家公司在估算一項產品於特定區域內的市場規模時，應用費米提問。曾有一家保險經紀公司請查克評估在德州威奇托福爾斯（Wichita Falls, Texas）開辦事處的機會，該公司尚未進駐這個地區。這個市場是否有容納另一家保險經紀公司的空間？為了測試這項業務提案的可行性，麥凱利用一些網路上搜尋到的資料，提出了幾個費米提問。和費米一樣，麥凱從總人口數問題開始進行。

根據City-Data.com網站上的資料，威奇托福爾斯地區有62,172輛車。而根據保險資訊協會（Insurance Information Institute）的資料，德州每年汽車保險費平均為837.40美元。麥凱假設幾乎所有的車輛都有保險，因為這是法令強制的，所以該地區的保險總收益每年為52,062,833美元。該經紀公司知道平均佣金率為12%，因此每年佣金總金額為6,247,540美元。根據Switchboard.com網站上的資料，該處有38家保險經紀公司，所以平均每家經紀公司每年的佣金收入為164,409美元。

這個市場可能已很擁擠，因為City-Data.com網站上還包括威奇托福爾斯的人口數字，從2000年的104,197人，到2005年降為99,846人。尤有甚者，一些大公司承銷了大部分的業務，因此收入會比上述數字更少——而這還未扣除營運費用呢。

麥凱的結論：該地區新品牌的新保險經紀公司沒有太大的獲利機會，該經紀公司應該放棄這個計畫。

（請注意：這些都是確切的數字。但是我們很快就會討論到，如果你手邊有的並非確切的數字，而是區間數值時，要如何來做同樣類型的分析。）

實驗：不是只有大人才能做

　　另一位對於其所處世界似乎也具有衡量本領的人是艾蜜莉‧羅莎（Emily Rosa）。雖然艾蜜莉在《美國醫學會期刊》上發表了她的一項衡量，但她並沒有博士學位，甚至沒有高中文憑。艾蜜莉做該項衡量的時候，還只是個9歲的小學生，正在為她的四年級科學展覽計畫想題目。在她的研究被刊登出來時，她也只有11歲，是這本極具聲望的醫學期刊有史以來最年輕的研究發表者，或許也是所有主要的科學性期刊中最年輕的。

　　1996年，艾蜜莉看到她的母親琳達正在觀看一卷錄影帶，是關於當時正蓬勃發展的產業，稱為「觸摸療法」（therapeutic touch）。該療法以改變病人的「能量場」（energy fields）來治療病人的病痛，為具爭議性的治療法。影片中，病人靜靜地躺著，一位治療師將手放在病人身體上方幾公分的空中移動，用以探測並去除那些造成各種病痛的「不良能量」（undesirable energies）。艾蜜莉告訴她的母親，她想要針對這種療效做一項實驗。琳達是一名護士、同時也是「美國國家反健康詐欺委員會」（National Council Against Health Fraud, NCAHF）長年會員，因此給了艾蜜莉一些方法上的建議。

　　艾蜜莉最初找了21名治療師來進行科學實驗。艾蜜莉和治療師分別坐在一張桌子的相對兩邊，以一張硬紙板做的螢幕將兩人隔開，

使兩人無法看到彼此。螢幕的下方有兩個洞，讓治療師能將兩手掌心向上伸向艾蜜莉，而治療師的眼睛是看不到手的。艾蜜莉則將自己的手放在治療師的一隻手上方約10到12公分之處，以擲硬幣的方式決定是治療師的左手還是右手。（硬紙板螢幕上已畫出艾蜜莉手應擺放的高度，務使每次擺放的距離能夠一致。）治療師在看不到手的情況下，必須藉由感受艾蜜莉能量場的方式，說出她的手是放在自己的左手還是右手上方。艾蜜莉將實驗結果拿去參加科學展覽，得到了藍帶獎——每位參展者都是藍帶獎。

　　琳達將艾蜜莉的實驗告訴了她在反健康詐欺委員會認識的史蒂芬‧柏瑞特博士（Stephen Barrett）。柏瑞特對該實驗方法的簡單性及初步發現深感興趣，於是又告訴了「公共電視網」（Public Broadcasting System）《美國科學新境》（*Scientific American Frontiers*）電視節目的製作人。1997年，製作人拍攝了一集關於艾蜜莉實驗方法的影片。艾蜜莉說服了當初21名治療師當中的7人，為錄製該節目再做一次實驗。至此，她一共做了28次實驗，每次實驗中治療師都有10次猜測左右手的機會。

　　這項由21位治療師所做的280次實驗（14位治療師做了10次實驗，而另外7位治療師則做了20次實驗）去感受艾蜜莉的能量場。實驗結果：他們正確指出艾蜜莉手擺放位置的次數只有44%。單就機率而言，在95%信心水準下，他們猜對的機率應該是50% +/- 6%。（如果你投擲硬幣280次，得到人頭那面的機會落在44%到56%的機率為95%。）因此，那些治療師的運氣有點不好（因為結果是落在該範圍的下限），但是這個結果並沒有超出機率能解釋的範圍。換言之，「未經認證」的人——像是你我——在做觸摸療法時，猜對的機會和治療師是一樣的，甚至可能更好。

　　琳達和艾蜜莉認為，這樣的結果值得發表。在1998年4月，當時11歲的艾蜜莉在《美國醫學會期刊》發表了她的實驗。這使她登上了《金氏世界紀錄》（*the Guinness Book of World Records*），成為主要科學期刊上最年輕的研究發表人，並獲得詹姆士‧藍帝教育基金會（James Randi Educational Foundation）1,000美元的獎金。

　　詹姆士‧藍帝是退休的魔術師，也是有名的懷疑論者，設立這個基金會，希冀以科學的方式來探索宣稱超自然（paranormal）的作為。（他給予艾蜜莉一些在實驗法則方面的建議。）藍帝設立一百萬美元的「藍帝獎」（Randi Prize），給每位能以科學方法證明超感官知覺（extrasensory perception, ESP）、透視力（clairvoyance）、探測占卜（dowsing）等等這類現象的人。藍帝不喜歡他的努力被貼上「戳破」（debunking）超自然主張的標籤，因為他只是以科學的客觀性來評量這些主張。但是因為數百位應徵者的超自然主張都無法通過簡單的科學測試，沒能得到獎金，最後的結果就變成是「戳破」了。在艾蜜莉的實驗出現之前，藍帝就對觸摸療法很有興趣，也想做測試。但是，不像艾蜜莉，他只找到一位治療師同意做客觀的測試——而此人未能通過測試。

　　在艾蜜莉的實驗結果發表之後，觸摸療法的擁護者對實驗方法提出種種反對意見，宣稱它的證明是無效的。有些聲明表示，能量場的距離其實是2到7公分，並不是艾蜜莉實驗時所採用的10或12公分。[3]也有聲明表示，能量場是流動的，不是靜態的，而艾蜜莉的手靜止不動，是不公平的測試（儘管在他們的治療過程中，病患是靜靜躺著的）。[4]這些聲明都不出藍帝所料。「人們在事後總是有藉口，但是在實驗開始前，每一位治療師都曾被徵詢是否同意實驗的條件。他們不只是同意，而且還信心滿滿會有很好的表現。」當然，對艾蜜莉

實驗結果的最佳反駁，就是建立一個對照控制、有效的實驗，而其結果能證明觸摸療法**真的**有用。可是到目前為止還沒有這樣的反駁出現。

　　藍帝碰到太多這類以追溯的藉口來解釋何以未能展現超自然技巧，因此他在自己的測試中加上另一項小小的說明。在進行測試之前，藍帝準備了一份具結書請受測者簽名，上面載明他們同意測試的條件，事後不得提出異議。事實上，測試者都預期在所述的條件下會表現得很好。藍帝在這個時候交給他們一份密封的信封。測試結束後，當他們試圖以實驗設計不良拒絕承認測試的結果，藍帝就會請他們打開信封。裡面的信中只有短短幾句：「閣下已經同意實驗條件是最適當的，以及測試後沒有任何藉口。而現在你就是在找藉口。」藍帝觀察到，「那些人覺得這封信極為討厭。」

　　艾蜜莉的例子給企業界上了不只一課。首先，即使是聽起來非常感人的東西，像是「授權員工」、「創造力」，或是「策略聯盟」等，凡是重要的事項，都必須要能夠觀察到成果。我不是說這類事物是「超自然」的，但是應該適用相同的規則。

　　第二，艾蜜莉的實驗呈現出，科學調查中慣用的簡單方法是很有效的，像是對照控制實驗（controlled experiment）、抽樣（即使樣本數不多）、隨機化，以及使用某種「遮蔽」方式來避免受測對象或研究人員的偏頗。這些因素的組合能讓我們觀察及衡量各種現象。

　　同時，艾蜜莉也展示出，有用的實驗，即使是小孩子用極低的預算也能夠了解。琳達表示，她只花了10美元進行這個實驗。艾蜜莉原本也可以建構一項複雜的臨床測試，使用測試組和對照組來測試觸摸療法改善健康的程度，並研究這個方法的效果。但是她不需要那麼做，因為她只要問一個更為基本的問題。如果治療師可以做到他們

所宣稱的，艾蜜莉推論，那麼他們**至少能夠感受到能量場**。如果他們感受不到能量場（而這是宣稱療效的基本假設），那麼觸摸療法的一切都很可疑。她原本可以找到一個花費更多的方法，像是醫藥研究裡小型臨床研究的預算。但是她決定只需要足夠的精確度即可。相較之下，貴公司的績效指標方法中有多少能夠刊登在科學性期刊上呢？

　　艾蜜莉的例子告訴我們，簡單的方法如何能產生有用的結果。她的實驗比起大部分的期刊論文，複雜度上要簡單多了，但是實驗的簡明程度事實上被認為是有利於研究發現的強度。根據該期刊的編輯喬治・郎德柏克（George Lundberg）所述，《美國醫學會期刊》的統計學家們「驚艷於它的簡單性和結果的清晰性。」[5]

　　也許你在想，艾蜜莉是少見的奇才。即使是我們大人，對於這類衡量問題大多數人也想不出如此聰明的解答。根據艾蜜莉自己所說，這絕非事實。在寫這本書時，艾蜜莉・羅莎正值科羅拉多大學丹佛分校心理系畢業前的最後一學期。她自承學業平均分數（GPA）是相對中等的3.2，並形容自己表現平凡。不過，她的確要面對大家的預期。對於11歲就發表研究的她，很多人都預期會有非凡的表現。她說：「這一直是我難以承受之重。因為有些人認為我是很厲害的專家，然而一旦發現我是如此平凡，讓他們大感失望。」在和她談過話之後，我認為她有些過謙，不過她的例子的確證明了，如果願意嘗試，大多數的企業經理人確實能夠達成一番成就。

　　我有時候會聽到一種言論，認為應該避免「高深」的衡量（像是對照控制實驗），因為高階管理階層不了解這些東西。這似乎是假設所有高階管理階層都真的屈服於「呆伯特法則」〔the Dilbert Principle，漫畫家史考特・亞當斯（Scott Adams）戲謔式的規則：最沒能力的人才會獲得升遷〕。[6]就我的經驗而言，如果你能好好地解

釋，高階管理階層是能夠了解的。

　　艾蜜莉，請你解釋給他們聽吧。

案例：密特資訊基礎公司

　　關於企業如何用初步測試來衡量「無形事物」（如果有的話）的有趣例子是密特資訊基礎公司（Mitre Information Infrastructure, MII）。這套系統是密特公司在1990年代晚期開發出來的。該公司為提供聯邦機構系統工程及資訊科技方面顧問的非營利組織。MII為企業知識庫，連結各個獨立的部門，促進協調整合。

　　2000年《資訊長雜誌》（CIO Magazine）寫了一篇有關MII的案例研究。該雜誌進行此類工作的方法，是由一位雜誌社的作者扛起案例研究重責大任，再邀請一位外部專家寫一篇稱為「評論分析」（Critical Analysis）的意見專欄。當案例涉及價值、衡量、風險這類內容時，該雜誌社常常會邀我寫意見專欄，而MII的案例研究就是找我寫意見專欄的。

　　「評論分析」是要對案例研究提供一些平衡意見的，畢竟公司在談到一些新提案時，多會塗上美麗夢幻的色彩。在此引述該公司當時的資訊長艾爾·葛拉索（Al Grasso）的一段話：「我們最重要的效益是沒那麼容易量測的——解決方案的品質和創新，藉由你利用我們提供的所有資訊，將解決方案付諸實現。」然而，在意見專欄中，我提出了一項相當容易的「品質與創新」的衡量指標。

　　　如果MII真的改善了服務品質，那應該會影響客戶的感受進而影響到收益。[7] 因此，只需要隨機抽樣客戶，請他們對使用MII前的服務和使用後的服務進行評等（要確保客戶不知道這些服務是否有使用MII），以及品質進步後是否在最近促使他們向MII採購更多服務。[8]

　　和艾蜜莉一樣，我提議密特公司不要問資訊長已經答過的問題，而是問一個更簡單的相關問題。如果品質和創新真的有所改善，難道不應該至少有人能看出**有所不同**嗎？如果相關的評審（也就是客戶）在遮蔽式的測試（盲測，不具名的測試）中，無法分辨使用MII研究之後的服務「品質較高」或「更創新」，那麼MII和客戶滿意度，以及和效益就沒有任何關係。然而，如果他們確實發現有所差別，則你大可以擔心下一個問題了：營收的改善程度是否大到值得超過700萬美元的投資（到2000年為止）。和其他所有事情一樣，如果密特的品質和創新效益是無法偵測的，那它就是不重要的。密特公司現職和已離職的員工告訴我，我的專欄引起了許多辯論。然而，他們不知道是否曾真的去衡量品質和創新。請記住，資訊長說過，這會是MII最重要的效益，然而卻未曾被衡量過。

從埃拉托色尼、恩里科和艾蜜莉學到的事

　　綜合而言，埃拉托色尼、恩里科和艾蜜莉所展現的事，和我們通常在企業環境中看到的事，是非常不一樣的。企業主管常常說，「像

那樣的東西，我們甚至無從猜起。」他們不停地談論廣告巨大的不確定性。他們寧願停滯在處理這些不確定性的明顯困難而無所作為，卻不願嘗試做衡量。費米可能會說，「是的，的確有許多事是你不知道的，但是你知道的有什麼？」

　　其他的經理人可能會反駁：「不花個幾百萬元，是不可能進行衡量的。」結果，他們選擇不去做較小型的研究——即使成本可能非常合理——因為這類研究比起大型研究，可能會有較多錯誤。然而，視決策規模和頻率的不同，藉由降低不確定性，或許能省下好幾百萬元。埃拉托色尼和艾蜜莉可能會指出，有用的觀察能告訴你一些之前不知道的事——即使有預算限制——只要你研究問題的態度能多一點創意、少一點失敗主義。

　　埃拉托色尼、恩里科及艾蜜莉以不同的方式啟發我們。在埃拉托色尼所處的時代，他沒有任何方法可以計算估算的誤差，因為評估不確定性的統計方法在兩千多年之後才出現。然而，如果他當時有辦法計算不確定性，則兩城市之間距離、日影正確的角度等測量上的不確定性，就能輕易地解釋了他微小的誤差。幸運的是，我們現在已經有那些工具了。「降低不確定性」而不必然要消除不確定性，是這本書的中心主題。

　　我們從恩里科・費米身上學到的是相關但不一樣的事情。由於費米是諾貝爾獎得主，我們可以放心假設他是一位特別能幹的實驗及理論物理學家。但是費米提問的例子告訴我們，即使不是諾貝爾獎得主，我們要如何估算那些乍看之下似乎連嘗試都太困難的衡量。無形事物之所以看起來無形，幾乎都不是因為缺乏最複雜的衡量方法，只要我們學會看穿不可衡量的假象。就這方面而言，費米對我們的價值，在於我們如何以目前的已知事物，去做更進一步的衡量。

　　和費米不同的是，艾蜜莉的例子並非初步的估算，因為她的實驗對於觸摸療法的可能性沒有做事先的假設。她的實驗也不像埃拉托色尼那樣用聰明的計算來取代不可行的觀察。她只是根據標準的抽樣方法，不需要埃拉托色尼先知卓見的幾何運算。但是艾蜜莉確實呈現了，即使像觸摸療法那樣短暫的觀念（或策略聯盟、授權員工、改善溝通等等），有用的觀察不必然是複雜、昂貴、或甚至是超過高階經理人所能理解的。

　　和這些例子一樣有用的是，我們將會在埃拉托色尼、恩里科、艾蜜莉的基礎上做更進一步發展。我們會學到，在估算一個數量時，你如何評估目前的不確定性，這是改良自費米的方法。此外還會學到一些抽樣方法，在某些方面甚至比艾蜜莉使用的更簡單。同時也會學到簡單的方法，甚至能讓埃拉托色尼估算一個無人去過的星球大小。

　　有了上述這些例子，我們不得不疑惑，為什麼有人會相信有些事物是無法衡量的。支持這樣信念的只有幾個論點。我們將在下一章討論，為什麼這些論點都是錯誤的。

注釋

1. M. Lial and C. Miller, *Trigonometry*, 3rd ed. (Chicago: Scott, Foresman, 1988).

2. 兩位法國人皮埃爾・梅尚（Pierre-Francois-Andre Mechain）和約瑟夫・傅里葉（Jean-Baptiste-Joseph）在法國革命期間，受命為公尺做標準定義，他們花了七年時間計算地球的圓周。（公尺最初的定義為赤道到南北極距離的一千萬分之一。）

3. Letter to the Editor, *New York Times*, April 7, 1998.

4. "Therapeutic Touch: Fact or Fiction?" *Nurse Week*, June 7, 1998.

5. "A Child's Paper Poses a Medical Challenge" *New York Times*, April 1, 1998.

6. Scott Adams, *The Dilbert Principle* (New York: Harper Business, 1996).

7. 雖然是非營利組織，密特公司仍然必須藉由聯邦機構買單的諮詢顧問工作來維持營運。

8. Doug, Hubbard, "Critical Analysis" column accompanying "An Audit Trail," *CIO*, May 1, 2000.

## 第 3 章

無形事物的假象：
為什麼無法衡量之事物
其實並非無法衡量

真實的衡量不需要完全準確，而是數量上降低不確定性的觀察。只要降低不確定性，不必然要消除不確定性，對衡量來說這就足夠了。

人們認為一件事物無法量測的理由有三。這三個理由其實都根源於對不同衡量面向的誤解。我稱這些面向為觀念、客體，以及方法。

1. **衡量的觀念**：衡量本身的定義，普遍受到誤解。若能了解「衡量」真正的意思，很多事物都會變成可以衡量了。

2. **衡量的客體**：對於欲衡量之事物，未能做完善的界定。草率及模稜的言詞是做衡量時的絆腳石。

3. **衡量的方法**：許多實證觀察的程序，一般人並不十分了解。若人們能熟悉這些基本的條理，顯然會有許多被認為是無法衡量的事物，不但會是可以衡量，而且早已都被衡量過了。

除了上述理由認為有無法衡量的事物之外，還有三個理由是認為有些事物「不應該」被衡量。認為不應該衡量常見的理由有：

1. 經濟上的反對理由（也就是，耗資龐大的衡量）。

2. 統計學有用性及有意義性的反對理由（也就是，「你可以用統計證明任何事物」）。

3. 道德上的反對理由（也就是，因為違反道德倫理，所以我們不應該做衡量）。

不像觀念、客體、方法，上述三項反對理由並非主張衡量是做不到的，而是因為它不具有成本有效性、或一般而言沒有意義，或是有道德上的反對理由。接下來我將證明，只有經濟上的反對理由或許還站得住腳，但即便如此，這類反對理由也是被濫用了。

衡量的觀念

數學命題只要是與現實有關的，便不具確定性；而只要它們是確定的，便與現實無關。

——亞伯特・愛因斯坦（Albert Einstein）

雖然看似相互矛盾，但是所有精確的科學都是築基在近似的概念之上。如果有人說他精確無誤地了解一件事物，那麼你可以放心地推論，你是在和一個不精確的人說話。

——伯特蘭・羅素（Bertrand Russell, 1872-1970，英國數學家及哲學家）

對於那些相信存在不可衡量的事物的人來說，衡量的觀念，或者說是錯誤的觀念，可能是要克服的最大阻礙。如果我們錯誤地認為，衡量亦即代表要滿足幾近達不到的確定性標準，那麼似乎只有很少的事物是可以衡量的。我習慣問那些來參加我的研討課程的學員，他們認為「衡量」是什麼意思。（看那些在組織中真正負責提出衡量計畫的人之間能激發出多少想法，是很有趣的事。）我通常會得到這類回答：「將一件事物予以量化」、「計算出精確的價值」、「精簡成一個數字」、「選出一個代表性的數值」等等。這些答案中明示或暗示的是，衡量是確定性——一個精確的數值，不存在誤差。如果衡量的意義真是如此，那麼，可以衡量的事物確實是非常少了。

但是，科學家、精算師、統計學家在進行一項衡量時，他們所使用的似乎是不一樣的定義。在他們的專業領域中，這些專業人士都知道，有時候對某個名詞的準確使用，會不同於一般大眾對該名詞的用法。「準確」（precision）的關鍵在於，他們的專業術語遠超過一句話的定義，是更大範圍理論架構的一部分。例如，物理學的重力不只

是字典上的定義，而是特定方程式中的一個組成分子，這個方程式將重力連結到質量、距離這類觀念，以及其對空間和時間的影響。同樣地，如果我們想要以相同的準確程度來了解衡量，就必須了解其背後的理論架構，否則便不了解衡量。

衡量的定義

衡量：根據一項或多項觀察，以數量表達的方式降低不確定性。

就所有實用上的目的而言，科學家將衡量當作是**數量上降低不確定性的觀察**。只要降低不確定性，不必然要消除不確定，對衡量來說這就足夠了。即使科學家沒有精確說明這項定義，他們的作法已清楚說明了這項定義。微量的誤差無法避免，但仍改良了先備知識（prior knowledge）。這個事實對如何進行實驗、調查，以及其他科學衡量而言是最重要的。

這個衡量的定義與普遍被接受的定義之間，在實務上是天差地別的。真實的衡量不需要完全準確。真正的科學作法是報告一個數值區間，像是「玉米農場使用這類新種子，平均收益增加了10%到18%之間（在95%信心水準區間之下）。」沒有誤差的確切數值報告，可能是「根據可接受的程序」計算出來的。但是，除非是百分之百完全的計算（例如，我口袋裡的零錢），否則不一定是根據實證觀察得來的（例如，安隆、雷曼兄弟或房利美的資產估價）。

對許多讀者而言，這個衡量的觀念可能是全新的，但是它背後具備堅強的數學基礎（以及實務上的理由）。至少，衡量是資訊的一

種，而且所謂的資訊，事實上是有嚴格的理論基礎。有個領域稱為「資訊理論」，是克勞德・夏儂（Claude Shannon）於1940年代開發的。他是一位美國電機工程師、數學家、多領域的專家，曾參與過機器人及電腦西洋棋程式的開發。

1948年夏儂發表了一篇論文，題目為「通訊的數學理論」（A Mathematical Theory of Communication）[1]，該文為資訊理論建立了基礎，而且我會說，也為衡量建立了基礎。目前這些世代的人，並無法完全領會這一點，但是他的貢獻是非常巨大的。資訊理論從那時起成為所有現代訊號處理（signal processing）理論的基礎。這篇論文是所有電子通訊系統相關工程學的基礎，包含至今所建立的每一台微處理器（microprocessor）。今天我能用我的筆記型電腦寫這本書，而你能在亞馬遜網路書店購買，或是在電子閱讀器Kindle上閱讀這本書，應用的理論原型便是出自於那篇論文。

夏儂為資訊提出了一個數學定義。對夏儂而言，資訊的接收者可以被描述為具有一些不確定性的事前狀態。也就是說，接收者已知道一些資訊，而新資訊只是去除掉一些（不必然是全部）接收者的不確定性。接收者在知識或不確定性上的事前狀態，可以用來計算比方說透過一個訊號傳達的資訊極限、用來修正誤差所需的最少訊號數量，以及可以壓縮的最大資訊數量。

這種「降低不確定性」的觀點，對企業而言是非常重要的。在不確定的狀態下要做的重大決策——例如是否核可大型IT計畫，或是新產品開發案——都能因為降低不確性，而做得更好，其所帶來的價值，可能高達數百萬美元。

因此，一項衡量根本不必消除不確定性。衡量帶來的微幅不確定性降低，其價值可能遠大於衡量的成本。但還有另一個關鍵的衡量觀

念，會讓大多數人驚訝的是：衡量不一定是我們通常所認為的數量化的衡量。請注意，我提出的衡量定義所說的是，一項衡量是「以定量的方式表達」（quantitatively expressed）。不確定性，至少要數量化，但是觀察的主體可能不是定量的量（quantity）——可以完全是屬質的（qualitative），例如是否屬於某一個集合。比方說，我們可以「衡量」一項專利能否取得判決，或是一個合併案是否會成功，而這些仍能符合我們對於衡量的精確定義。但是我們對於那些觀察的不確定性，必須以定量的方式表達（例如，有85%的機會我們會贏得專利訴訟；我們有93%的把握，在合併後可以改善我們的公眾形象）。

衡量應用在是非題或其他定性判別的問題上，和另一個已獲接受的衡量思想學派的看法是一致的。1946年，心理學家史丹利・史密斯・史蒂文斯（Stanley Smith Stevens）寫了一篇文章，題目為「論尺度與衡量理論」（On the Theory of Scales and Measurement）。[2]他在該文中描述了不同的衡量尺度，包括定性的（nominal）和定序的（ordinal）。定性衡量（nominal measurement）只是對「成員身分」（set membership）作陳述。例如，胎兒是男或女，是否患有某種疾病等。在定性尺度中，沒有順序的暗示，或相對大小的意思。一件事物只是單純地屬於其中一個可能的團體。

然而，定序尺度（ordinal scales）則可以表達出一個數值「高於」另一個，但不能表示高出多少。這類例子有電影的四顆星評等制度，以及莫氏礦物硬度計（Moh's hardness scale for minerals）。兩者中列為「4」的高於列為「2」的，但不必然是兩倍。相反地，同質（等距）的單位，例如美元、公里、公升、伏特等等，表達的不只是一項事物高於另一項事物，同時也能告訴我們高出多少。這些「比率」尺度（ratio scale）可以做有意義的加、減、乘、除運算。也就是說，看

了四部一星級的電影，不必然相當於看了一部四星級電影；但是一塊四公斤的石頭，其重量正等於四塊一公斤石頭的重量。

定性和定序尺度可能會挑戰我們之前對「尺度」定義的成見，但它們仍然是對事物有用的觀察。對於地質學家來說，知道一顆石塊比另一顆要來得硬就是有用的資訊了，不必然要精確地知道數字──而這就是莫氏硬度計的功能。

史蒂文斯和夏儂都挑戰了關於衡量不同觀點的通俗定義。史蒂文斯比較在意不同類型衡量的分類法（taxonomy），但是卻未提及「降低不確定性」這項最重要的觀念。夏儂在不同領域的研究，可能不知道也不關心心理學家史蒂文斯兩年前在衡量領域的進展。然而，衡量在實務上的定義，可以讓企業運用於需要衡量的各項事物，我認為需要整合這兩種觀念才能做到。

甚至還有一項研究領域稱為「衡量理論」（measurement theory），處理這兩項以及其他的議題。在衡量理論中，衡量是一種「對映」（mapping），將我們衡量的事物對映到數字上。這項理論很艱深難懂，但是如果我們把焦點放在夏儂和史蒂文斯的貢獻上，企業經理人可以從中學到許多事情。衡量並非指出精確的數量，僅是降低不確定性就很有幫助了。衡量可以應用在連續數量上的問題，像是「這項新產品能讓我們的營收增加多少？」，也能應用在間斷且定性的問題上，像是「我們的訴訟能贏嗎？」或是「這項研發計畫能成功嗎？」。在商業上，決策者都是在不確定的情況下做決策的。當不確定性涉及大型、風險高的決策，則降低不確定性就有很高的價值──這就是我們為什麼要使用這個衡量定義的原因。

衡量的客體

把一個問題敘說清楚，這個問題就已經解答了一半。

——查爾斯·凱特靈（Charles Kettering, 1876-1958，
美國發明家，擁有300項專利，包含汽車電子點火）

妨礙知識進步的最大阻力，莫過於模糊不明確的用語。

——湯瑪斯·雷德（Thomas Reid, 1710-1769，蘇格蘭哲學家）

即使採用了比較實用的衡量定義（亦即降低不確定的觀察），有些事物看起來還是無法衡量，因為我們一開始提出問題時，就不知道問題的意思。在這樣的案例中，我們對於要衡量的「客體」（object），並沒有明確的定義。如果有人問如何衡量「策略聯盟」或「彈性」或「客戶滿意度」，我就會問：「你確切的意思是什麼？」有趣的是，當人們進一步推敲他們的用詞時，幾乎在這個過程中就已回答了他們的衡量問題。

在我的研討課程上，我常常請參加者提出很難或似乎不可能衡量的問題來挑戰我。其中有個例子，一位參加者提出「師徒關係」（mentorship）做為難以衡量的事物。我說，「聽起來像是我們會想要衡量的東西。我可以看到人們投資於改善師徒關係，所以我能了解為什麼會有人想要衡量它。那麼，你所說的『師徒關係』究竟是什麼意思？」提問的學員幾乎馬上就回答：「我不知道。」我回覆，「那麼，也許那就是為什麼你相信它是難以衡量的原因。你還沒想通它究竟是什麼。」

一旦經理人釐清自己的問題，以及它的重要性如何，提出的課題就變得可以衡量了。我在進行我所謂的「釐清工作會議」

（clarification workshops）時，這通常是第一層的分析。亦即由客戶來敘述一項他們想衡量的特定、但最初是模糊的事項。然後我接著問，「你所說的『×××』是什麼意思呢？」以及「為什麼你會在乎它呢？」

　　這可以應用在範圍廣泛的衡量問題上，尤其是IT產業。2000年，美國退伍軍人事務部（Department of Veterans Affairs）請我幫他們定義IT安全的績效指標。我問他們：「你們所說的『IT安全』是什麼意思？」經過二到三次釐清討論會後，該部門的職員為我做了定義。他們所說的「IT安全」，是指減少未經授權的侵入，以及電腦病毒攻擊事件。他們接著解釋，這些事件會對組織產生影響，例如詐騙損失、生產力的損失，或甚至是潛在的法律責任（2006年他們取回被偷的筆電，內有2,650萬名退伍軍人的社會保險號碼，幸而當時沒發生法律責任）。

　　上述指出的這些影響，幾乎在所有的例子中，很明顯地都是可以衡量的。「安全」是個模糊的概念，直到將它分解為真正想要的觀察事項，才有清晰的面貌。然而，在導向衡量的方式，定義這些原始的概念時，客戶常常需要更進一步的指引。對於那些更困難的工作，我訴諸一項我所謂「釐清連鎖」（clarification chain）的方法。或者，如果這方法行不通，也可做一種思想上的實驗。

　　釐清連鎖可以引導我們從認為某事物是無形的，漸漸認為該事物是有形的。首先，我們要體認，如果X是我們關心在乎的事物，那麼照我們的定義，X就可以用某種方式偵測得到。如果我們有動機去關心一些未知的數量，那是因為我們認為它在某方面反應出我們想要或不想要的結果。第二，如果這件事物是可偵測到的，那麼我們必然能偵測到某些數量。一旦我們接受到目前為止的推論，最後一步也許就

是最容易的了。如果我們能觀察到某些數量，那麼它就必然是可以衡量的。

　　舉例來說，一旦我們發現我們關心在乎公眾形象這項「無形事物」，是因為它影響了顧客口碑，而顧客口碑又會影響銷售，我們便能開始尋找如何衡量它的方法。顧客口碑不只是可以偵測的，還是在數量上可以偵測到的；這表示它們是可以衡量的。只要我們謹記這三個要點，這個方法是相當成功的。

釐清連鎖

1. 若該問題具重要性，它便能偵測（觀察）得到。
2. 如果它是可以偵測到的，我們就能偵測到某個數量（或可能的數量範圍）。
3. 若我們能偵測到可能的數量範圍，它就是可以衡量的。

　　如果釐清連鎖行不通，我可能會嘗試一種「思想實驗」。想像你是外星人科學家，會複製的不只是羊、人類，甚至是整個組織。讓我們假設你在研究某種速食連鎖，以及研究某種無形事物的效果，例如「員工授權」。你創造了一組兩個相同的組織，一個稱為「試驗」組，另一個是「對照」組。現在，想像你給試驗組多一點點員工授權，而保持對照組的員工授權不變。你認為會真正觀察到──以直接或間接的任何方式──第一組在什麼方面的變化？你預期會由組織中較低層級來做決策嗎？這表示那些決策會比較好或是比較快嗎？這表示員工需要少一些監督嗎？這表示你可以採用「較扁平的」（flatter）

組織，減少管理階層成本嗎？如果你能夠在複製的兩個組織裡找到一項觀察，即使只有一項觀察，是兩個組織裡不一樣的，那麼你就已經快要找到如何衡量它的方法。

為了讓我們了解究竟要衡量**什麼**，有必要說明**為什麼**我們要衡量某件事物。衡量的目的，常常是定義衡量應該是什麼的關鍵。我在本書第一章提出我的主張，經理人關心的任何衡量，都必須支援至少一項特定的決策。例如，我可能被要求協助某人衡量降低犯罪的價值。但是當我問他們為什麼會在意這項衡量，我可能發現他們真正感興趣的，是要為一套犯罪者生物特徵辨識系統，提出商業上的理由。或是我可能被問到如何衡量合作關係，結果發現這樣的衡量，目的是要解答是否需要一套新的文書管理系統。在這些例子中，衡量的目的都提供我們線索，了解什麼是衡量真正的意思，以及如何去做衡量。

找出衡量的客體，幾乎是所有科學調查的開端，包括非常革命性的科學。企業經理人必須了解，有些事物看起來無形，是因為他們尚未對該事物下定義。只要釐清你問題的定義，則你就已經做出一半的衡量了。

衡量的方法

有些事物看似無法衡量，只是因為當事人不知道解決問題的基本衡量方法，例如各種抽樣程序或各類對照控制實驗。一項反對衡量常見的理由是，問題很獨特，過去從來沒有被衡量過，而且沒有任何方法能顯示出它的數值。這樣的反對，總是透露出那個人在科學上的無知，而不是實證作法有根本上的限制。

振奮人心的是，我們知道一些獲得驗證的衡量方法，可以用在各

類主題上，幫助衡量你最初認為無法衡量的事物。此處有一些例子：

- **以非常小的隨機樣本數做衡量**：從小樣本數的潛在客戶、員工等，你可以得知一些事情，尤其眼前狀況存在很大不確定性的時候。
- **在無法完全看遍整個母體的情況下做衡量**：要衡量海洋中某種魚類的數量、雨林中植物的物種數量、新產品生產誤差的數量，或是未被偵測到的、試圖侵入貴公司資訊系統的非法攻擊次數等等，都有聰明且簡單的作法可以衡量。
- **在涉及許多其他變數，甚至是未知的變數的情況下做衡量**：我們可以測定新「品質計畫」是否是產品銷售量增加的原因，相對於總體經濟好轉、競爭者犯了錯誤、新的訂價政策等因素。
- **衡量罕見事件的風險**：過去沒有發射過的火箭，發生發射失敗的機會，或是發生另一次911攻擊的機會、紐奧良再一次潰堤的機會、再一次重大金融危機的發生機會等等，全都可以透過觀察和推論，得到有價值的訊息。
- **衡量主觀偏好及價值**：我們可以衡量藝術、悠閒時光、或降低死亡風險的價值，經由評估人們真正支付在這些事物上的金額來做衡量。

　　這些衡量的方法，大部分只是變化自一些基本的作法，利用不同的抽樣、對照控制實驗，有時候是選擇把焦點放在不同的問題類型。像這些觀察的基本方法，在企業的某些決策過程中，通常都付之闕如，也許是因為這類科學程序常被認為複雜又太公式化。在很短的時限、有限的成本之下，如果必須做衡量的話，通常你不會考慮採用這

樣的方法。然而它們是可以採行的。

　　這裡提供一個非常簡單的例子，任何人都可以用一個很容易計算的統計不確定性來做快速衡量。假設你在考慮公司是否要多增加一些「遠距辦公」（telecommuting）的機會。在考量這類提案時有個相關的因素是，每名員工平均每天花在通勤上的時間為何。你可以針對這個題目進行一項正式的全辦公室普查，但這可能很耗時又昂貴。假設，你不用普查的方式，而只是隨機找了五名員工（本書稍後會討論一些關於「隨機」構成條件的議題）。你閉上雙眼，從員工名錄中挑出名字打電話給這些人，並問他們通常花多少時間通勤。假設你得到的數值是30、60、45、80、60分鐘。這五個樣本中最低和最高的數值為30和80。則全部員工的母體**中位數**（median），有93.75%的機會，會落在這兩個數字之間。我稱此為「五的規則」（Rule of Five）。五的規則很簡單、有用，而且可以證明它在很多問題上都是統計上有效的。雖然樣本數很小，範圍可能很大，但是若能比你先前的範圍大幅縮小，那它作為一項衡量就很有價值了。

五的規則

任何從母體中隨機抽取的五個樣本，母體的中位數有93.75%的機會，會落在這五個樣本中最大和最小數值之間。

　　根據只有五個樣本的隨機抽樣，要對任何事物有93.75%的確定，看起來似乎不可能，但是它的確行得通。要了解為什麼這個作法行得通，請注意五的規則估算的是母體的中位數，這一點是很重要

的。母體的一半會高於中位數，另一半則低於它。如果我們隨機選取五個數值，全都高於或低於中位數，則中位數就會落在我們的範圍之外。但這樣的機會究竟會有多少呢？

隨機選取的一個數值，高於中位數的機會，依照定義而言是50%——和投擲一枚硬幣結果是「人頭」的機會相同。隨機選取五個數值，剛好全都高於中位數，就像投擲硬幣連續五次都是人頭一樣。隨機投擲硬幣得到連續五次人頭的機會為32分之1，也就是3.125%；連續得到五次背面的機會也是一樣。因此，不是全都人頭也不是全都背面的機會是100%－3.125%×2，也就是93.75%。於是，五個樣本中至少有一個高於中位數、同時至少有一個低於中位數的機會就是93.75%（如果你要保守一點，也可說是93%或甚至90%）。有些讀者可能會記得，統計課會有一堂課討論非常小樣本的統計。那些作法比起五的規則要來得複雜多了，但是，答案真的沒有好太多，理由在本書稍後我會詳細討論。

我們可以使用一些簡單的方法修正特定型態的偏誤。也許最近在進行的建設工程，暫時增加了每個人所估計的「平均通勤時間」。或者通勤時間最長的人比較可能請病假，或有其他原因，讓你抽樣時找不到他。然而，即使有這些大家知道的缺點，五的規則仍然是很便利的。

稍後我會討論一些經證明能進一步降低不確定性的方法。有些稍稍涉及比較複雜的抽樣或實驗作法。有些作法經過統計上證明，可以進一步去除專家主觀判斷的誤差。如果我們希望做更精確的估計，確實還有各種議題需要考量。但是，大家要記住，只要一項觀察能告訴我們一些之前不知道的事情，它就是一項衡量。

在此同時，我們要討論，為什麼「這個事物沒有衡量的方法」這

樣的反對理由是毫無根據的。在企業界，如果在現成的會計報告或資料庫中找不到某個特定問題的資料，這個問題的客體很快就會被貼上「無形事物」的標籤。即使認為衡量是可能的，衡量的方法常被視為專家的領域，或者認為由企業自行進行是不合實際的。慶幸的是，事實不一定如此。幾乎任何人都可以開發出衡量的直覺方法。

　　從實驗（experiment）這個英文字的起源，我們可以學到一件很重要的事。Experiment的拉丁文字頭ex，意思為「屬於／出自」（of/from），而拉丁文periri，意思為「嘗試／試圖」（try/attempt）。換言之，表示藉由嘗試來獲得東西。統計學家大衛・墨爾（David Moore）是1998年美國統計學會的主席，他曾說過：「如果你不知道要衡量什麼，儘管去衡量，你將會知道要衡量什麼。」[3]我們可以把墨爾的方法稱為耐吉法（Nike method）：「做就對了」（Just do it）思想學派。這聽起像是「先衡量，後提問題」的衡量哲學，我能想出這個方法如果做到極端，可以產生的一些缺點。但是，比起一些經理人目前陷入衡量僵局的思想，它具有很顯著的優點。

　　許多決策者甚至想出各式各樣的衡量障礙，逃避嘗試找個項目來做觀察。如果你要用調查的方式，衡量人們花在某項活動上的時間，他們可能會說：「是的，但人們不會準確記得他們花了多少時間。」或者，如果你要用調查的方式取得客戶的偏好資訊，他們會說：「我們的客戶非常多樣化，你需要很龐大的樣本數。」如果你試著要呈現某項提案是不是使銷售量增加了，他們的回應：「但是有很多因素會影響銷售量。你永遠也不知道那項提案的影響有多少。」諸如此類的反對聲浪，已經為觀察結果預設立場了。事實是，這些人根本不知道這些問題是否會使衡量達不到目的。他們只是預設立場。這些批評的根據，是對衡量的困難度有一套假設。他們甚至會聲稱自己有衡量的

背景，好使他們具某種專業權威（亦即，他們在二十年前修過兩個學期的統計課）。在每個特定案例中那些假設會變成真的，或不會成真，並不是我要談的重點。我要說的是，如果那些只是假設，則它們便不具任何生產性。從已有的資料可以推論出哪些東西，或新資料能否降低不確定性的機率，是必須經過一番特別運算後才能得到的結論。但是這類運算，從未在事前就聲稱衡量是不可能的。

讓我們做慎重且有生產性的假設，而不是未經思考的預設立場。在此，我提出一套反向思考的假設，而因為是假設，所以並非在每個個案中都能成立，但是在實務上卻非常有效力。

四項有用的衡量假設

1. 你的問題不像你想的那麼獨特。
2. 你擁有的資料多過你所想像的。
3. 你需要的資料少於你所想像的。
4. 適當數量的新資料比你想像中容易取得。

假設1：你的問題不像你想的那麼獨特

以前就有人做過了。無論你的衡量問題在你看來有多困難或多「獨特」，都請假設已經有人做過了，也許是在不同知識領域的人。如果這項假設結果不是真的，不妨放輕鬆地想，你可能會因為這項發現而有機會得諾貝爾獎。我經常注意到，每個領域的專業人士都有一個傾向，會認為他們遇到的不確定性問題是獨一無二的。常常會聽到這樣的對話：「不像其他產業，我們產業裡的每個問題都是獨一無

二，而且無法預測的。」或是「我這個行業，因為有太多太多因素要
考量，所以無法數量化。」等等。我在許多不同的領域工作過，大部
分領域中都會有人做這樣的聲明。然而到目前為止，每個領域最後都
會有一些相當標準的衡量問題，與其他領域沒什麼不一樣。

假設2：你擁有的資料多過你所想像的

　　假設你回答問題所需要的資訊隨手可得，而且只要你花時間去思
考，便能發現。很多主管甚至不知道自己組織內例行追蹤和紀錄的所
有資料。你在意要做衡量的事物，也是那些會留下紀錄的事物，如果
你有足夠的機智去發現它。

假設3：你需要的資料少於你所想像的

　　一個問題需要多少資料才足以降低不確定性，這可藉由一種特定
方式估計出來。我發現經理人常常會驚訝於，他們居然可以從些許資
料便能獲得大量資訊。尤其他們一開始有很大的不確定性時，更是如
此。這就是為什麼有許多問題應用五的規則，降低不確定性的程度，
超出你原先的想像。（我遇過一些統計學家，直到他們自己用數學計
算之後才相信五的規則。）但是，就像埃拉托色尼的例子告訴我們
的，有聰明的方式可以從少量的資料中找出一些有趣的發現。恩里科
的例子則說明了，我們可以將問題做簡單的分解，然後對各項因子做
估算，便能得到有用的資訊。艾蜜莉則證明了，不需要龐大的臨床試
驗，便能揭穿一項廣為流傳的醫療方式。

　　我們在後面的章節會發現，花費同樣的努力，但是最初的幾個觀
察值通常在降低不確定性上有最高的回報。常見的錯誤觀念是，當不
確定性愈大，則需要愈多的資料，才能大幅降低不確定性。事實正好

相反，當你幾乎毫無所知時，不需要太多額外資料，你就能獲得一些先前不知道的事。

所擁有的超過你想像的，所需要的少過你想像的：
衡量教學效能的案例

「你擁有的資料超過你的想像」和「你需要的資料少過你的想像」兩項假設，在這裡有一個很極端的案例，是來自衡量公立學校體系教學方法。布魯斯・洛博士（Dr. Bruce Law）是芝加哥虛擬特許學校（Chicago Virtual Charter School，簡稱CVCS）的校長。該校為創新公立學校，主要是透過線上教學、遠距學習方式，強調個人化的課程。洛博士要求我協助定義一些有用的指標和衡量方法，藉由評鑑教師和學校的績效。依照慣例，這個議題的第一個部分，便是定義「績效」在這些情況下的意思，以及這項資訊預期會如何影響真實的決策。

洛博士原先最關心的是，沒有足夠的資料可以衡量像是「學生專注程度」和「差異性」的數值，以做為有效教學的結果。但是在我們談話的時候，我發現大部分的課程都採用一項互動網路會議軟體進行線上教學，該項軟體會錄下所有課程進行情況。這個線上工具，可以讓學生在教學時段用聲音或文字「舉手」發問，以及和教師做互動。教師或學生在線上所說和所做的每件事，都會記錄下來。

問題不是缺乏資料，而是有太多資料，而這些並不是有結構、容易分析的資料庫。就像大部分經理人面對類似情況，CVCS認為它必須回顧所有資料（也就是聽完每一節課的每一分

鐘錄音），才能衡量出有意義的東西。因此，我們界定兩三種抽樣方式，好讓經理人可以選擇哪幾堂課，以及一堂課中哪些特定片段的錄音，每一片段長度為兩到三分鐘。在那些隨機選取的時段，他們抽樣教師所說的和學生所做的事。

　　如洛博士所述，他們從認為沒有相關資料，到「是的，我們有一大堆資料，但是誰有那個時間全部聽完？」，再到「我們不需要全部都聽過，就可以對於教學上發生的事，有很好的了解。」

假設4：適當數量的新資料比你想像中容易取得

　　新觀察值的取得，比你想像中容易，而且有一項很有用的衡量，比你想像中簡單多了。假設你第一個想到的方法是「困難的方法」。多一點巧思，你就可以找到一個比較容易的方法。以克里夫蘭管絃樂團為例，他們想要衡量表演是否有進步。許多管理顧問可能會提議重複做某種隨機顧客意見調查。也許他們會想到，請這些顧客對某次表演作評等（如果這些顧客能記得的話），等級從「差」到「優」，而且他們可能會用幾項參數來評估演出，然後合併起來成為「滿意指數」。克里夫蘭管絃樂團則是很具巧思地運用既有的資料：計算觀眾起立鼓掌的次數。如果只是一兩個起立鼓掌的差別，那就是演出沒有明顯的不同。如果我們看到新任指揮的多場演出中起立鼓掌有明顯增加的情形，便能對新任指揮做出一些有用的結論。就各方面意義而言這就是一項衡量，比做調查少花很多力氣，而且──有些人會說──更有意義。（我不反對這麼說。）

　　因此，請不要假設，降低不確定性的唯一途徑，便是使用不切實際的複雜方法。你是否正嘗試在期刊上發表論文，還是正嘗試降低現實生活中商業決策的不確定性？不妨將衡量視為必須反覆進行的，現在就開始做衡量。你永遠都能以最初的發現為基礎，調整你的衡量方法。

　　最重要的，如「實驗」這個名詞的原始意義所示，**實際去嘗試**（make an attempt），它是一種習慣。除非你相信你事先已經知道一項觀察的全部結果，否則觀察都能告訴你一些你原先不知道的事。多做觀察，你會知道更多。

　　可能有一些極為少見的例子，因為缺乏最精細的衡量方式，似乎無法衡量。但是對那些被標籤為「無形」的事物，永遠都不是缺乏更先進、更複雜的衡量方法。反而是，那些被認為是無形的事物，因為太不確定了，所以即使是最基本的衡量方法，都可能會降低一些不確定性。

反對衡量的經濟理由

　　我們剛才檢視過，為什麼有些事物看似無法衡量的三個理由——觀念、客體、方法——全都只是幻覺。但是也有些反對衡量的理由，不是因為該事物無法衡量，而是認為該事物**不應該**被衡量。

　　認為一件事物不應該被衡量，唯一有效的立基是，衡量的成本超過它的利益。這在現實世界中的確發生過。1995年，我開發出一套方法，我稱為「應用資訊經濟學」（Applied Information Economics）——評估不確定性、風險及無形事物的一種方法，運用在你能想像得到、任何類型的大型、風險性決策。過程中的一項關鍵步驟（事實

上，是如此命名的理由）是計算資訊的經濟價值。稍後我會更詳盡說明。但是有一套出自決策理論領域、經過證明的公式，讓我們能夠計算不確定性降低的貨幣價值。我將這套公式放在Excel的巨集指令中，數年來，我一直在計算數十個大型企業決策中每項變數衡量的經濟價值。經由這項計算，我發現一些很棒的模式，現在我只提其中一項：企業案例中的大多數變數，其資訊價值為零。在每個企業案例中，大概只有一到四個變數，具有足夠的不確定性，以及和決策結果有足夠的關聯，值得做慎重的衡量努力。

只有少數事物是重要的——但通常它們都非常重要

企業案例中，大多數變數的「資訊價值」為零或接近零。但是通常至少會有一些變數的資訊價值非常高，值得進行詳細的衡量。

　　然而，雖然確實有一些變數不值得被衡量，但有個根深蒂固的誤解是，除非衡量符合某種專斷的標準（例如，適合在學術期刊上發表，或符合普遍接受的會計準則），否則就毫無價值。我這樣說有些過度簡化，但是我認為真正使衡量具有高度價值的是，很大的不確定性以及決策錯誤的代價龐大。不管它是否符合其他標準，都是不相干的。如果你把大把鈔票押注在一個變數的結果上，而這個變數的不確定性很高，那麼即使只是降低一點點的不確定性，都有可觀的貨幣價值。舉例來說，假設你認為開發一項昂貴的新產品功能，可以使某個消費族群的銷售額增加最多達12％，但是也可能遠低於那個數值。再來，你相信該提案除非能增加至少9%的銷售額，否則就不符合成

本。如果你做了這項投資，結果銷售額增加不到9%，那你的努力將
得不到回報。如果銷售額的成長非常低，或甚至是負成長，那麼這項
新功能就變成大災難，而且會有重大的損失。如此一來，對這項決策
做衡量，就有非常高的價值。

　　當有人認為衡量某項變數「太昂貴」或「太困難」，我們必須
問：「和什麼相比？」如果衡量的資訊價值，真的是零或幾乎是零，
自然不該做衡量。但是如果衡量有其明顯的價值，我們必須問：「是
否有任何衡量方法可以降低足夠的不確定性，值得我們付出衡量的成
本？」一旦我們知道即使只是降低一部分不確定性所產生的價值，這
個答案通常都是肯定的。

　　反對衡量的另一種經濟性理由是，它不影響管理階層的決策，而
是影響其他人的行為，而這可能是原先想要的結果，也可能不是。舉
例而言，客服專線的績效指標若是根據通話數，可能會造成客服人員
接了電話，在尚未解決客戶問題的情況下就結束電話。這裡有一個
著名的案例，即1990年代德州學校體系的「休斯頓奇蹟」（Houston
Miracle）。當時公立學校採用一套績效指標，要教育者對結果負責
任。現在，大家都知道這項「奇蹟」的淨效果是，鼓勵學校想辦法讓
低成就學生退學。這並不是大多數納稅人付錢想看到的結果。

　　這是一項經濟上的反對理由，因為真正的結果不是原先所想的利
益，事實上，還會有顯著的負面利益。但，這是混淆了「衡量」和
「誘因」兩種議題。任何一套衡量，都有大量的潛在誘因結構。這類
反對有時候也預設立場，認為因為一套衡量是沒有生產性的誘因計畫
的一部分，那麼**任何**衡量必會鼓勵沒有生產性的行為。這絕非事實。
如果你能定義你真正想要的結果，舉出例子，再找出要如何才能觀察
得到那些結果，則你可以設計出衡量這些重要結果的衡量。問題在

於，經理人通常只會衡量那些看起來最容易衡量的（亦即那些他們目前已知道如何衡量的），而不是衡量那些最重要的。

更廣泛的反對理由：統計學有用性

　　畢竟，事實就是事實，雖然我們可能會開玩笑地引用政治家的話，「謊言——該死的謊言——以及統計，」然而有些容易的數字，是最簡單的人必會了解，最狡猾的人無法逃避的。

　　　　　　　　　　——李奧納多・科特尼（Leonard Courtney）
　　　　　　皇家統計學會主席（Royal Statistical Society president 1897-1899）

另一種反對是基於這樣的概念，認為即使衡量是可能的，但因為統計和機率本身沒有意義，因此衡量也沒有意義（謊言，該死的謊言，以及統計）[4]。即使是受過高等教育的專業人士，對於簡單的統計也常有很深的誤解。有些誤解令人瞠目結舌，以致很難知道要從哪裡開始評論。以下是幾個我碰到的例子：

「每件事的可能性都是相同的，因為我們不知道會發生什麼。」

　　　　　　　　　　　　　　　　　　　　　——參加我研討課的某人

「我一點都不容許風險存在，因為我從不冒險。」

　　　　　　　　　　　　——我的客戶之一，一家保險公司的中階主管

「如果我不知道平均數是多少，我怎麼會知道範圍？」

　　　　　　　　　　　　　　　　——統計分析方法的宣導者及同事，
　　　　　　　　　　　　山姆・賽維吉（Sam Savage）博士的一個客戶

「如果我們不知道會發生什麼，如何得知一個硬幣落地時人頭那
面向上的機率是50%？」

　　　　　　　——參加我在倫敦經濟學院演講的一位研究生（不是開玩笑的）

「你可以用統計證明任何事物。」

　　　　　　　　　　　　　——非常廣泛使用關於統計的一句話

　　讓我們先處理最後這一句話。我現在就提供一萬美元的獎金給
任何可以用統計證明「你可以用統計證明任何事物」這句話的人。
我所謂的「證明」是指發表在重要的數學或科學期刊上。測試的方式
是刊登在任何主要數學或科學期刊上（這種留存青史的發現肯定會被
刊登出來的）。而我所謂的「任何」（anything），就像字面上所言，
任何，包括在數學或科學上每一項已經被確定推翻的陳述。然而，我
會盡可能廣義地使用「統計」這個名詞。這項獎金的得主可以求助於
任何數學和科學上任一受到承認的領域，即使只與機率理論、抽樣方
法、決策理論等有部分相關。我在2007年首度發布這項獎金辦法，
就像證明超自然現象的藍帝獎（見本書第2章），到目前為止都沒有
人得獎。但是和藍帝獎不同的是，還沒有人試圖申請我的獎金。也許
聲稱「你可以用統計證明任何事物」顯然比「我會讀心術，我知道你
在想什麼」還更荒謬。

　　重點在於，人們說「你可以用統計證明任何事物」的時候，他們
真正指的可能不是「統計」，而是指廣義的使用數字（不知是什麼原
因，特別是指百分比）。他們不是真的指「任何事物」或「證明」，他
們真正指的是「數字可以用來混淆人，尤其是混淆那些缺乏數字基本
技能、容易受騙的人」。對此，我完全同意，但這是完全不同的聲明。

其他我所列出的敘述，主要是對機率、風險及一般性衡量背後更基本觀念的誤解。我們使用機率的原因，顯然是因為我們不能確定後果為何。即使只是開車去上班，我們也承受了許多風險，因此我們都對風險有某種程度的忍受度。

就如同「你可以用統計證明任何事物」的聲明，我發現通常會做這些不理性聲明的人，他們所言甚至也不是他們的本意，而且他們所做的選擇和他們敘述的信念是背離的。如果你請他打賭，猜擲12次硬幣會得到人頭那面的次數，即使是宣稱機率沒辦法計算的人，他的選擇都會偏向接近6次。有個人聲稱不接受任何風險，但仍搭乘俄羅斯航空公司Aeroflot（安全紀錄比所有美國的航空公司都要差）的飛機飛往莫斯科領取一百萬美元獎金。有關統計和機率上的基本錯誤觀念一連串地出現，令人完全無法預期。我希望看完本書的讀者，能大幅減少這些基本的錯誤觀念。

道德上反對衡量的理由

現在我們來討論，為什麼有人認為不應該做某些衡量的最後一個理由。這項反對意見以某種道德形式出現。創造出這種抗拒衡量聲浪的是，數字潛在的可靠性及就此拍板定案的感受，再加上先前所說，對「統計」的不信任。有時候甚至會覺得衡量使一項議題「失去人性」。每當有人試圖衡量一些敏感議題，像是瀕臨絕種物種或甚至是人類生命的時候，常常會出現正義的怒吼。

美國國家環境保護局（the Environmental Protection Agency, EPA）及其他政府機構必須負責將有限的資源給予妥善的配置，以保護我們的環境、健康，甚至我們的生命。在我協助環保局評估過的許多資訊

科技投資案中有一個例子，是對甲基汞（methyl mercury）有較佳追蹤功能的地理資訊系統（Geographic Information System, GIS），而甲基汞被懷疑對暴露在高濃度環境下的孩童，會導致其智商降低。

要評估採用這項系統的正當性，我們必須要問一個重要但令人難受的問題：可能避免的智商降低所造成的損失，是否值得在未來五年內花費超過300萬美元的投資？有些人對於提出這種問題的想法，可能感到道德上的義憤，更別提回答這個問題。你或許認為，不管是多少名孩童的任何一點智商，都值得做這項投資。

不過，請你等一下。環保局也必須考慮其他系統的投資案，像是追蹤會導致過早死亡的新汙染物。環保署的資源有限，但有非常多的提案可以選擇投資，有些可以促進公眾健康，有些可以拯救瀕臨絕種物種，有些可以改善整體環境。環保局必須提問「多少小孩以及多少智商？」，還有「多少過早死亡？」來比較這些提案。

有時候我們甚至必須問：「什麼年紀死亡算是英年早逝？」在有限資源迫使我們做選擇時，超高齡死亡和年輕人死亡應該被視為相同嗎？環保局考慮使用他們稱為「高齡死亡折扣」的計算法。年過70的死亡比70歲以下的死亡少38%的價值。有些人對此非常憤怒，引起衝突，因而在2003年，環保局長克莉絲汀·陶德·懷特曼（Christine Todd Whitman）宣布這項折扣是做為「諮詢參考」，並非用來做政策決定，而且已經停止使用。[5]當然，即便認為他們死亡的價值都是相同的，它本身還是一項衡量，衡量我們如何數量化地表達我們的價值。但如果他們是相同的，我懷疑我們可以接受那樣的等值到什麼程度。一位渾身是病的99歲老人，應該和一個5歲小孩花費同等的努力去救治嗎？無論你的回答是什麼，那就是你對兩者抱持的相對價值的衡量。

如果我們對各種福利措施的相對價值堅持不需知道的態度（這是拒絕衡量它們價值的必然結果），那麼我們幾乎可以確定，有限資源的配置方式，會是以更多的錢解決更少價值的問題。因為處理這些議題的可能性投資組合很龐大，在這種情況下，如果對輕重緩急沒有稍微的了解，最佳解決方案將無法浮現。

在其他例子中，只要有誤差的存在（我們知道，在實證衡量中難免會有誤差），對有些人來說，試圖做衡量就是不道德的。《對人的不當衡量》（*The Mismeasure of Man*）一書的作者史蒂芬・古德（Stephen J. Gould）對於使用 IQ 或是 g（構成 IQ 分數的一般因素或智能）的智力衡量，強烈地反對其有用性甚至道德性。他說：「g 不過是用來數學計算過程的人造產物。」[6]雖然 IQ 分數和 g 一定有各種誤差和偏誤，但它們當然不只是數學過程，而是以觀察（測驗所得的分數）為根據的。同時因為我們現在了解，衡量不表示「完全沒有誤差」，所以「由於測驗有誤差，因此智能無法被衡量」這樣的反對理由是站不住腳的。

此外，其他的研究人員指出，認為智能指標不是任何真實現象的指標。這樣的看法與事實不符。因為事實顯示，這些不同的「數學過程」彼此是高度相關的，[7]甚至與犯罪行為和所得水準等社會現象具有關連性。[8]如果 IQ 和觀察到的現實有相關性，它怎麼可能是獨斷的數字而已呢？我無意在此解決這項爭議，但我很好奇古德要如何處理特定的議題，例如一種會影響心智發展的有毒物質，它的環境影響作用？舉例來說，甲基汞在孩童身上最恐怖的作用，是潛在的 IQ 喪失，那麼古德說的是這類作用並非屬實，或者他說的是，即使這類作用是真的，但因為不同主體之間存在誤差，所以我們不敢做衡量？不管他說的是哪一種，結果便是我們必須承受這項有毒物質所帶來的潛

在健康成本。我們一無所知，而且我們可能被迫——因為缺乏資訊去反對——將資金挪給其他的計畫。這對孩童真是大不幸呀！

　　事實是，選擇無知，絕不是道德的表現。如果是在自我設限的高度不確定狀態下做決策，決策者（或甚至像是飛機製造商）是拿我們的生命做賭注，而他們有很高的機率會錯置有限的資源。在衡量這件事上，就像人類在其他許多方面的努力，無知不只是浪費的，更是危險的。

　　　　無知絕不可能強過知識。

　　　　　　　　　　　　——恩里科・費米，1938 年諾貝爾物理獎得主

衡量的通用方法

　　到目前為止，我們討論了三個人有趣又直覺的衡量方法。我們也學會了如何看待反對衡量的基本意見，以及敘述幾個有趣的衡量案例。我們發現，主張有些事物不能或不應該衡量的理由，其實都是錯誤的觀念（除了在有些例子中經濟上的反對意見可以成立之外）。我們學到的這些事情，以不同的方式，共同描繪出衡量的一般架構。

　　即便有各種不同類型的衡量，我們還是可以建構出一套步驟，應用於所有類型的衡量。在第一章最後，我提出一個決策導向的架構，我主張它能普遍應用於任何衡量問題。這個架構可以成為一套特定程序的基礎。這套程序的每一個部分，對某些特定領域的研究或產業來說，是非常熟悉的，但是沒有人將它們一起放入一套連貫的作法中。我們需要增加一些觀念來讓它變得更完整。這個架構也正好是我稱為「應用資訊經濟學」這個方法的基礎。我綜合成以下五個步驟過程，並且對於每一個步驟和本書後面的章節如何連結，予以解釋：

1. **定義決策問題及相關的不確定性。**如果人們問「我們如何衡量X？」他們可能將問題本末倒置了。第一個問題應該是「你的困境是什麼？」然後我們可以定義與這個困境有關的所有變數，並且確定我們所說的「訓練品質」或「經濟機會」這類模糊不清的概念，究竟是什麼意思。（第4章）

2. **確定你目前知道些什麼。**對於決策中未知的數量，我們必須將不確定性予以量化。可以學習用範圍和機率來描述你的不確定性。（這是能夠學習的技巧。）定義相關的決策及有多少的不確定性，可以幫助我們確認相關的風險。（第5章及第6章）

3. **計算額外資訊的價值。**資訊是有價值的，因為它降低決策的風險。了解一項衡量中「資訊的價值」，可以讓我們確認衡量的標的，以及告訴我們如何做衡量。（第7章）

    若所有變數都不具資訊價值，不能證明任何衡量方法的成本正當性，則請跳到第5個步驟。

4. **將相關的衡量工具應用在高價值的衡量上。**我們會討論一些基本工具，像是隨機抽樣、控制對照實驗，以及這些工具較不為人知的變化作法。我們也會討論如何在有限的資料中發掘更多資訊的作法、如何將一個變數的作用獨立出來、如何量化「軟性」的偏好、如何使用新技術來幫助衡量，以及如何善用專家。（第9章到第13章）

    接著重複第3個步驟。

5. **做出決策並且付諸行動。**在符合經濟成本的情況下去除掉部分不確定性後，決策者面臨的是風險與報酬取捨的決策（risk-versus-return decision）。任何剩下的不確定性都是這項抉擇的一部分。為了最適化這項決策，可以量化決策者的風險趨避程度。最適抉

擇即使在有無數種可能策略的情況下，也是可以計算的。我們會討論如何量化決策者的風險趨避程度，以及其他偏好和態度。將全部步驟整合為實務上的計畫步驟。（第11、12及14章）

回到第1個步驟，並重複一次。追蹤每一項決策的結果，並對結果做出反應，會產生一個新的決策連鎖。（例如，假設結果不令人滿意，是否需要進行干預？或是新的商業環境是否需要對目標做改變？）

我的希望是，在以下的章節中，當我們拉開每個步驟的幕簾時，讀者對衡量會有更多認識。以「校準後」（calibrated）的眼睛來看這世界，以定量的角度看每件事物，一直是人類史上推動科學和經濟生產力的力量。人類具備衡量的本能，但在強調「委員會」、「共識決超過基本觀察」的環境下，這項本能受到壓抑。許多經理人根本不曉得，一項「無形事物」竟能用簡單、巧妙設計的觀察來衡量。

我們從一開始接觸衡量觀念時，就被錯誤教導了。我們可能在高中化學實驗室裡接觸過衡量的觀念，然而學到的不外乎衡量是精確的，只能應用在明顯及直接可觀察的數量上。而大學統計可能讀懂了的人和搞迷糊了的人一樣多。等到我們進入職場，所有領域各層級的專業人士，眼前充斥的問題都是那些並非在學校課業中清楚可衡量的因素。我們學到的是，有些事物是超越衡量之外的。然而，如我們所見，「無形事物」是一項迷思。衡量的困境是可以解決的。詢問「多少」，能將所有議題的價值表達出來，即使是企業、政府或私人生活中最具衡量爭議性的議題，在我們了解不做衡量的後果後，都是可以處理的。

注釋

1. C. Shannon, "A Mathematical Theory of Communication," *The Bell System Technical Journal 27* (July/October, 1948): 379-423, 623-656.

2. S. S. Stevens, "On the theory of scales and measurement," *Science* 103 (1946): 677-680.

3. George W. Cobb, "Reconsidering Statistics Education: A National Science Foundation Conference," *Journal of Statistics Education* 1 (1993): 63-83.

4. 這段敘述常常被誤植為馬克吐溫所說的，雖然他確實造成這句話的流行。馬克吐溫取材自班傑明·迪斯雷利（Benjamin Disraeli）或亨利·拉布謝爾（Henry Labouchere）這兩位十九世紀英國政治人物其中一位。

5. Katharine Q. Seelye and John Tierney, "Senior Death Discount' Assailed: Critics Decry Making Regulations Based on Devaluing Elderly Lives," *New York Times*, May 8, 2003.

6. Stephen Jay Gould, *The Mismeasure of Man* (New York: W. W. Norton, 1981).

7. Reflections on Stephen Jay Gould's *Mismeasure of Man*: John B. Carroll, "A Retrospective Review," *Intelligence* 21 (1995): 121-134.

8. K. Tambs, J. M. Sundet, P. Magnus, and K. Berg, "Genetic and Environmental Contributions to the Covariance between Occupational Status, Educational Attainment, and IQ: A Study of Twins," *Behavior Genetics* 19, no. 2 (March 1989): 209-222.

第二篇

開始衡量之前

第4章

釐清衡量問題

為了衡量一些事物，必須正確找出我們所談論的是什麼，以及為什麼我們會在意它。

面對困難的衡量問題，設法釐清這項衡量的來龍去脈及背景環境，對我們將會有所幫助。在進行衡量之前，我們必須先回答下列問題：

1. 這項衡量是要支援什麼樣的決策？
2. 要衡量的事物，若用可觀察到的結果來定義，會是什麼？
3. 這個事物如何影響與問題有關的決策？
4. 關於這項衡量你目前所知有多少？（亦即，你目前的不確定程度為何？）
5. 額外資訊的價值為何？

在本章，我們的焦點會放在頭三個問題。一旦能回答前三個問題，便更能確定目前所知不確定性的數量、因為此不確定性而有多少風險，以及更進一步降低此不確定性的價值。這也是接下來三個章節討論的重點。在我所使用的應用資訊經濟方法（以下簡稱AIE法）中，不管我受託衡量任何事物，我最先問的就是這三個問題。AIE法已經應用在超過60個不同組織的重大決策及衡量問題上。這些問題的答案，常常徹底改變了組織應該**如何**做衡量，以及他們應該衡量的是**什麼**。

什麼樣的決策需要做這項衡量，在這個架構下，我提出的前三個問題便已決定這項衡量的定義。如果一項衡量是有重要性的，那是因為它必須對決策和行為有顯著的影響力。若我們無法找出一項決策會被提出的衡量所影響，或無法指出這項衡量是如何改變那些決策，那麼這項衡量就沒有價值。

例如，假設你要衡量「產品品質」，就應該要問它會影響到什

麼，以及更一般性的問題：「產品品質」是什麼意思。你打算使用這項資訊，以決定是否要改變現行的製造流程嗎？若是如此，品質要有多差，你才會改變流程？你打算藉由衡量產品品質，來計算要分配給品質計畫經理人的獎金嗎？若是如此，你的計算公式是什麼？當然，這些全部決定於你一開始所知道的「品質」定義。

1980 年代末期，我在當時八大管理顧問公司之一普華永道從事管理顧問服務，當時我為一家小型的地區性銀行提供諮詢顧問服務，該銀行要求我協助他們簡化報告流程。這家銀行之前一直採行一套縮影庫系統（microfilm-based system）來儲存每星期各分行送來的 60 多份報告，其中大多數是自選報告，並非為了符合法規要求做的。這些報告的產生，是因為管理階層的某個人——突然有一天——認為他們需要知道這些資訊。現在這個時代，若要一位好的甲骨文（Oracle）公司程式設計師創造及管理這項工作，是非常容易的事；但是在那個時代，要管理這些報告開始變成一個重大的負擔。當我詢問銀行經理們，這些報告是要支援什麼樣的決策。結果，對於這些自選報告曾經或是**能夠改變**的決策，他們只能想出少數幾個例子而已。這些不能連結到真正的管理決策的報告，根本很少人看，並不令人感到意外。即使有人當初要求做這些報告，但最初的需求顯然已經沒人記得了。一旦經理人了解，許多報告對決策沒有貢獻，他們就知道，那些報告必定毫無價值。

幾年之後，國防部長辦公室的職員提出一個類似的問題。他們想知道一大堆週報及月報的價值在哪裡。當我問他們，是否能想出一項會被這些報告所影響的決策，他們發現有相當多報告對任何決策都沒有影響。同樣地，那些報告的資訊價值為零。

一旦定義了我們的需求，以及如何影響決策，我們仍還有兩個問

題：目前你對此有多少的了解，以及衡量它的價值為何？你必須知道衡量它的價值，因為你可能會做出不同的衡量結果，如果衡量它的價值是每年1,000萬美元，而不是每年1萬美元。然而，除非我們知道目前所知如何，否則無法計算出這個價值。

在接下來的章節中，我們會討論一些關於如何回答這些問題的案例。在探索這類「衡量前」議題的同時，我們將會看到關於不確定性、風險及資訊價值的問題中，有些問題本身就是很有用的衡量。

用對話語：
「不確定性」和「風險」真正的意思為何？

誠如先前的討論，為了衡量一些事物，必須正確找出我們所談論的是什麼，以及為什麼我們會在意它。資訊技術防護（IT security）是一個很好的例子，和任何現代化企業都有關，而且在衡量它之前需要做很多釐清工作（相同的基本原則可應用在「風險」和「不確定性」等名稱的使用）。要衡量IT防護，我們需要問下列問題：「我們說的『防護』是什麼意思？」以及「什麼樣的決策會要我對防護做衡量？」

對大多數人來說，提高防護的終極目標應該不只是誰參加了防護訓練，或有多少桌上型電腦安裝了新的防護軟體。如果防護提高了，則可預期有些風險應該就會下降。若是如此的話，我們也需要知道「風險」是什麼意思。實際上，這就是我從IT防護的例子開始討論的原因。要回答這個問題，需要我們一起釐清「不確定性」和「風險」。它們不僅可以衡量，也是了解一般性衡量的關鍵。

即使「風險」和「不確定性」常被視為不可衡量，有個新興產業

卻靠衡量這兩者維生，而且是例行性地在做衡量。我最常做諮詢顧問的產業之一是保險業。我還記得有一次在幫位於芝加哥的一家保險公司IT部門主管做企業案例分析時，他對我說：「道格，IT的問題出在它具有風險性，而風險又沒有方法可以衡量。」我回答：「但你是在保險公司做事，這棟大樓裡有一整層的人在做精算。你以為那些人成天都在做些什麼呀？」他聞言流露出頓悟的表情。他在剎那間領悟到，身處每天都在衡量保險事件風險的公司，卻說出風險無法衡量這樣的話，是多麼不協調的事。

　　「不確定性」和「風險」的意思，以及兩者之間的區別，似乎是模糊不明的，即使是對這個領域裡的一些專家而言，也是如此。讓我們仔細想想1920年代初期，芝加哥大學經濟學者法蘭克・奈特（Frank Knight）說過的話：

　　　　不確定性必須和我們熟悉的風險觀念做一個完全的區別，它從來都沒做過適當的切割……。

　　　　根本的事實在於，在某些例子中「風險」意指一個可以衡量的數量，但是其他時候，它又完全沒有這種特質；一個現象的成果會有深遠且重大的差異，端視這兩者之中真正出現和運作的是哪一個。[1]

　　這正是為什麼我們在定義名稱時，務必要了解是什麼決策需要支援。奈特所說的是，在有些團體中，「風險」和「不確定性」的使用是不一致且模稜兩可的。然而，那不表示**我們**也得模稜兩可或不一致（奈特提出的定義，我覺得是讓這個議題更加混淆了）。事實上，在決策科學中，經常以不模糊也很一致的方式，在描述這些名稱。無論

其他人會如何使用這些名稱，我們可以選擇和我們必須要做的決策有關的方式，來定義它們。

定義不確定性、風險及其衡量

不確定性：沒有完全確定，也就是，有一個以上的可能性。「真正的」後果／狀態／結果／價值是未知的。

不確定性的衡量：為一組可能性指派一組機率。舉例來說：「這個市場有60%的機會在五年內會成長超過一倍，30%的機會以較慢的速度成長，10%的機會在同樣期間內市場會萎縮。」

風險：不確定的狀態，有些可能涉及損失、災難或其他不想要的後果。

風險的衡量：一組可能性，其中每個都有量化的機率和量化的損失。舉例而言：「我們相信有40%的機會提案的油井是乾涸的，而其損失是1,200萬美元的開採鑽勘成本。」

稍後，我們會討論如何指派這些機率，但至少我們已經下了定義——這永遠都是做衡量之前不可缺少的。之所以選擇這些定義，是因為它們與我們如何衡量這個例子最為相關：防護及防護的價值。但是，就如我們將會看到的，在討論面對的**任何**其他類型衡量問題時，這些也是最有用的定義。

不管其他人是否繼續使用模稜兩可的名稱，或沒完沒了地做哲學辯論，這些都不是眼前有立即性困難的決策者關心的事。例如，「力」（force）這個名詞在英文中使用了好幾百年，但是一直到牛頓

（Isaac Newton），才為它做出數學上的定義。今天對該名詞的使用有時仍擺盪於「能量」（energy）和「力量」（power）——但物理學家和工程師可不會這樣模糊使用。當航空器的設計者使用這個名稱時，他們很準確地知道他們所言在數量上的意義（而常常飛行的人得感謝他們在力求精確清楚上所做的努力）。

　　一旦為「不確定性」和「風險」做了定義，我們就有了比較好的基礎可以定義像是「防護」〔security，或是「安全」（safety）、「可靠性」（reliability）、「品質」（quality），稍後會有更多討論〕這樣的名稱。當我們說防護已經改善了，一般而言，我們是指特定的風險已經降低了。如果我將稍早所做的風險定義應用在此，風險的降低必然表示某些特定事件，其發生的機率以及／或嚴重程度（損失）已經降低了。那就是我之前簡短提到的方法，可以協助衡量非常大型的IT防護投資案——退伍軍人事務部1億美元的IT防護全面檢修。

釐清的案例：企業可以從政府部門學到的事

　　許多政府部門員工，他們想像中的商業世界是個相當神祕的地方：藉由誘因推動的高效率，以及害怕被淘汰的動力促使每個人隨時戰戰兢兢（但也許在2008年金融危機之後不再如此）。我常常聽到政府部門的員工感嘆他們不像企業界那麼有效率。然而，對於那些在商業世界中的人而言，政府部門是官僚不效率的同義詞，以及數日子等退休、毫無動力的人。我在兩個世界都做過很多諮詢顧問工作，我會說這種一竿子打翻一船人的看法，對這兩個世界都不全是對的。我認為商業世界可以從（至少是有些）政府部門學習到一些事情。事實是，有龐大內部組織架構的大型企業，也擁有這樣的員工，他們遠離

外面商業環境的經濟現實，以至於他們的工作和政府部門的工作一樣
官僚。我在此要為一項事實作見證，美國聯邦政府，肯定是歷史上最
大的官僚體系，但也擁有許多有動力及熱情投入的員工。為說明這一
點，在此將舉幾個我在政府部門客戶的案例，做為企業界可以遵循的
例子。

　　上一章中曾提到退伍軍人事務部的IT防護衡量計畫，在這裡先對
計畫的背景多做一些描述。2000年一個名為「聯邦CIO（資訊長）諮
詢會」（Federal CIO Council）的組織想要進行某種測試，來比較各種績
效衡量方法。聯邦CIO諮詢會，正如其名所示，是由各聯邦機構的資
訊首長及其直屬部下所組成的。該諮詢會有自己的預算，有時會贊助
有利於全體聯邦資訊長的研究。在檢視過許多方法之後，CIO諮詢會
決定應該對「應用資訊經濟」（以下簡稱AIE）這個方法進行測試。

　　CIO諮詢會決定要以退伍軍人事務部（以下簡稱VA）龐大的、
新近提出的IT防護計畫投資組合，來測試AIE。我的任務就是為每一
項防護相關的系統提案找出績效指標，並在諮詢會嚴密的監督下對該
投資組合進行評估。每當我舉辦研討會或發表研究發現時，常常會有
來自不同機構的諮詢會觀察員來參加，像是財政部、FBI，或是住宅
及都市發展處等。每場研討會的最後，他們彙總筆記並寫一份詳盡的
報告，將他們機構目前使用的方法與AIE做比較。

　　我問VA的第一個問題，正如同我在大部分衡量問題中所問的第
一個問題：「你打算用這項衡量來解決什麼問題呢？」及「你所謂的
IT防護是什麼意思呢？」換言之，這項衡量對你而言為什麼重要？IT
防護改善看起來應該是什麼樣子？如果防護變好或變壞了，我們會看
到或偵測到哪些不同？更進一步來說，防護的「價值」是什麼？在這
個案例中，第一個問題的答案相當直截了當。VA有一項即將要做的

投資決策，是關於七項IT防護計畫提案，金額是五年總共1.3億美元（七項投資提案內容請見圖表4.1）。衡量的理由在於決定投資提案是否正當可行，以及在它們執行完成後，防護的改善狀況是否支持進一步的投資，或者需要做一些其他的干預（例如，系統要做改變或需要增加新的系統）。

下一個問題對我的客戶來說就有點困難了。IT防護或許並非稍縱即逝或曖昧不明的觀念，但是計畫的參與者很快就發現，他們對所說的名稱不是相當了解。

例如，降低「傳染性」（pandemic）病毒攻擊的頻率和衝擊，是一項防護改進，這是很清楚明白的。但是，什麼是「傳染性」，什麼又是「衝擊」呢？同時，駭客未經授權進入系統，是IT防護的漏洞，這可能也是很清楚明白的事。但是，筆電的失竊呢？資料中心遭到火災、水災或風災破壞了，又該算是什麼呢？在第一次會議時，參

圖表4.1　退伍軍人事務部的IT防護

防護系統	迴避或降低的事件	迴避的成本
公共金鑰基礎建設（金鑰加密／解密等等）	傳染性病毒攻擊	生產力損失
生物特徵／單一登入（指紋辨識機、防護卡讀卡機等等）	未經授權進入系統：外部的（駭客）或內部的（員工）	詐騙損失 法律責任／不當揭露
侵入—偵測系統	未經授權的人員進入設備或財產	妨礙使命（對VA來說，該組織的使命是照顧退伍軍人）
新系統的防護驗證計畫	其他災難：火災、水災、風災等等	
新的防毒軟體		
防護事件報告系統		
新增的防護訓練		

與者發現雖然他們全都希望IT防護能更好，但是對於IT防護到底是什麼，彼此卻毫無共識。

並非早有人開發出IT防護詳細的心理圖像，以至於每個人心裡已有定見。在那個時點，還沒有人想過IT防護的詳細定義。一旦團隊成員看到特定、具體的IT防護案例，他們同意以下這個明確且完善的定義。

他們決定，「IT防護改善」意謂著特定不良事件發生頻率和嚴重性的減少。在VA案例中，他們認為這些事件應該包括病毒攻擊、未經授權進入（經由電腦系統或人員進出），以及其他特定型態的災難（例如，因火災或颶風造成資料中心受損）。這些事件中每一種類型都有特定的相應成本。圖表4.1呈現的是提案的系統、它們所要迴避的事件，以及這些事件的成本。

每一件系統提案都會降低某項事件的發生頻率和衝擊。每一個事件都會產生一些成本。例如，一項病毒攻擊可能會對生產力造成衝擊，而未經授權侵入可能造成生產力損失、詐騙、甚至因為不當曝露個人醫療資料而產生法律上的責任。

有了這些定義，我們對於「IT防護改善」真正的意思就有了更具體的了解，因而也更清楚**如何衡量它**。當我提問：「在你觀察IT防護改善時，你要衡量些什麼？」VA管理階層現在可以具體回答了。VA參與者明白，當他們觀察「更佳的防護」時，他們觀察的是以上表列事件的發生頻率和衝擊的降低。至此，他們達成衡量的第一個里程碑。

你或許不同意某些部分的定義。你可能會主張，火災嚴格說來不是IT防護的風險。然而VA參與者決定，在他們的組織中，確實要涵蓋火災的風險。除了在一些次要部分要包含哪些項目等些微差異之

外，我認為我們所開發出來的，可做為所有IT防護衡量的基本模型。

VA先前衡量防護的方法是非常不同的。他們聚焦在計算完成特定防護訓練課程的人數，以及安裝特定系統的桌上型電腦台數。換言之，VA根本沒有對成果做衡量。所有的衡量努力都集中在那些被認為容易衡量的東西上面了。在我和CIO諮詢會合作之前，有些人認為防護的最終影響是無法衡量的，因此未曾試圖去降低即使是一丁點的不確定性。

有了開發出來的參數，我們便開始衡量一些非常特定的事物。我們建立了一個試算表模型，將這些成效通通包含進去。這只是仿照「費米提問」的一個例子。關於電腦病毒攻擊，我們的提問為：

- 平均多久發生一次（全部門的）傳染性病毒攻擊事件？
- 這類攻擊發生時，多少人會受到影響？
- 那些受到影響的人，他們的生產力比正常水準降低了多少？
- 停工持續多久？
- 在所有生產力損失中，勞動損失成本有多少？

如果我們知道每個提問的答案，便能計算全部門病毒攻擊的損失：

病毒攻擊的年平均成本＝攻擊次數

　　　　　　×平均受影響人數

　　　　　　×平均生產力損失

　　　　　　×平均工時（小時數）

　　　　　　×每年勞動成本

　　　　　　÷2080小時（政府標準的每年小時數）[2]

當然，這項計算所考慮的，只是與沒有病毒攻擊時相比的勞動成本。它不能告訴我們，病毒攻擊如何影響對退伍軍人的照顧或是其他損失。然而，即使這項計算不包括某些損失，至少它提供我們保守估計的損失下限。圖表4.2是每個提問的答案。

這些範圍反映出，防護專家由VA過去病毒攻擊的經驗，所得出的不確定性。有了這些範圍，專家認為有90%的機會，真實的數值會落在所給的上下限之間。我訓練過這些專家，因此他們在以數量化的方式評估不確定性方面是很在行的。

這些範圍或許看似主觀判斷，但是有些人主觀的估算明顯地——可以測量出來的——優於其他人。我們能夠將這些範圍視為有效，因為經由一連串的測試，我們知道當這些專家說他們是90%確定時，有90%的時候他們是正確的。

到目前為止，你已經看到將一個像是「防護」這樣模糊的名稱，分解成一些相關的、可觀察的部件。藉由對「防護」的定義，VA已朝衡量邁進了一大步。到這個時點，VA還沒做任何觀察來降低它的不確定性。它只是用機率和範圍來量化不確定性而已。

圖表4.2　退伍軍人事務部對病毒攻擊影響所做的估算

不確定變數	90%可能坐落的區間：	
每年全部門病毒攻擊（未來五年）	2	4
平均受影響人數	25,000	65,000
生產力損失的百分比	15%	60%
生產力損失的平均時間	4小時	12小時
每人每年平均成本 （多數受影響的員工其薪資屬於較低水準）	50,000美元	100,000美元

　　防護專家是如何決定那個能讓他們「90%確定」的範圍呢？答案在於，一個人評估機率的能力是可以被「校準的」──就像校準任何科學儀器以確保讀數正確一樣。**校準後的機率評估，是衡量你目前不確定性狀態的關鍵。**學習如何對任何未知的數量，將你目前的不確定性予以數量化，是決定如何衡量事物非常重要的步驟。下一章的重點便是開發這項技能。

注釋

1. Frank Knight, *Risk, Uncertainty and Profit* (New York: Houghton Mifflin, 1921), pp.19-20.

2. 每年2,080小時是美國管理預算局（Office of Management and Budget）及美國政府責任署（Government Accountability Office）將年薪換算為相當的時薪時，所訂下的標準。

第5章

校準的估算：
你目前所知有多少？

事實上，生活中最重要的疑問，絕大部分其實只是機率問題。

——皮耶爾—西蒙·拉普拉斯《機率的分析理論》
（Pierre Simon Laplace, *Théorie Analytique des Probabilités*, 1812）

員工每週花費多少小時在處理客戶投訴？一波新的廣告活動可以增加多少銷售量？關於這些問題，即使你不知精確的數字，你仍然是有些概念的。你知道有些數字是不可能的，或至少是非常不可能的。了解你目前對某項事物已知道些什麼，在實際上對於你應該如何衡量它，或你是否應該衡量它，有很重要而且常常是令人驚訝的影響。我們需要的是表達目前知道多少的方法，不論目前所知是多麼地少。為此，我們需要一個方法，以了解是否能夠表達出不確定性。

表達對一個數值的不確定性，作法之一是將它視為一個可能數值範圍。在統計學上，一個範圍有一定的機會可以將正確答案包含在內，這稱為「信賴區間」（confidence interval，簡稱CI）。90% CI為一個範圍，有90%的機會能將正確答案包含在內。例如，你無法確切知道，目前的潛在客戶在下一季有多少位能真的成為顧客，然而你認為會簽約成交的人數，可能不少於三位，但也不會多過七位。如果你90%確信，實際的數字會落在3與7之間，則你的90%信賴區間為3到7。你可能已經用各種複雜的統計參考方法計算出這些數字，但是你也可能只是根據經驗選出。不論是哪一種方法，這些數字應能反映出你對這個數量的不確定性。（關於這個名稱使用的注意事項，請見本章稍後的「一段純哲學的插曲」。）

你也可以用機率來敘述你對特定未來事件的不確定性，像是某位潛在客戶在下個月是否會簽約成交。你可以說，有70%的機會成功，但這是否「正確」呢？我們要知道，一個人是否擅長數量化不確定性，方法之一便是觀察這個人評估的所有客戶，並且提問：「在那麼多客戶當中她確定有70%會成交的，是否有70%真的成交了？而她說有80%信心能完成交易的，是否真的有80%成交了？」這是我們如何得知自己在主觀機率上有多在行的方法。我們對預期結果和真正

的結果做比較。

　　不幸的是，許多研究顯示了，生來便是估算家的人極為少數。在1970和1980年代，以及到非常近期，機率評估都是決策心理學的一項研究領域。這項領域中的頂尖研究者包括2002年諾貝爾經濟獎得主丹尼爾・卡尼曼（Daniel Kahneman），以及他的同僚阿莫斯・特沃斯基（Amos Tversky）。[1]決策心理學關切的是人們實際上是如何做決定的，不論有多麼不理性。對比於企管課程所教的許多「管理科學」或「數量分析」方法，這些方法的重點放在如何在特定的、定義完善的問題中求出「最適」（optimal）決策。這個領域的研究顯示出，幾乎每個人對於自己的估算都有「過度自信」（overconfidence）或「自信不足」（underconfidence）的傾向，而絕大多數的人都是「過度自信」的（請見下表「主觀信心的兩個極端」）。對不確定的事件賦予機率，或是對不確定的數量給予範圍，並不是能自動從經驗和直覺發展出來的技能。

主觀信心的兩個極端

　　過度自信：當一個人常常誇大其知識，而正確的次數常低於他的預期。例如，當被要求以90%信賴區間做估計時，正確答案落在其估算區間的次數常少於90%。

　　自信不足：當一個人常常低估其知識，而正確的次數常高於他的預期。例如，當被要求以90%信賴區間做估計時，正確答案落在其估算區間的次數常多過90%。

慶幸的是，其他研究者的一些研究成果顯示，當做估算的人接受訓練、去除個人估計偏誤後，就可以得到較佳的估算。[2]研究人員發現，投注及賭博業在評估事件的賠率方面通常優於一般的企業主管。他們還有一項令人感到不安的發現，也就是醫生對不明情況像是惡性腫瘤的機會，猜對的機率非常差。他們的推論是，在不同專業間的這種差異顯示出，對不確定事物的機率評估必定是可以學習的技能。

研究人員認識到，專家可以衡量自己的估計是否有一致性的自信不足、過度自信、或其他偏誤。一旦人們進行這項自我評估，便能學到一些改進估計和衡量的技巧。簡而言之，研究人員發現，**評估不確定性是一項一般性的技巧，能透過教導獲得顯著的改善**。也就是說，做過校準後的銷售經理認為有75%的信心可以留住一位重要客戶時，他就真的有75%的機會可以留住這位客戶。

校準練習

在此，我們以一個小測驗來評估你在數量化自己的不確定性方面有多厲害。圖表5.1中提供10個90%信賴區間的問題，以及10個二元（binary，亦即是／非）問題。除非你是益智遊戲節目的大贏家，否則你恐怕無法完全確定這些一般性知識題目的答案（雖然其中有些相當簡單）。但它們全都是你可能有些概念的題目。這些題目與我在研討會或專題研討中出給參與者的題目非常類似。唯一的不同是，在我的測驗中，每種類型我會給更多題目，而且每次測驗結束後，我會再給他們一些有答案的測驗。這項校準訓練，通常需要半天的時間。

但即使光憑這類小樣本題目，我們也能夠偵測出你技能的一些重

要面向。更重要的是，這樣的練習應能讓你思考一項事實：你目前的不確定狀態，是你可以數量化的東西。

　　說明：圖表 5.1 包含以下兩種類型題目各 10 題。

1. **90% 信賴區間（CI）**。每一個 90% CI 題目，請分別提出上、下限。請記得，這個範圍要夠大，讓你相信正確答案會有 90% 的機會落在這個上、下限之間。

2. **二元題目**。回答每項敘述為是或非，然後圈出一個機率，是能反映你對答案的信心程度。例如，假設你完全確定你的答案，你應該回答你有 100% 的機會答對。若你毫無概念，則你的機會應該和擲硬幣的機會一樣（50%）。除此之外（可能是最常發生的情況），就是在 50% 和 100% 之間的某個數值。

　　重要提示：題目的難度各異。有些看起來似乎很容易，而其他的可能看起來太難回答了。然而無論題目看似有多困難，你還是知道一些什麼。注意力放在你**確實**知道的。對於那些範圍類的題目，你可能知道，超過某些界限的答案看起來就很荒謬（例如你可能知道，牛頓不是活在古希臘時代或二十世紀）。同樣地，對於二元類的問題，即使你並非百分之百肯定，但是對於哪個答案比較有可能，至少你還是會有些看法。

　　在你完成測驗之後，但在看答案之前，請試著做一個小實驗，以測試你給的範圍是否真正反映出你的 90% CI。考慮 90% CI 其中一個題目，例如牛頓何時發表萬有引力定律。如果我給你一個贏得 1,000 美元機會，條件如下：

圖表 5.1　校準測驗樣本

#	題目	90% 信賴區間 下限	90% 信賴區間 上限
1.	1938 年英國蒸汽火車車頭以多快的速度創下新的速度紀錄（英哩／小時）？		
2.	牛頓爵士在哪一年發表萬有引力定律？		
3.	一般的商務名片長度為多少英吋？		
4.	網際網路（當時稱為 Arpanet）是在哪一年建立做為軍方的通訊系統？		
5.	莎士比亞出生於哪一年？		
6.	紐約到洛杉磯之間的飛行距離是多少英哩？		
7.	一個圓形占據等寬正方形面積的比例？		
8.	卓別林於幾歲時去世？		
9.	這本書第一版的重量為幾英磅？		
10.	電視影集《夢幻島》(Gilligan's Island) 第一次播出的日期？		

#	敘述	答案（是／非）	你答對的信心（圈選一項）					
1.	古羅馬人是被古希臘人征服的。		50%	60%	70%	80%	90%	100%
2.	世界上沒有三峰駱駝。		50%	60%	70%	80%	90%	100%
3.	1 加侖的汽油比 1 加侖的水重量輕。		50%	60%	70%	80%	90%	100%
4.	火星到地球的距離永遠大於金星到地球的距離。		50%	60%	70%	80%	90%	100%
5.	波士頓紅襪隊贏得第一屆世界大賽。		50%	60%	70%	80%	90%	100%
6.	拿破崙出生於科西嘉島。		50%	60%	70%	80%	90%	100%
7.	M 是英文中最常用到的三個字母之一。		50%	60%	70%	80%	90%	100%
8.	2002 年桌上型電腦平均購買價格低於 1,500 美元。		50%	60%	70%	80%	90%	100%
9.	詹森在當副總統之前是州州長。		50%	60%	70%	80%	90%	100%
10.	1 公斤比 1 英磅重。		50%	60%	70%	80%	90%	100%

A. 如果牛頓的書出版的真實年份是在你給的上、下限之間，你可以贏得1,000美元。如果不是，你不能贏錢。

B. 你轉動一個不平均分割為兩部分的轉盤，一部分占了90%，另一部分占10%。如果轉盤停在大的那邊，你可以贏得1,000美元。如果停在小的那邊，則不能贏錢。（亦即，有90%的機會你可以贏得1,000美元。）（請見圖表5.2）

　　你比較喜歡哪一個呢？輪盤顯示出你有90%的機會贏得1,000美元，10%的機會不能贏錢。如果你和大部分的人（大約80%）一樣，你會傾向於選擇轉輪盤。但是為什麼會這樣呢？唯一的解釋就是，你認為輪盤有較高的機會贏錢。因此我們得到的結論是，你最初估計的90% CI並非你真正的90% CI。或許是你的50%、65%或80% CI，但不可能是你的90% CI。因此我們說你最初的估計可能是過度自信了。你表達出來的不確定程度，要低於你真正的不確定性。

圖表5.2　轉出獎金！

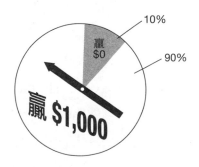

同樣不合理的結果是偏好選項A，亦即如果正確答案在你的範圍內，你可以贏得1,000美元。這表示你認為有**超過**90%的機會你所定的範圍涵蓋了正確答案，而你表示你對那個範圍**只有**90%的信心。換言之，這通常是信心不足的人所做的選擇。

你能給的唯一合理結果是，如果你設定的範圍剛好，則選項A和選項B給你的感覺是一樣的。這表示你相信你有90%的機會——不多也不少——答案會落在你的範圍內。對過度自信的人（亦即，我們大多數的人）而言，要將這兩個選項調整到相等的程度，也就是增加範圍的寬度直到選項A和選項B的價值相同。對於自信不足的人而言，最初估計的範圍應該要再縮小。

當然，你也可以將相同的測試應用到二元的題目上。假設你對拿破崙出生地的答案有80%的信心。同樣地，你給自己一個選擇，在「你的答案是對的」與「轉動輪盤」之間做選擇，只是現在輪盤有80%機會贏錢。如果你選擇轉輪盤，則表示你對答案的信心可能低於80%。現在假設我們將輪盤贏錢的機會改成70%。如果你因此認為轉動輪盤和賭你的答案是對的，這兩者是一樣的（沒有比較好也沒有比較差），則表示你有70%的信心你的答案是對的。

在我的校準訓練課程裡，我將此稱為「相等賭局測試」（equivalent bet test）〔在決策心理學文獻中，有些例子是使用類似的方法，從一個瓶中隨機抽籤的「相等機會瓶」（equivalent urn）〕。正如該名稱所示，它利用你認為是相等的賭局來做比較，測試出你對這個範圍是否真有90%的信心。研究指出，即便只是假裝用錢打賭，都能大幅改善一個人評估賠率的能力。[3]事實上，真正用錢打賭的結果只是略優於假裝打賭。（第13章討論預測市場時會有更多這方面的討論。）

相等賭局測試這類方法，可以幫助估計者對他們的不確定性做出

更符合實際的評估。除此之外還有一些其他簡單的方法可以改善你的尺度，但是首先，我們先看看你的測試結果如何。答案在本書的附錄。

要看你的尺度準確程度如何，我們需要對你預期的結果和你真實的結果兩相比較。由於你所回答的範圍類題目要求的是90% CI，也就是，你預期10個正確答案中有9個會落在你的範圍內。我們只要將落在你範圍內的答案數量，以及你預期的數字9，兩者做比較就可以了。如果預期數量非常接近結果，那麼你可能就是尺度很準確的。（這個非常小的樣本題當然不足以下定論。）

對於是／非類題目，因為你對每個題目的信心不同，你的預期結果可能不是一個固定的數字。對每個答案，你的信心在50%到100%之間。如果你說你對10個題目全都有100%的信心，表示你預期10題全都答對。如果你每一題都只有50%的信心（亦即認為你答對的機率和擲硬幣一樣），你預期有一半的題目會答對。要計算預期結果，必須先轉換你對每題圈選的數字為小數點形式（也就是0.5, 0.6, ..., 1.0），然後加總起來。我們假設你的答案是1, 0.5, 0.9, 0.6, 0.7, 0.8, 0.8, 1.0, 0.9, 0.7，合計為7.9。這表示你「預期」答對的題數為7.9。

如果你和大多數人一樣，真正答對的題數，會少於預期答對的題數。要衡量你評估自己不確定性的技巧，這些題目實在是太少了，然而大部分的人是如此過度自信，即使用這麼少的題目都能彰顯出來。

在這種測試中的表現，表達方法之一就是看一個真正尺度準確的人（亦即每個90% CI都真的有90%的機會涵蓋到正確值），得到觀察結果的可能性為何。對於這樣尺度準確的人，只有612分之1的機會不走運，在10次90% CI當中只有5次或更少次，涵蓋正確答案（這項計算的試算表程式案例，請查見www.howtomeasureanything.com）。但是因為參加這些測試的人當中，有超過一半的人表現很差

（56%），所以我們可以很安心地做出結論，這是一致性的過度自信，並非只是一時運氣不好加上樣本題數又太少。同時，這也不只是這些題目太困難，因為過去幾年中，有各式各樣不同題目的測驗也都反映出相同結果。即使是這麼少的樣本題數，若有少於7個正確答案落在你訂的範圍內，你可能是過度自信；若有少於5個在你的範圍內，則你是非常的過度自信。

　　人們通常在是／非類型的題目中表現較好，但平均而言，仍然有過度自信的傾向——而且過度自信到即使是10個題目都能偵測出來。平均來說，人們在是／非類型的題目中預期74%會答對，但結果是62%答對。幾近三分之一的參與者，在10個是／非類型的題目中預期得到80%到100%的正確答案，結果他們只答對64%的題目。你可能在是／非類型的題目中表現較好，其中一部分原因是，在統計上而言，這類測試比較不準確。（在這個小樣本的題目測試中，尺度準確的人比較容易不走運，或是尺度不準的人比較容易看起來是準確的。）但是，如果你答對的題數比你預期答對的題數還少2.5或更低，則你仍然可能是過度自信。

校準的進一步改善

　　到目前為止，學術研究顯示出，訓練對於尺度校準有很明顯的效果。前文提及的相等賭局測試，能讓我們假裝是在承受個人抉擇的後果。校準一個人對不確定性的評估能力還有另一個方法，就是「重複和反饋」（repetition and feedback）。研究（以及我的經驗）證明這是有效的。做這項測試時，我們會問參與者類似剛才題目的一連串益智問題。他們說出自己的答案，然後我公布真正的數值，接著他們再做

一次測驗。

　　然而，看起來任何單一的方法都無法完全矯正大部分人天生的過度自信。為了做補救，我將幾個方法結合在一起，結果發現大部分的人幾乎都能完全被校準。

　　這些方法中有一個作法是，請人們對每一項估計的有效性提出同意和反對的看法（同意亦即估計合理的理由；反對亦即有可能是過度自信的一個理由）。舉例而言，你對新產品銷售量的估計，與其他有類似廣告支出的新產品銷售量是一致的。但是當你想到，你不確定其他公司是會慘敗或大勝，以及你不確定整體市場的成長狀況，你可能會重新評估最初定的範圍。學術研究者發現，光靠這個方法就能大幅改善尺度校準。[4]

　　我也請提供範圍估計的專家檢視範圍的上下限，當成是一個「二元」題目來看。90% CI區間表示有5%的機會真正的數值會大於上限，且有5%的機會真正的數值會小於下限。這就是說，估計者必須95%確定，真正的數值是低於上限。若他們無法如此肯定，就應該要提高上限直到有95%的把握。類似的測試也可應用於下限。進行這個測試似乎是要避免估計者的「定錨」（anchoring）問題。研究人員發現，一旦我們的腦袋執著於一個數字，則所有的估計都有倒向它的傾向。（更多這方面的討論請見第12章。）有些估計者表示，當他們提供範圍時，他們想的是一個數字，然後加上或減去一個「誤差」，就產生了他們的範圍。這可能看起來合理，但是它其實會造成估計者做出過度自信的範圍（也就是範圍太窄）。單獨檢視上限和下限，把它們視為獨立、不同的二元問題：「你是否95%確定它超過／低於這個數值？」這樣的作法能糾正我們定錨的傾向。

　　你也可以強迫自己天生的定錨傾向往另一個方向運作。我們從一

個寬到荒謬的範圍開始，然後逐漸刪除你知道極不可能的數值。舉例來說，如果你對一座新的塑膠射出模型工廠要花費多少毫無概念，就從1千美元到100億美元的範圍開始，然後開始縮小這個範圍。光是新的設備就要花費1,200萬美元，所以你可以將下限提高。10億美元這個數字超過你組裝過的所有其他工廠，所以你也可以將上限調低。當你不斷刪除荒謬的數值時，你的範圍就會繼續縮小。

　　有時候我將此稱為「荒謬測試」（absurdity test）。它把問題從「我認為這個數值可能是多少？」重新塑造成「什麼樣的數值是我認為荒謬不可能的？」我們尋找顯然是荒謬的答案，然後刪除掉這些答案，直到我們的答案是仍有不可能性，但不會是完全不可行的。這就是我們對這個數量知識的邊界。

　　做了幾次的尺度校準測試，以及練習過一些像是同意及反對意見列表、相等賭局、反定錨等方法之後，估計者學會了調整他們的「機率感」（probability senses）。大部分的人只要經過半天的訓練，就會達到幾近完全的尺度校準。最重要的是，即使這些人是以益智問答做訓練，但是尺度校準的技能可以轉換到任何領域的估計上。

圖表5.3　改善你尺度校準程度的方法

1. **重複及反饋**。連續做一些測試，評估每次做完後的成績，並嘗試改善下次測試時的成績。
2. **相等賭局**。每次估算都設定相等的打賭，以測試你定的範圍或機率是否真能反映出你的不確定性。
3. **考慮兩個同意和反對意見**。想出至少兩個對你的評估應該有信心的理由，以及你可能是錯的兩個理由。
4. **避免定錨**。把範圍類型的題目想成是兩個分別的二元類型的題目：「你是否95%確定真正的數值會超過／低於（選一個）下限／上限（選一個）？」
5. **逆轉定錨效果**。由極度寬的範圍開始，再用「荒謬測試」刪除高度不可能的數值，藉以縮小範圍。

我另外再提供更多兩個類型——範圍類型和二元類型——的尺度校準測試題目，放在本書附錄。請試著應用圖表5.3所整理出的方法，來改善你的尺度校準。

校準在觀念上的障礙

如果有人對於尺度校準或是一般性的機率，有不理性的概念，那麼前面所提到的方法就無法發揮協助的功能。雖然我發現大部分居於決策職位的人，似乎都具備或是能夠學習機率的觀念，但還是有些人對這類議題抱持令人驚訝的錯誤觀念。在我帶領許多學員經過尺度校準訓練，或是在訓練後引導出校準估計的同時，我收到的一些評論如下：

- 「我有90%信心，不可能有90%的機會得到正確的答案。因為一個主觀的90%信心和客觀的90%機率永遠不會有相同的機會。」
- 「這是我的90%信賴區間，但是我完全不知道它是否正確。」
- 「我們不可能對此作估計。我們完全沒概念。」
- 「如果我們不知道準確的答案，我們永遠不會知道機率是多少。」

第一條敘述是一位化學工程師寫的，表達他對於尺度最初的疑問。只要他認為他的主觀機率不如客觀機率，他就永遠不能被校準。然而，在幾次校準練習之後，他發現自己可以主觀地應用機率，而且答對的機會就如機率一樣；換言之，有90%的時間，正確答案會落在他的90%信賴區間之內。

其餘的反對意見都很類似，且大都根據這樣的想法：不知道確切的數量，等同於不知道任何數值。那位說她「完全不知道」自己的

90%信賴區間是否正確的女士，指的是她在校準測試中某一個題目的答案。該題目是「747飛機的機翼展開長度是多少英呎？」她的回答是100到120英呎。我大致性地重建了這個討論情形：

我：你是否90%肯定，那個數值介於100和120英呎之間？

校準班學員：我不知道。這純粹是猜測。

我：但是你給我100到120英呎這個範圍時，就表示你相信自己蠻有把握。對於一個自認毫無概念的人而言，這是一個非常窄的範圍。

校準班學員：好吧。但是我對我定的範圍不是非常有信心。

我：那只是表示你真正的90%信賴區間可能要寬很多，你認為機翼展開長度可能是多少？20英呎嗎？

校準班學員：不，不可能那麼短。

我：很好。可不可能少於50英呎？

校準班學員：也不太可能。那應該是我的下限。

我：我們很有進展喔。機翼展開的長度會不會大過500英呎呢？

校準班學員：〔停頓了一下〕……不，不可能有那麼長。

我：好的，那會超過足球場的長度，300英呎嗎？

校準班學員：〔了解我所引導的方向了〕……好的，我想我的上限是250英呎。

我：那麼你有90%肯定，一架747飛機機翼展開的長度介於50英呎到250英呎之間。

校準班學員：是的。

我：因此，你真正的90%信賴區間是50到250英呎，不是100到120英呎。

在我們的討論過程中，那位女士從我認為不切實際的狹窄範圍，進展到她真正感到有90%信心涵蓋正確答案的範圍。她不再說她對涵蓋答案的範圍毫無概念，因為新的範圍代表她確實知道的資訊。

我不喜歡在我的分析裡使用「假設」（assumption）這個字眼，這個例子就是理由之一。假設指的是，我們把某一敘述當作是正確的來看待，以便於討論，無論它是否真的正確。如果你必須使用精準小數點數值的會計方法的話，假設條件是必要的。你不可能確切知道這類數值的精準小數點，所以必然是一個假設。但是如果容許你將你的不確定性用範圍和機率建立起模型，你沒有必要對你不知道真相的事物做出陳述。如果你不確定，你的範圍及你給的機率應該要能反映出來。如果你「完全不知」一個狹窄的範圍是否正確，大可放寬範圍，使其反映出你知道的資訊。

面對問題時，我們很容易迷失在未知的部分，也很容易忘記我們已知的部分。恩里科・費米給我們的啟示是，即使當問題一開始看似無法估計，總是有辦法得到合理的範圍。如果我們唯一的範圍是負的無限大到正的無限大，那就沒有任何東西需要我們做衡量。

上述對話是一位女士定了一個不切實際的狹窄範圍，下面的例子則稍有不同。下一段對話來自我和退伍軍人事務部合作的防護案例。

專家最初不肯提供任何範圍，只是堅稱不可能估算這種事。從一開始他表示對變數一無所知，到後來承認他其實對某些界限是非常肯定的。

我：如果你的系統被電腦病毒入侵以致當機，平均而言，當機的時間會持續多久？照例，我需要一個90%信賴區間。

防護專家：我沒有辦法知道這一點。有時當機時間很短，有時很長。我們沒有詳細的紀錄，因為最優先要處理的事，永遠都是讓系統回復運作，不是記錄這些事件。

我：你當然不會精準知道這些事件。那就是為什麼我們要的只是範圍，而不是確切的數字。不過，你所碰過當機最久的時間是多少呢？

防護專家：我不知道，時間長短差異很大。

我：你有碰過當機時間超過兩個工作天的嗎？

防護專家：沒有，從來都沒有長到兩個整天的。

我：有過超過一天的嗎？

防護專家：我不是很確定……也許有吧。

我：我們在找的是，你對平均當機時間的90%信賴區間。若只考慮你所遇過、由病毒造成的當機事件，平均當機時間會不會超過一天？

防護專家：我知道你的意思。我想平均可能不到一天。

我：所以你對平均時間的上限會是……？

防護專家：好的，我想平均當機時間非常不可能超過10小時。

我：太好了。現在讓我們來考慮下限。會是多小呢？

防護專家：有些事件在一、兩個小時內就解決了。有些則要比較久的時間。

我：好的，不過你真的認為所有當機時間的平均是2小時嗎？

防護專家：不，我不認為平均時間那麼少。我認為平均時間至少是6小時。

我：很好。所以在你的90%信賴區間，病毒攻擊造成的當機平均時間是6到10小時。

防護專家：我做過你的尺度校準測試。讓我再想一下。我認為有90%的機會範圍是4到12小時。

對於高度不確定的數量，這是一個很典型的對話過程。一開始，專家拒絕提供任何範圍。也許因為他們一直被教導，在工作上，沒有確切的數字就等於一無所知。或者，也許因為他們必須「對數字負責任」。但是，**沒有確切的數字並不等於什麼都不知道**。防護專家知道，宣稱病毒造成的當機時間平均是24個工作小時（三個工作天），會是荒謬的數字。同樣地，認為平均只有一小時也是荒謬。這兩種情況都表示，專家們知道一些事情，而且對不確定性做出了數量化的表達。6到10小時的範圍，比起2到20小時的範圍，前者的不確定性較低。但不管是哪一個，不確定性本身的數量對我們都是有意義的。

　　以上兩段對話是我先前提及逆轉定錨法的荒謬測試。每逢我得
到「我沒有辦法知道那種事」或「這是我的範圍，但純粹是亂猜」的
回答時，我就祭出我的荒謬測試。不論專家們認為他們對於一個數量
所知是多麼微少，但他們仍然知道有些數值是荒謬的。然後，在某一
點，數值不再是荒謬，開始變成不太可能但是有可行性的，這一點就
是他們對於數量不確定性的邊界。最後的測試是，我給他們一項相等
賭局測試，看最後的範圍是否為一個90%信賴區間。

一段純哲學的插曲

90%的信心表示90%的機率嗎？

所有機率可能的定義都與實務有差距。

——美國數學家威廉・費勒（William Feller, 1906-1970）[5]

「統計在某種程度上是依賴機率的。並非所有人都同意這
樣的說法。但是，講到機率是什麼，以及它如何與統計相關，
則很少見地意見是如此完全不同，為自「巴別塔」以來最大的
溝通崩壞。」〔譯注：巴別塔（Tower of Babel）係據《聖經》
創世記記載，當時人類聯合起來興建塔頂通天能傳揚己名的高
塔。上帝為了阻止人類的計畫，讓人類說不同的語言，使人類
相互之間不能溝通，計畫因此失敗，人類自此各散東西。〕

——美國數學家薩維奇（L. J. Savage, 1917-1971）[6]

在這本書中，我都會以90% CI做為有90%的機率涵蓋真實數值的範圍（以上限和下限來表達）。無論CI是否為主觀決定的，或是——如第9章將顯示的——以樣本資料決定的，我都會使用這項定義。這樣做，我才能使用機率的特定解釋，將它視為不確定性的表達，或估計者「相信的程度」（degree of belief）。

但是許多（不是全部）統計學教授抱持一個與此牴觸的不同解釋。如果我採用90% CI的估計，舉例來說，一種新品種的雞三個月後的平均體重為2.45到2.78磅，則他們會主張「有90%的機率真正的母體平均值是在這個區間內」這樣的說法是不正確的。他們會說，真正的母體平均值是在這個區間內，或是不在這個區間內。

這是所謂「頻率論者」（frequentist）對信賴區間的解釋。學生和許多科學家都覺得這令人感到混淆。頻率論者主張「機率」這個名稱只能運用在純粹隨機的事件、「完全可複製」、且具無限的重複性。如果根據頻率論者的定義，這三個條件會使機率成為一個純數學的抽象概念，永遠無法應用在任何狀況的實務決策。

然而，大部分決策者的行為表現，就像他們採用了我在本書中所持的立場。他們被稱為「主觀的」，意思是說他們使用機率來形容一個人的不確定性狀態，不論這個狀態是否符合「純粹隨機」的標準。這個立場有時候也稱為「貝氏」（Bayesian）解釋（雖然這個解釋，和我們第10章會討論的貝氏方程式，常常彼此毫無關聯）。對於一個主觀論者，機率只是敘述一個人的所知，不管不確定性是否涉及固定的事實，像是母體的真正平均數，只要對觀察的人而言它是未知的。使用機率（及信賴區間）來表達

不確定性，是做風險決策時實務上的方法。如果在雞隻體重例子中，你願意用1,500美元打賭如果真正的母體平均數落在90% CI之內，可以贏得2,000美元，你也願意打賭一個90%機會會贏的輪盤。直到有新的資訊（像是真正的母體平均數）出現之前，你都會將對信賴區間的信心，當作是一個機率。如果有真正的金錢賭注，我懷疑頻率論的統計學者在不同的信賴區間及輪盤上的打賭行為，會顯示出他們的行為也像是主觀論者。

在許多實證科學的發表研究中，物理學家[7]、流行病學家[8]，以及史前生物學家[9]明白地、常態地將信賴區間描述為一個涵蓋估計數值的**機率**。然而看起來至今沒有人因為這一點撤回他們的論文——也沒有人應該這樣做。我做過的非正式民調顯示出，也許大部分的數學統計學者是頻率論者。但是，正如有些人會承認的，他們在對機率的頻率解釋上似乎幾近於孤單。然而，很重要的是要注意到，兩種解釋都純粹是語義學，不是數學基礎上的功能，或實證觀察可以證明孰是孰非。這就是為什麼這些立場只被稱為「解釋」（interpretations），而不是「定理」（theorems）或「定律」（laws）。

但是，這兩種解釋之間存在一個符合實際的、可以衡量的、真實世界上的差異：學生發現頻率論者的解釋更令人混淆。有些統計學教授完全了解這一點，因此主觀論者和頻率論者的解釋都教。像大部分的決策科學的學者，我們的行動根據就像是90%信賴區間有90%的機率涵蓋了真正的數值（而我們永遠不會因為這一點而遭遇到數學上的自相矛盾）。

校準的成效

　　我從1995年開始從事校準訓練。我一直在追蹤人們在益智測試上的表現，甚至追蹤經過良好校準的人，在估計真實生活中的不確定性上表現如何，並於事件發生後檢視其表現。我的校準方法及測試已經改進了許多，但是從2001年以來則相當一致。從那個時候開始，我對超過200人做過校準訓練，並記錄他們的表現。對這些人，我追蹤他們在一些校準測試上的預期結果與真正的結果，這些測試都是在半天的專題研討課程中逐一進行的。由於我很熟悉這個領域的研究，我預計他們在尺度校準上會有明顯的、但不是完全的進步。我比較不確定的是，我會看到不同個人之間表現上的差異情形。學術研究通常顯示出的是所有參與研究者總合的結果，因此我們可以看到的只有團體的平均值。當我總合我專題研討課學員的表現時，我得到的結果非常類似先前的研究。但是因為我可以用特定的主體來細分資料，我看到另一項有趣的現象。

　　圖表5.4a和b顯示的是，專題研討課程中每一次測試，所有200多位參與者在範圍類型題目上的總合結果（2009年）。那些在前面的測試中表現出具有良好尺度校準的人，可以免除後續的測試。（結果這變成了表現績效的強烈動力。）圖表5.4a顯示出答案落在他們90% CI內的答案比率，而圖表5.2b則顯示出受到校準的，以及沒有進步的參與者比率。

　　圖表5.4a的結果似乎指出，前面兩次或三次測試會有顯著進步，之後則穩定趨向完美的校準結果，但無法完全達到完美的程度。由於大多數學術研究顯示的只是總合的結果，而非個人的結果，大部分都報告說，完美的校準是非常困難達到的。

但是圖表5.4b顯示出，當我用學員來細分資料數據時，我看到
大部分的學員在訓練結束時都表現得好極了，其實是一些表現差的

圖表5.4a　總合的團體表現

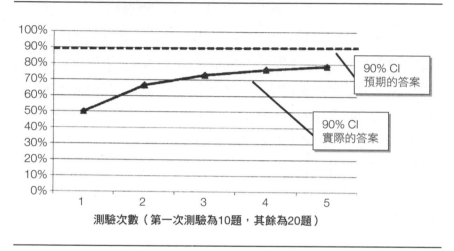

圖表5.4b　表現的兩個極端

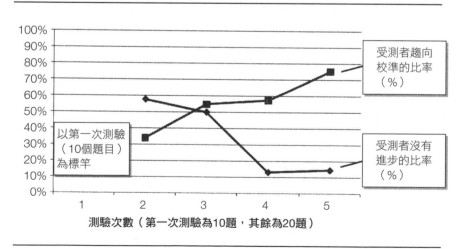

人拉低了整體的平均。要決定誰受到校準，我們必須容許對目標的一些偏離，即使是那些完美校準的人也會有偏離的時候。同時，一位還沒校準的學員也可能是運氣好猜對。將這項統計誤差考慮進測試中，在第五次校準練習後，75%的參與者達成完美的校準。他們不會自信不足，也不會過度自信。他們的90% CI有90%的機會涵蓋到正確答案。（並非所有人都必須接受五項測試後才能達成校準；圖表5.4b顯示出累積的總和。）

　　另外10%表現出顯著的進步，但是未能達到完美的校準。還有15%顯示，從第一個測試開始就完全沒有明顯進步。為什麼會有15%的人顯然在校準訓練中毫無進展呢？無論原因為何，其實並沒有那麼相關。那些似乎抗拒任何校準努力的人，即使在測試之前，也從未在特定的問題中被視為是相關專家或決策者。也許是他們缺乏動力，知道自己的意見不會有太大的作用。或者可能是那些人缺乏處理這類問題的才能，無法晉升到我們對估計人才的要求水準。無論是哪一個原因，在實務上都是不重要的。

　　我們看到，訓練對大部分的人是很有成效的。但是驗證過的訓練成果，是否反映真實生活不確定性的評估能力呢？答案是明確肯定的。我有許多機會可以追蹤經過良好校準的人在真實生活情境中的作為，不過，有一個控制對照實驗特別引人注目。1997年，我被邀請去一家IT諮詢公司巨嘉資訊集團〔Giga Information Group，之後被佛瑞斯特研究公司（Forrester Research, Inc.）併購〕訓練他們的分析人員對不確定的未來事件指定發生的機率。巨嘉是一家IT研究公司，出售研究報告給他們的訂戶。巨嘉提供給客戶的預測中，採用指定事件機率的方法，而該公司想要確認這個方法的績效是良好的。

　　我用先前所述的方法訓練了16名巨嘉的分析人員。在訓練課程

結束時，我給他們20個IT產業特定的預測，請他們回答是或非，同時請他們指定信心程度。這項測試是在1997年1月做的，所有的題目都以在1997年6月1日前發生與否的方式來陳述（例如，「是或非：英特爾會在6月1日之前發表300 MHz的Pentium」）。至於對照組部分，我也把同樣的預測清單給了他們客戶中不同公司的16位資訊長。6月1日之後，我們可以決定真正發生的事件有哪些。我在該公司年度大會 Giga World 1997上發表測試的結果，亦即圖表5.5所呈現的。請注意，有些參與者選擇不回答部分問題，所以圖上每組的答案數目加起來都不是320（16位作答者乘以每人20道題目）。

水平軸是參與者對特定議題預測正確所指派的機率。垂直軸是這些預測中結果是正確的有多少。一個完美校準後的人應該要沿著虛線向右。表示此人對預測有70%信心時，他有70%的時候是對的，而有80%信心時，80%的時候是對的，以此類推。你看到分析人員的結果（以小正方形顯示）在容許的誤差區間內非常接近完美的信心。

圖表5.5　20個關於1997年IT產業預測的校準實驗結果

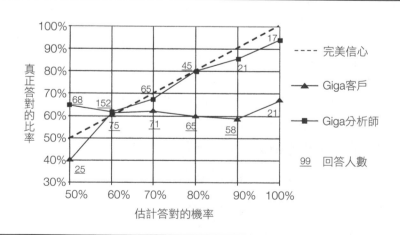

這些結果看起來在較低信心水準的部分與完美校準的差異最大，但這部分仍是在可接受的誤差範圍之內。（可接受的誤差範圍在左側比較寬，逐漸向右縮小到零。）參與者說他們有50%信心時，結果他們總是有65%的時候是對的。這表示他們知道的大於所表現出來的——但是只發生在這一側——也就是他們有點自信不足。這也許只是機會碰巧而已。如果我們用擲硬幣來做預測的話，68次有44次以上正確的機會是1%。

在圖表的另一端，變異是比較顯著的——至少是統計上的顯著，如果視覺上不明顯的話。分析人員表示信心程度很高的地方，機會碰巧只允許很小程度的偏離預期，因此他們在圖表的尾端是有些過度自信了。但就整體而言，他們是尺度相當準確的。

相較之下，沒接受任何尺度校準訓練的客戶，測試的結果（以小三角形顯示）則是非常過度自信。在他們尺度結果旁邊的數字顯示，有58個例子是客戶表示自己對於某項預測有90%的信心。在這些例子中，客戶答對預測的次數少於60%。在一項預測中，有21位客戶回答有100%信心，其中只有67%答對。這些結果，和過去幾十年間尺度校準的其他研究觀察到的典型結果，是一致的。

同樣有趣的事實是，巨嘉的分析人員並沒有答對比較多題目。（題目是關於一般性的IT產業，而非集中在分析人員的專長領域。）他們對於要將一項預測列為高度信心，屬於比較保守——但不是過度保守。然而，在訓練之前，分析人員在一般性益智題目測試中的表現，和客戶在預測真實事件的表現，是一樣差的。因此，結論就很清晰了：準確度上的差異，完全是因為尺度校準訓練造成的，而尺度校準訓練——即使是用益智類題目——對真實世界的預測也是有效的。

那些遵循我在圖表5.3中提及的所有策略，並將之運用在每次練

習上的人，總能接近完美校準。

　　估計的動機和經驗也是一項因素。我通常是對有經驗的經理人和分析人員做訓練。他們大都知道，自己會被要求用新學的技能在真實世界裡做估計。北卡羅來納大學教堂山分校（University of North Carolina-Chapel Hill）的達爾‧柔尼克（Dale Roenigk）將同樣的訓練運用在學生身上，結果得到很低的校準率（雖然仍有明顯的進步）。和經理人不一樣的是，學生很少被要求做估計；這可能是影響他們表現的一項因素。而且他們也沒有真正的動機要好好表現。正如同我在研討課上觀察到的，那些不期待自己的回答會運用在以後真實世界估計任務的人，幾乎總是進步很少或毫無進步。

　　即使有些人一開始在尺度校準上有困難，大部分仍願意接受校準，並將其視為估計上的一項關鍵技能。這類人之一是派特‧普朗克特（Pat Plunkett），他是美國住宅及都市發展處資訊技術績效衡量的程式管理人，以及美國政府使用績效指標方面的領導人。普朗克特從2000年起，看過各部門的人接受校準。普朗克特於2000年還在聯邦總務署（General Services Administration）工作，是CIO會議實驗背後的推手，該項實驗將這些方法帶入了退伍軍人事務部（VA）。普朗克特將尺度校準，視為對不確定性思考上的全然改造。他說：「尺度校準是讓人大開眼界的經驗。許多人，包括我自己，發現在做估計時，我們大多過度樂觀。一旦經過校準，你就變了一個人。你能敏銳地察覺自己的不確定程度。」

　　另一位是亞特‧克伊尼斯（Art Koines），他是美國環保署高級政策顧問，環保署中有數十人接受過校準。和普朗克特一樣，他對接受的程度也大為驚訝。「人們一直做到課程結束，並且看到它的價值。我最驚訝的是，他們這麼願意提出校準後的估計，我原先還以為他們

會抗拒對如此不確定的事物做出任何回答。」

尺度校準技能在IT防護案件上給予VA團隊很大的協助。VA團隊必須說出它目前所知與未知各有多少，以便於數量化它對防護的不確定性。最初的一套估計（全部的範圍和機率）代表所涉數量的不確定性目前的水準。如同我們很快會看到的，知道一個人不確定性目前的水準，對其餘的衡量過程提供了一個重要的基礎。

尺度校準還有一個極為重要的成效。除了改善一個人主觀評估機率的能力之外，尺度校準似乎也消除對決策上使用機率分析的反對聲浪。在校準訓練之前，人們可能覺得任何主觀的估計都是沒有用的。他們可能認為，要知道一個CI唯一的方法是做數學計算，而他們從第一學期的統計課之後就不太記得這個計算了。一般而言，他們可能不信任機率分析，因為對他們而言，所有的機率似乎都是獨斷的。但是在一個人接受校準之後，我從沒聽說他們提出這樣的質疑。很顯然地，被強迫指定機率的實作經驗，以及後來發現這是真正看得到進步的衡量技能，能解決掉這些顧慮。雖然這不是我一開始校準人們時所預見的目標，但是我知道這個過程是多麼關鍵，能讓他們接受做決策時使用機率分析的整個觀念。

你現在了解如何靠學習提供校準後的機率，來數量化你目前的不確定性。知道如何提供校準後的機率，對於衡量的下一個步驟是非常重要的。第6到7章會教你如何使用校準後的機率，來計算風險及資訊的價值。

注釋

1. D. Kahneman and A. Tversky, "Subjective Probability: A Judgment of Representativeness," *Cognitive Psychology* 4 (1972): 430-454; and D. Kahneman and Tversky, "On the Psychology of Prediction," *Psychological Review* 80 (1973): 237-251.

2. B. Fischhoff, L. D. Phillips, and S. Lichtenstein, "Calibration of Probabilities: The State of the Art to 1980," in *Judgement under Uncertainty: Heuristics and Biases*, ed. D. Kahneman and A. Tversky (New York: Cambridge University Press, 1982).

3. Ibid.

4. Ibid.

5. William Feller, *An Introduction to Probability Theory and Its Applications* (New York: John Wiley & Sons, 1957), p.19.

6. L. J. Savage, *The Foundations of Statistics* (New York: John Wiley & Sons 1954), p.2.

7. Frederick James, *Statistical Methods in Experimental Physics*, 2nd ed. (Hackensack, NJ: World Scientific Publishing, 2006), p. 215; and Byron P. Roe, *Probability and Statistics in Experimental Physics*, 2nd ed. (New York: Springer Verlag, 2001), p. 128.

8. C. C. Brown, "The Validity of Approximation Methods for the Interval Estimation of the Odds Ratio," *American Journal of Epidemiology* 113 (1981): 474-480.

9. Steve C. Wang and Charles R. Marshal, "Improved Confidence Intervals for Estimating the Position of a Mass Extinction Boundary, " *Paleobiology* 30 (January 2004): 5-18.

第6章

建立模型以衡量風險

約略的正確勝過精準的錯誤。

——華倫・巴菲特（Warren Buffett）

我們在前面章節已經為不確定性和風險的不同做了定義。一開始，衡量不確定性只是幫未知變數加上校準後的範圍或機率。後續的衡量則降低了數量的不確定性，並對於不確定性的最新狀態再予以數量化。正如我們在第4章討論過的，有些不確定狀態其可能的結果若涉及到損失，那就是風險。一般而言，是指有巨大損失的。但對我們討論的風險而言，任何損失都算在內。

風險本身就是一項關係重大的衡量。而它也是所有其他重要衡量的基礎。在第7章我們會看到，降低風險是計算一項衡量價值的基礎，因此也是選擇要衡量什麼及如何衡量的基礎。請記住，你會覺得一項衡量是重要的，乃是因為它必定能提供資訊讓你做決策，而那些決策具有不確定性，並且決策結果如果錯誤，會帶來負面的後果。

這一章我們要討論一項基本的工具，幾乎是任何種類的風險分析都用得上的。還有，當你開始使用這項工具，你會發現一些令人驚訝的觀察。不過，首先我們需要先和一些常見的方法做切割，這些方法常常被用來衡量風險，但其實不能提供任何洞察力。

衡量風險的錯誤方式

許多組織「衡量」風險的方式，不是很有啟發性。我提出的評估風險方法，是精算師、統計學者或財務分析師所熟悉的。但是有些最受歡迎的風險衡量方法，卻是精算師一點都不熟悉的。許多組織只簡單地說一項風險是「高」或「中」或「低」。或者他們會對它從1到5進行評分。當我碰到這樣的情況時，有時候我會問「中」級的風險到底是多少。有5%的機會損失超過500萬美元，這樣的風險程度是低、中或是高？結果沒有人知道。一項有15%投資報酬率的中級風險

投資，和有50%投資報酬率的高風險投資，哪一個比較好？結果又是沒有人知道，因為這樣的敘述，本身就是模糊不明確的。

　　事實上，研究人員已經顯示出，這類不明確的標籤非但無法協助決策者，實際上還擴大了誤差。他們硬要兜攏誤差，因而增加了不精確性，在實際操作時，造成對於差異極大的風險做出相同的評分。[1]更糟的是，在我2009年的書《The Failure of Risk Management》（風險管理的失敗）中，說明了這些方法的使用者傾向於將回應集結在一起的方式，擴大了這項效果。[2]（更多討論請見本書第12章）

　　除了這些問題之外，管理階層可能會使用較軟性的風險「評分」方法，但並不能處理第5章討論的典型的人為偏誤。我們大都過度自信，會傾向於低估不確定性和風險，除非我們利用訓練來消除這種作用。

　　為了說明為什麼這種分類無法發揮作用，我請參加研討課程的學員考慮，下次他們開支票（或透過網路付款）買汽車保險或房產保險的情況。通常你看到支票上「金額」欄位的地方，你不寫下確實的數字金額，而是寫「中等」，那會發生什麼事。你是在告訴你的保險公司，你要一個「中等」數額的風險賠償。但是對於保險公司來說，這有任何意義嗎？可能對你來說，也沒有意義吧。

　　這些方法的使用者，確實有許多人表示對自己的決策有更多的信心。但是，就如我們會在第12章看到的，這個感受不應該和有效性的證據混為一談。我們會知道，研究已經顯示出，決策和預測的信心增加，但其實事情沒有任何進步──或甚至更糟。

　　就目前而言只需要知道，在許多決策分析和風險分析方法中很明顯地存在一個強力安慰劑。經理人需要能夠分辨這兩者：對決策感覺良好，以及長期下來真的有較佳的成績。一定有經衡量過的證據可以

顯示出決策和預測確實有改善。不幸的是，風險分析或風險管理（或決策分析）很少有自己的績效指標。[3]好消息是，有一些方法已經被衡量過了，而它們顯示出真的有改善。

真實的風險分析：蒙地卡羅法

取代不切實際的確切點數值，而用範圍來表達你的不確定性，明顯地有許多優勢。當你容許自己使用範圍及機率，你不必對你不知道的事實做任何假設。確切數值的好處則是，可以在試算表上簡單做加、減、乘、除。因此，當我們沒有確切的數值，只有範圍時，要如何做加、減、乘、除等運算呢？幸好，有一個既實際又經過證明的方法，可以在任何現代個人電腦上運算。

我們衡量界的前輩之一恩里科‧費米，是後來稱為「蒙地卡羅模擬」（Monte Carlo simulation）最早的使用者。蒙地卡羅模擬利用電腦，根據輸入的機率產生一大堆模擬情境。在每一項情境中，每一個未知的變數都會有隨機產生的特定值。然後這些特定的數值會被放入公式中，計算出那項情境的結果。這個過程通常會持續計算數千項情境。

費米利用蒙地卡羅模擬，來計算為數龐大的中子的行為。1930年，他知道無法以傳統的微積分計算，解出他當時在進行的問題。但是他可以算出在特定條件下特定結果的機率。他理解到，事實上他能夠對這些情況隨機抽取幾項，然後找出在一個系統內中子的行為。1940年代和1950年代，幾位數學家——最著名的斯塔尼斯拉夫‧烏拉姆（Stanislaw Ulam）、約翰‧馮紐曼（John von Neumann），以及尼古拉斯‧梅卓波里斯（Nicholas Metropolis）——持續研究核子物

理中的類似問題，並開始使用電腦產生隨機的情境。那時，他們正在為曼哈頓計畫研究原子彈，以及後來在洛斯阿拉莫斯國家實驗室（Los Alamos）研究氫彈。在梅卓波里斯的建議下，烏拉姆將用電腦產生隨機情境的方法，以著名的賭博之都蒙地卡羅來命名，紀念烏拉姆的叔叔，一位賭徒。[4]這個由費米所生，烏拉姆、馮紐曼、梅卓波里斯撫養長大的方法，在今天被廣泛用在商業界、政府部門及研究上。這個方法的一項簡單的應用，是計算你不確切知道成本和利益的投資報酬率。

很顯然地，新投資的成本和利益的不確定性，其實就構成了該項投資的風險，這一點對有些人來說不是那麼明白易懂。有一次我和芝加哥一家投資機構的資訊長談該公司如何來衡量資訊技術（IT）的價值。她說他們「對如何衡量風險處理得相當好」，但是「我無法想像要怎麼衡量效益」。仔細想想，這是一個很令人好奇的立場組合。她解釋說，該公司在IT投資上企圖達到的利益，大部分是基點上的改善（1基點＝0.01%投資收益）──公司為客戶的投資所獲得的報酬。該公司希望正確的IT投資，能在「收集及分析影響投資決策的資訊」這項競爭優勢上有所幫助。但是當我問她，公司如何訂定這個基點成效的數值，她的回答是職員「就選取一個數字」。

換言之，對於增加的基點數，只要有足夠人數願意同意（或至少沒有太多人反對）一個特定的數值，就是這個企業案例的根據了。雖然這個數字可能是根據一些經驗而來，但是顯然她對於這項效益比其他數字要來得不確定。不過如果這是真的，那麼該公司是如何衡量風險的？很顯然地，該公司新IT的最大風險，如果予以衡量的話，很有可能會是該公司對這項效益的不確定性。她沒有使用範圍來表達她對基點改善的不確定性，因此無法將這項不確定性融入她的風險計算

當中。即使她有信心該公司在風險分析上做得很好，但其實她根本沒做任何風險分析。事實上，她只是從那些無效的風險「評分」方法之一，經歷了先前提過的安慰劑效果。

事實上，任何計畫投資的**全部**風險，最後都可用一個方法來表達：成本和效益不確定性的範圍，以及可能造成影響的機率。如果你確切知道每項成本和效益的數額，以及發生的時間點，你其實就沒有風險了。任何比你預期低的效益，或比你預期高的成本，都將不會發生。但是我們對這些事所知道的其實都只是範圍，不是確切的點。而且由於我們只有很寬的範圍，因此有可能得到負報酬。那是計算風險的基本準則，同時也是蒙地卡羅模擬要做的事。

蒙地卡羅方法及風險的例子

以下是蒙地卡羅模擬極為基本的例子，提供給那些從未用過這個方法、但算是熟悉Excel試算表的人。如果你過去用過蒙地卡羅工具，你可以跳過以下幾頁。

假設你正考慮租下一台新機器，是製造過程中某一個步驟使用的機器。租賃條件為一年40萬美元，不能提早解約。如果你無法打平成本，在這一年剩下的時間裡你還是會受限於這個租約。你考慮要簽下這個租約，因為你認為較先進的設備可以省下一些勞工及原物料，而且你也認為維護成本會低於目前使用的製程。

如下是你經過校準訓練後的估計人員，提出了在維修、勞工及原物料上節省的範圍。他們也估計了新製程每年生產的水準。

- 維護節省（MS）：每單位10到20美元

- 勞工節省（LS）：每單位 -2 到 8 美元
- 原物料節省（RMS）：每單位 3 到 9 美元
- 生產水準（PL）：每年 15,000 到 35,000 單位
- 每年租金（打平）：40 萬美元

現在，你可以很簡單地計算，每年究竟節省了多少：

每年節省＝（MS＋LS＋RMS）×PL

必須承認的是，這是個不切實際的簡單例子。生產水準可能每年不同，也許有些成本會隨著使用機器的經驗而更進一步改善等等。但是在這個例子中，我們刻意選擇簡單性，而不是真實性。

如果我們選擇每個範圍的中間點，我們會得到：

每年節省＝（$15＋$3＋$6）×25,000 = $600,000

看起來像是比打平所需要的還要好，但是仍存在一些不確定性。所以我們要如何衡量這項租賃契約的風險呢？首先，要定義這個例子中的風險。請記住，風險之所以存在，我們必須有不確定的未來結果，且有些結果有數量化的損失。有一個看待風險的方式，是我們有機會無法打平──也就是，我們所節省的不足以彌補40萬美元的租賃金。節省下來的金額和租金的差距愈大，我們的損失就愈大。如果我們選擇每一項不確定性變數的中間值，我們節省下來的金額為60萬美元。我們要如何計算節省下來的金額真正的範圍，然後計算我們無法打平的機率呢？

　　由於這些不是確切的數額，通常我們無法做簡單的計算來決定是否可以達成所需節省的金額。如果變數的範圍是在某些限制條件下的話，有一些方法可以讓我們計算出結果的範圍，但是在真實生活中，那些限制條件並不存在。一旦我們開始對不同種類的分配做加法或乘法運算，問題通常就會變成數學家所謂的「不可解」（unsolvable）或「無解」（having no solution）。這正是物理學家在研究原子分裂時碰到的狀況。為了解決這個問題，蒙地卡羅模擬使用電腦，將所有可能性全數計算出來。根據我們指定的範圍，我們隨機選取一些確切的數值——數千個——然後計算出一大堆確切的數值。再來，我們利用那些隨機選取的數值，計算一個單一的結果。在計算出數千個可能的結果後，就可以估算不同結果的機率。

　　在這個例子當中，每一項情境都是一套對勞工節省、維修節省等等隨機產生的數值。在產生每一套數值之後，那些數值就用來計算每年節省的金額。有些每年節省金額的結果會高於60萬美元，有些則會較低，有些甚至會低於打平所需的40萬美元。在產生數千項情境之後，我們可以測定這項租約獲利的可能性。

　　用一台個人電腦上的Excel軟體就能輕易執行蒙地卡羅模擬，但我們對於每一項變數需要比90%信賴區間（CI）再多一些資訊。我們還需要分配的**型態**（shape of the distribution）。有些數值較適合某些型態。我們常常用在90% CI的一種分配形態，是有名的「常態」分配（"normal" distribution）。常態分配是常見的鐘形曲線，可能的結果聚集在中間值附近；愈向兩邊尾部，數值的可能性愈低（請見圖表6.1）。

　　談到常態分配，我需簡單提到一個相關的觀念，稱為「標準差」（standard deviation）。人類對於標準差似乎沒有直覺的了解，而且因為以90% CI為基礎的計算（這是人類直覺上就能了解的）可以取代

圖表6.1　常態分配

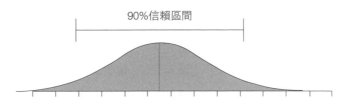

常態分配

常態分配的外形：

90%信賴區間

特性：
- 接近中間的數值可能性高於遠離中間的數值。
- 分配為對稱的，不偏向一側──平均值在90% CI上限與下限的正中央。
- 尾部無限延伸到幾乎不可能的數值，但不會「驟然停止」（hard stop）；落在90% CI 之外的數值有可能性，但不太可能發生。

在Excel中如何做出常態分配：
　＝norminv(rand(), A, B)
　A＝平均值＝（90% CI上限＋90% CI下限）／2
　B＝"標準差"＝（90% CI上限－90% CI下限）／3.29

它，所以此處它並非我討論的重點。圖表6.1呈現的是，90% CI中有 3.29個標準差，因此我們只需要做轉換就可以了。

　　而在我們的問題中，我們可以用Excel的工作表，為每一個範圍 做出一個隨機數字產生器。遵照圖表6.1的指示，我們能用Excel的公 式，為維護費用節省的金額，產生隨機數字：

　　＝ norminv (rand(), 15, (20－10)／3.29)

　　同樣地，其他的範圍我們也照樣遵照圖表6.1的指示進行。有些 人可能比較喜歡使用Excel資料分析工具裡的亂數產生器，你應該

圖表6.2　簡單的蒙地卡羅 Excel 表格

情境 #	維護成本 節省金額	勞工成本 節省金額	原料成本 節省金額	產出單位 數量	節省金額 總共	能否 打平？
1	$ 9.27	$4.30	$7.79	23,955	$511,716	是
2	$15.92	$2.64	$9.02	26,263	$724,127	是
3	$17.70	$4.63	$8.10	20,142	$612,739	是
4	$15.08	$6.75	$5.19	20,644	$557,860	是
5	$19.42	$9.28	$9.68	25,795	$990,167	是
6	$11.86	$3.17	$5.89	17,121	$358,166	否
7	$15.21	$0.46	$4.14	29,283	$580,167	是
⬇	⬇	⬇	⬇	⬇	⬇	⬇
9,999	$14.68	$ (0.22)	$5.32	33,175	$655,879	是
10,000	$ 7.49	$ (0.01)	$8.97	24,237	$398,658	**否**

也去體驗一下。我在圖表6.2所呈現的公式，需要比較多實作的方法
（請從www.howtomeasureanything.com下載這個工作表）。

　　我們將變數放在直欄，如圖表6.2所示。最後兩欄只是根據前
面所有直欄計算的結果。節省成本總金額為根據每一列每年節省
金額，用公式（請見前面說明）計算得來的。例如，圖表6.2中情
境1顯示，節省成本總金額為（$9.27 ＋ $4.30 ＋ $7.79）×23,955 ＝
$511,716。你其實不需要「是否打平？」那個直欄；我只是列出來供
你參考。再來，你可向下複製到第10,000列。

　　我們可以使用其他一、兩個Excel的簡單工具，以了解這是如何
運作的。「＝countif()」函數，能讓你計算符合特定條件的數量——
以此例而言，就是那些小於40萬美元的。或者，為了要有更完整的

了解，你可以使用Excel資料分析工具中的長條圖工具。它會計算每個長條中的情境數量。之後你能將結果用圖表現出來，如圖表6.3所示。該圖顯示出，在10,000個情境中，以10萬美元增額表示出來的情境數量。譬如，介於30萬到40萬美元之間的情境數量，是1,000個多一點。

　　你會發現，這些結果中大約有14%是低於40萬美元打平基準的。這表示會賠錢的機會大約有14%，這就是一個有意義的風險衡量。但是風險不必然代表投資報酬率為負值。正如同我們可以用高度、重量、周長來衡量一件事物的「規模」（size），同樣也有許多有用的風險衡量。更進一步的檢視告訴我們，該公司有3.5%的機會不但沒節省到錢，每年還會損失超過10萬美元。然而，沒有任何收益其實是不可能的。這就是「風險分析」的意思。我們必須能夠計算不同損失水準的可能性。如果你真的要衡量風險，這就是你能做的事。蒙地卡羅試算表的例子請見網站www.howtomeasureanything.com。

圖表6.3　長條圖

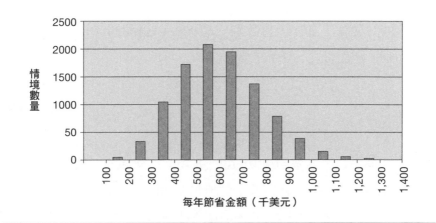

在此提供一個捷徑，可應用於某些情況。如果我們有的全都是常態分配，而我們只是要對這些範圍做加法和減法的運算——例如成本和效益的簡單列表——我們可能不需跑蒙地卡羅模擬。若我們只是要將此例中的三種節省金額加總起來，可用一種簡單的計算，按照以下六步驟產生一個範圍：

1. 三項成本節省金額的範圍上限各自減去其中間值：在此例中，維護成本節省的部分為 $20－ $15 ＝ $5；我們也分別算出勞工成本節省的部分為 5 美元，原物料成本節省的部分為 3 美元。

2. 將上一步驟中得到的數值做平方：$5 的平方為 $25，以此類推。

3. 把結果加總起來：$25 ＋ $25 ＋ $9 ＝ $59。

4. 將總額開平方：$59^0.5 ＝ $7.68。

5. 將三項平均數加總起來：$15 ＋ $3 ＋ $6 ＝ $24。

6. 將平均數的總和加上及減去第四項的結果，分別得出總額的上限與下限：$24 ＋ $7.68 ＝ $31.68 為上限，$24－ $7.68 ＝ $16.32 為下限。

因此，維護、勞工及原物料三項 90% CI 總和的 90% CI 為 $16.32 及 $31.68。總而言之，總和的範圍區間，等於範圍區間平方和的開平方。（請注意：如果你已經從基礎統計學教科書學過 90% CI，或是已經先看過本書第 9 章，請記得 $7.68 不是標準差。$7.68 是範圍中間值與 90% CI 上下限的距離，是 1.645 個標準差。）

你可能看過有人做過類似的事，把所有「樂觀的」數值都加總起來作為上限，把所有「悲觀的」數值也都加總起來作為下限。在這個例子中，三個信賴區間產生的範圍是 $11 到 $37，這比 90% CI 稍微擴

大了一些。當這樣的計算用在有數十個變數的商業案例上，範圍會被誇大到無法忽視的程度。這就像擲一把六個面的骰子，得到的全是1或全是6一樣。大多數時候，我們會得到所有數值的組合，有些高，有些低。樂觀的情況用的全是樂觀的數值，而悲觀的情況全用悲觀的數值，這是常見的錯誤，無怪乎會產生那麼多資訊錯誤的決策。我前面示範的簡單方法，在你想要對一套90% CI的變數做加總時，是非常有用的。

　　但我們不只是想要加總而已，我們還想乘以生產水準，那也是個範圍。簡單的範圍加總方法，只能做加法和減法，因此我們需要用蒙地卡羅模擬。同時，如果這些變數不全都是常態分配，也必須要用蒙地卡羅模擬。雖然各式各樣的問題有各種型態的分配，已超出本書討論的範圍，但是除了常態分配外，有兩種型態的分配值得在此討論：均等分配（uniform distribution）與二元分配（binary distribution）。除此之外，還有許多型態的分配，在本章稍後也會簡短提及。目前，我們將重點放在一些簡單的分配，作為入門。在你熟悉之後，將能逐漸增加考慮的分配類型。

　　拿我們租賃機器的簡單模型，做一些加強真實感的改良，可以用來說明均等分配及二元分配如何使用。如果有10%的機會損失一位主要客戶，以致每個月需求（因而生產水準也隨之）減少1,000單位（也就是每年12,000單位），結果會如何呢？可以將此視為一個不連續的事件，在一年當中的任何時候都可能發生的事件。這將會是一個重大的、突然的需求下降，之前的常態分配在此並非適用的模型。

　　我們只要在原先的表格中增加一、兩個直欄。在每個情境中，我們必須決定這個事件是否發生。如果發生了，我們必須決定是在那一年的什麼時間發生的，因而那一年的生產水準就可以決定下來。對那

些不會發生合約損失的情境而言,我們不需要改變生產水準。以下的
公式可以調整我們之前產生的常態分配生產水準:

考慮可能發生重大合約損失時的生產水準:

$$PL_{有合約損失} = PL_{正常} - 1,000 單位 \times (合約損失 \times 剩下的月份)$$

對於二元事件,「合約損失」有10%的時候為1,90%的時候為
0。這可以用圖表6.4(P值設定為0.1)的等式來建立模型。這也稱為
「白努利分配」(Bernoulli distribution),是以開發早期機率論觀念的
十七世紀數學家雅各‧白努利(Jacob Bernoulli)命名的。

然而,「該年度剩餘月份」可能是圖表6.5所示之均等分配(「上
限」設定到12個月,下限為0)。如果我們選擇均等分配,我們可以
說,該年度中的任何日子發生喪失合約的可能性,與其他任何日子的

圖表6.4　二元分配(也稱為白努利分配)

二元分配的外形:

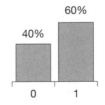

特性:
- 這項分配只有兩個可能的數值。
- 一項數值發生的機率只有一個(如上圖為60%),
  因此其他的時候是發生另一個數值。

在Excel中如何做二元分配:
　　=if (rand()<P,1,0)
　　P為出現「1」的機率(「0」出現的機率為1-P)

圖表6.5　均等分配

均等分配的外形：

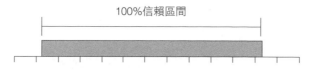

100%信賴區間

特性：
- 介於上限與下限之間所有數值的可能性都是相等的。
- 分配是對稱的，不傾向任何一側——平均值在上限與下限的正中間。
- 上限和下限都是「驟然停止」，也就是有100% CI ——沒有高於上限的數值，也沒有低於下限的數值。

在Excel中如何做出均等分配：
　＝rand()*(UB-LB)＋LB
　UB＝上限
　LB＝下限

可能性是一樣的。

　　如果沒有喪失合約，「合約損失」為零，先前常態分配的生產水準就沒有改變。如果喪失合約事件發生在年頭（也就是該年度剩餘月份很高），則流失的訂單會多於事件發生在年尾。www. howtomeasureanything.com網站上的蒙地卡羅模擬工作表，也有這類喪失合約的例子。這些分配在我們討論到資訊價值時，會再出現。

　　蒙地卡羅模擬可以隨我們所需，做得更細緻及真實。我們可以計算數年的效益，有不確定的需求成長率、喪失或獲得個別的客戶、破壞需求的新科技發生的機率等。我們甚至可以為整個廠房流程建立模型，模擬訂單進來，工作分派到機器等。我們可以加入存貨水準升高和降低，還可以為工作停頓建立模型，以模擬若發生斷料、必須等待進料的情況。如果有一台機器壞掉，必須重新指派工作或延遲，我們也可以建立模型，模擬流程如何改變或停止。

　　這些全都和租賃或購買新設備（甚至整座新工廠）的決策有關。如果風險夠高（也就是有很高不確定性的鉅額投資），這種詳盡的模擬相當值得用來支援我們的決策。所有模型中不確定的變數，都是能降低我們不確定性的衡量標的。

　　即使相對簡單的蒙地卡羅模擬，例如我們此處所呈現的例子，都具有啟發性。圖表6.6列出來的是一份觀念清單，提供你在未來熟悉了基本觀念後，可以進一步研究。

圖表6.6　額外研究清單：更多關於蒙地卡羅的觀念

觀念及其複雜性	敘述 （在 www.howtomeasureanything.com 網站上 可找到本書所有例子，以及建議閱讀書單）
更多分配 （複雜性不會大於到目前為止所討論的）	在你的工具箱裡需要多一些分配，以處理各種不同的狀況，因為有時候用錯分配，會讓你錯得離譜。事實上對於很多現象而言，常態分配的表現是非常差的，包括股票市場的波動、軟體計畫的成本，或是地震、疫情、風暴等災變的規模。我在本書網站上提供這類分配的更多例子。
相關性 （仍不是太複雜）	模型中的一些變數可能不是彼此獨立。例如，假設一份工會合約同時影響到維修勞工和生產線勞工時薪，則他們可能是有相關性的。我們可以用產生相關隨機數字或將他們共同都有的部分建立模型，來處理這個問題。我在網站上提供這兩種解決方式。
馬可夫模擬 （Markov Simulations，開始變得比較複雜）	每一個情境都切割為非常多的時間區間，每個情境自我模擬，每段時間區間都是下一段時間區間的影響變數。這個方法可以運用於複雜的製造體系、股價、天氣、電腦網路、營建計畫等。同樣地，網站上亦提供非常簡單的例子。
代理人基礎的模型 （非常複雜）	如馬可夫模擬將問題分割為時間區間，我們也可以對於獨立行動或有一些協同性、且為數眾多的個人分別進行模擬。代理人這個名稱常常代表每個行為人都遵行一套決策規則。交通模擬即為這類模型的例子之一，由為數眾多的代理人（車輛）在龐大數量時間區間組成的模型。本書網站上提供一個非常簡單的例子說明。

　　在前面案例中，我們沒有討論到，這是否為你可以接受的風險。在例子中，大量數據跑程式的結果，租賃機器有平均為60萬美元的淨利益，但有14%的機會產生淨損失。你會參加這場賭局嗎？如果不會，平均利益必須要提高多少，才能證明14%的損失機會是可以接受的？損失的機會必須降低多少，才是可以接受的？若你原本就接受這場賭局，損失的機會必須增加多少，或是平均淨利益必須降低多少，你才會拒絕這場賭局？損失的機會如果沒有改變，但是損失的**大小**改變了，又是如何呢？

　　風險數量化，有一個常用的簡單化方法，就是將風險的可能性乘以損失的數額。這很簡單，但有可能產生誤導。這個方法假設決策者是「風險中立的」（risk neutral）。那就是，如果我向你提出一個10%機會可以贏得10萬美元的賭局，你會願意為這項賭局支付1萬美元。而且你會認為它相當於一個50%機會贏得2萬美元的賭局，或相當於80%機會贏得1萬2,500美元的賭局。但事實上大多數人並非風險中立的。

　　在一定報酬的情況下，決定多少的風險程度是可以接受的，這是一個組織中風險分析非常重要的一部分。要做出一致性的選擇，將這些不同的取捨條件數量化，是很重要的，才能清晰地陳述組織真正的風險規避程度或風險忍受程度。我們稍後會發現，所有各種隨機、隨意及不相關因素，對我們決策的影響，都大過我們可以想像的程度。甚至它們對我們偏好的影響，也超過我們可以想像的程度。記錄你的風險偏好，其實就像用相同標準的尺衡量所有的風險，而不是每次用不一樣的尺來衡量。當進行到第11章時，我們會看到如何處理這類偏好。

蒙地卡羅模擬的工具及其他可用資源

慶幸的是，現在我們不必從頭建立蒙地卡羅模擬。許多工具目前已有，能讓受過基本訓練的分析人員，其生產力獲得改善。這些工具範圍廣泛，從簡單的Excel巨集簡單公式組（我所使用的）結合實務諮詢方法，到非常複雜的套裝軟體都有。

有位熱衷宣揚將蒙地卡羅模擬運用在企業界的人，是史丹佛大學教授山姆・沙維奇（Sam Savage），他開發了一項稱為「Insight.xls」的工具。沙維奇著重在推銷使用機率分析的直覺哲學。他對於如何將蒙地卡羅模擬的整個創造過程予以制度化，也有一些想法。如果同一個組織中的不同部門都使用模擬，沙維奇認為組織應該使用一套共同的分配，而不是為共同的數值各自創造分配。尤有甚者，他相信分配本身的定義，有時會是技術上的挑戰，需要有相當的數學能力。

沙維奇提出一個有趣的方法，他稱之為機率管理（Probability Management）。他的想法是，企業要指派「機率長」（chief probability officer, CPO）。機率長的職責在於，為使用蒙地卡羅模擬的人，管理一個共用的機率分配資料庫。沙維奇引用了一些觀念，例如隨機資訊數據包（Stochastic Information Packet, SIP），為一個特定數值預先產生一套10萬個隨機數字。有時候不同的SIP會互相有關連。例如，公司的營收可能與一國的經濟成長有關。產生一套有這些關連的SIP，稱為「SLURPS」（Stochastic Library Units with Relationship Preserved）。機率長管理這些SIP和SLURP，好讓使用機率分配的人不必每次需要模擬通貨膨脹或健保成本時，都得重新來過一次。

我要再加上一些其他事項，使蒙地卡羅模擬能夠像會計程序一樣在組織中有正式定義，並得到接納：

- **分析師認證**。目前對於決策分析專家並沒有很多資格控管。只有精算師，在他們特定的決策分析專長上，有周延的認證要求。就如精算師一樣，決策分析認證終究應該是獨立的非營利計畫，由專業的協會來經營。現在有一些其他專業證照部分涵蓋這些議題，但是在這個特定的領域還是非常缺乏。因為這個理由，我開始在應用資訊經濟（AIE）方面進行認證，因為人們有迫切的需求，需要能夠向潛在的雇主證明他們的技能。

- **對校準過的估計者進行認證**。我們先前討論過，一個未經校準的估計者，有過度自信的強烈傾向。任何根據這類估計者所做的風險計算，很可能被大幅度低估了。然而，我進行過一項調查顯示，在專業上建立蒙地卡羅模型的人當中，校準這件事情幾乎沒人聽過，即使絕大多數人至少使用過一些主觀估計。（大約三分之一的調查對象，主要是使用主觀的估計。）[5]校準訓練是組織中風險分析最簡單的改善方法之一。

- **如何用各式校準後估計者提出的投入，建立起模型，要有完整記錄的程序及範本**。過程的磨合需要時間。大部分組織對每項新投資的分析，不需要都從零開始；他們可以根據其他人的分析來做自己的分析工作，或者至少重新使用自己之前的模型。我在IT防護、軍事補給及娛樂產業投資等不同的決策分析問題上，遵循類似的專案計畫，執行過幾乎一樣的分析程序。但是每當我在相同的組織裡，應用相同的方法於不同的問題上時，常常發現模型的特定部分，會與先前模型的部分相類似。一家保險公司會有一些投資包含對「客戶維持」（customer retention）、「理賠率」（claims payout ratio）的影響估算。與生產製造相關的投資會有關於「邊際單位勞動成本」或「平均訂單完成時間」的計算。這些

議題不需對每個新投資問題都重新建立模型。它們是工作表上可以反覆使用的模組。

- **採用單一自動化套裝工具**。圖表6.7列舉一些套裝工具。你可以隨自己需要予以複雜化，但是一開始只需要一些好的試算表工具。我建議從簡單的開始，視情況需要，再採用更大規模的套裝工具組。

風險矛盾及更佳風險分析的需求

建立蒙地卡羅模擬，不會比構建任何以試算表為基礎的企業案例困難多少。事實上，幾乎就所有複雜性指標而言，我建立來評估鉅額重大決策風險的蒙地卡羅模擬，像是IT專案計畫、營建專案計畫或研究發展投資，其複雜度全都比不上我正在分析的計畫。

然而，就一些標準而言，蒙地卡羅模擬確實看起來會有些複雜。但會不會太過複雜，以至於企業無法實際上使用呢？一點也不會。就像任何其他複雜的企業問題一樣，管理階層可以引進有技能的人來做這項模擬。

即便如此，以蒙地卡羅模擬為基礎的量化風險分析，並未被普遍採用。許多組織在特定的問題上，使用相當複雜的風險分析方法；例如，保險公司的精算師界定一項保險產品的特色細節、統計學者分析一個新的電視節目收視率，以及生產經理為生產方式的改變，使用蒙地卡羅模擬來建立模型。但是這些組織並**不會**例行地將那些同樣精緻的風險分析方法，應用在涉及更高不確定性及更大潛在損失的大型決策之上。

1999年春天，我指導一個專題研討課程，學員是要學習有關IT

圖表6.7　蒙地卡羅運算工具

工具	製作人	描述
AIE Wizard	Hubbard Decision Research, Glen Ellyn, IL	Excel的巨集；也能計算資訊的價值及投資組合最適化；對方法論的強調超過工具，提供實際執行議題的建議。
Crystal Ball	Oracle, Denver, CO	Excel；範圍廣泛的分配；相當精緻的工具。廣大的用戶基礎及技術支援。已經採用沙維奇的SIP和SLURPS以及Dist utility。
@Risk	Palisade Corporation, Ithaca, NY	Excel的工具；是Crystal Ball的主要競爭對手。有許多用戶及技術支援。
XLSim	史丹福大學教授山姆·沙維奇，AnalyCorp	設計為容易學習及使用的平價套裝軟體。沙維奇也提供研討課程及管理規章，使蒙地卡羅方法在組織內能實際使用。
Risk Solver Engine	Frontline Systems, Incline Village, NV	獨特的Excel基礎開發平台，能以空前的速度執行「互動式」蒙地卡羅模擬。支援SIP及SLURP的機率管理公式。
Analytica	Lumina Decision Systems, Los Gatos, CA	使用極端直覺的圖形介面，能讓複雜系統可以模型化，成為互動式的流程圖；在政府及環境政策分析上有很高的曝光率。
SAS	SAS Corporation, Raleigh, NC	比蒙地卡羅更為深入；極為精緻的套裝軟體，許多專業統計學家使用。
SPSS	SPSS Inc., Chicago, IL	也較蒙地卡羅更深入；在學術界比較受歡迎。
Mathematica	Wolfram Research, Champaign, IL	另一項極為強力的工具，功用多於蒙地卡羅；主要使用者為科學家和數學家，但也能應用在許多領域上。

風險分析的一群主管。我開始先解釋一些基本的蒙地卡羅模擬觀念，並詢問是否有人使用這類方法評估風險。通常回應者都表示，他們只用主觀的「高」、「中」、「低」進行評估，毫無任何數量化的基礎。我的目的，則是要幫助學員學會運用量化方式評估風險。

風險矛盾

如果一個組織使用量化風險分析，通常運用在例行的營運決策上。最大的、風險性最高的決策，得到的適當風險分析卻是最少的。

　　經過幾年，我發現若有組織使用量化的風險分析，都是相對例行、營運層級的決策。最大型的、風險最高的決策則幾乎不做風險分析──至少不是精算師或統計學者熟悉的分析。我將這個現象稱為「風險矛盾」（risk paradox）。

　　幾乎所有最複雜的風險分析都被運用在風險性最低的營運決策上，而風險最高的決策──合併案、IT投資組合、大型的研究發展提案等等──則幾乎沒有得到任何風險分析（或至少不是那類真實且數量化的風險分析）。為何會如此呢？也許是因為，大家認為營運決策──核准一項貸款或是計算一項保險費率──似乎比較容易量化，但是一個真正風險性的決策，則太難以量化。這是一個嚴重的錯誤。如同前文所示，大型決策沒有什麼是「無法衡量的」。

　　當然，2008年金融危機顯示出，有一些模型是有缺陷的。但那些缺陷是根據有缺陷的價格變動分配的假設（請見圖表6.6關於分配的部分）。財務界的評論家暢銷作家納西姆‧塔雷伯（Nassim Taleb），指出許多這類缺陷但不包含蒙地卡羅模擬。他自己是這些模擬的強力提倡者。因為金融市場的失敗就放棄使用蒙地卡羅模擬，正如同因為會計在安隆（Enron）案上失敗，或AIG在信用違約交換（credit default swap）上過度曝險，就放棄加法和減法，同樣毫無意義。

事實上，**沒有**廣泛地使用蒙地卡羅模擬，可能會造成組織失去重大的效益，而且暴露在明顯可以迴避的風險之中。兩項對於蒙地卡羅使用情形較深入的研究發現，使用這些工具確實能呈現出預測和決策上的改善，並且強化了企業整體的財務表現：

1. 在超過100次無人太空探索任務中，美國太空總署（NASA）應用了軟性的「風險評分」（risk score）及較精緻的蒙地卡羅模擬兩種方法，以評估成本增加、時程延宕、任務失敗等風險。蒙地卡羅模擬對成本及時程的估計誤差，平均而言，不到傳統會計估計誤差的一半。[6]
2. 一項對石油探勘企業的研究顯示，使用包括蒙地卡羅模擬等數量化方法評估風險，與企業的財務表現，兩者之間有強烈的相關性。[7]

詳細的電腦模擬，在許多其他領域都被視為標準的實務操作。現代天氣預測已讓我們至少能預見颶風侵襲主要城市的機率，在時間上比起過去要早得多了。使用建築結構地震模擬模型來測試建物的設計。這些模擬有許多也依賴蒙地卡羅法，以產生幾千個或甚至幾百萬個可能的情境。

為什麼衡量對企業或政府部門很重要，是因為有風險存在。如果沒有風險，對於決策而言資訊其實是沒有價值的。現在你已了解不確定性和風險在數量上的觀念，接下來我們將認識一個很少使用、但非常強有力的衡量工具：計算資訊的價值。

注釋

1. D. V. Budescu, S. Broomell, and H. –H. Por, "Improving Communication of Uncertainty in the reports of the Intergovernmental Panel on Climate Change," *Psychological Science 20*, no. 3 (2009): 299-308; and L. A. Cox Jr. "What's Wrong with Risk Matrices?" *Risk Analysis 28*, no. 2 (2008): 497-512.

2. Douglas W. Hubbard, *The Failure of Risk Management* (Hoboken, NJ; John Wiley & Sons, 2009), pp. 130-135.

3. D. Hubbard and D. Samuelson, "Modeling without Measurements: How the Decision Analysis Culture's Lack of Empiricisms Reduces Its Effectiveness," *OR/MS Today 36*, no. 5 (October 2009): pp. 26-33.

4. Ulam Stanislaw, *Adventures of a Mathematician* (Berkeley: University of California Press, 1991).

5. Douglas W. Hubbard, *The Failure of Risk Management*, (Hoboken NJ: John Wiley & Sons, 2009) pp. 172-174.

6. Ibid., pp.237-238.

7. G. S. Simpson, F. E. Lamb, J. H. Finch, and N. C. Dinnie, The Application of Probabilistic and Qualitative Methods to Asset Management Decision Making," presented at *SPE Asia Pacific Conference on Integrated Modelling for Asset Management*, 25-26 April, 2000, Yokohama, Japan; and Fiona Lamb et al., "Taking Calculated Risks," *Oilfield Review 12(3)* (Autumn 2000): pp. 20-35.

第7章

衡量資訊的價值

了解如何衡量不確定性，是衡量風險的關鍵。了解風險的量化意義，是了解如何計算資訊價值的關鍵。了解資訊價值，我們將得知要衡量什麼，以及我們應該投入多少努力去衡量它。

若我們能衡量資訊本身的價值，便可以利用它來判定進行衡量的價值。如果我們確實計算這個價值，則可能會選擇衡量完全不同的事物。我們可能會花更多努力和金錢，衡量過去從未衡量過的事物；我們也可能會忽略過去例行性在衡量的一些事物。

麥納馬拉謬誤（McNamara Fallacy）

第一步，衡量容易衡量的事物。這還沒問題。第二步，忽略不容易衡量的，或者就給它一個隨意的數值。這是人為刻意而且是誤導的。第三步，假設那些不容易衡量的事物是不重要的。這是盲目的。第四步，聲稱那些不容易衡量的事物其實並不存在。這是自殺。

——查爾斯・韓第，《覺醒的年代》（Charles Handy, *The Empty Raincoat*, 1995）
——敘述越戰時代美國國防部長羅伯・麥納馬拉的衡量政策

　　如同我們在第2章中提及，為什麼對企業而言，資訊是有價值的，其實只有三個理由：

1. 資訊降低了決策的不確定性，而這些決策是有經濟後果的。
2. 資訊影響了其他人的行為，而這些行為是有經濟後果的。
3. 有時候資訊本身就有市場價值。

　　這三個理由中的第一個，它的解答從1950年代就存在於稱為「決策理論」（decision theory）的數學領域裡，這是賽局理論的分支。這也是我們焦點所在的方法，大部分是因為它和大家最共同的需要有

關，而且也因為其他兩個理由比較簡單。在我以決策為背景解釋資訊價值之前，先簡短討論一下，資訊影響其他人行為這方面的價值，以及本身潛在的市場價值。

關於資訊對人類行為的影響這方面的價值，恰恰等於人類行為上變化的價值。衡量生產力當然可能和重大投資有關聯。但是因為那些被衡量生產力的人也會做出回應，可能會變得更有生產力，所以在這方面它也是有價值的。如果對生產力的衡量，本身就能造成生產力提高20%，那麼生產力提高的貨幣價值，就是衡量的「誘因」價值。我們確實需要考慮第3章中所提，衡量造成的誘因可能會有意想不到的效果。但是這些效果至少是觀察得到的，因此一旦誘因發生作用，也可以衡量得到。

如果資訊的價值是它的市場價值，那麼會有一個市場預測的問題，就和估計其他任何產品的銷售值一樣。如果我們收集都市十字路口一天當中不同時段的交通資訊，賣給評估零售據點的廠商，那麼該項衡量的價值，就是我們預期從販售資訊得到的利潤。

在這本書中我們討論的所有衡量方法，都和市場價值的衡量及資訊誘因價值的衡量有關。但是我們在企業裡衡量事物，大多是因為關係到衡量如何影響管理階層的決策。這就是本章接下來要討論的重點。

犯錯的機會及成本：預期機會損失

深奧的賽局理論在60多年前提出了資訊價值的公式，它在數學上和直覺上都是可以理解的。若我們能降低不確定性（亦即做衡量），則會有較好的「賭局」（亦即決策）。了解衡量的價值，會影響

我們衡量事物的方式，或甚至我們是否需要做衡量。

　　如果你對於一項企業決策有不確定性（而一個經過校準的人應該對於不確定的程度有實際的了解），表示你有機會做出錯誤的決策。我所謂「錯誤」（wrong），是指有些替代方案最後的結果會比較好，如果你事先知道的話，本來是可以選擇那個方案的。犯錯的成本就是，你做的錯誤選擇和最佳替代選項，這兩者之間的差距。最佳替代選項則是，如果你有完整的資訊，你當初會選擇的選項。

　　例如，假設要投資一項全新的廣告活動，你希望這項投資是合理的。但是你不知道它是否會成功。從歷史經驗你知道，一直都有那種起初看來具備所有絕佳概念的外表，結果卻在市場上一敗塗地的廣告活動，更慘的甚至反倒幫了對手的忙。從好的方面來看，正確的廣告活動有時候可以直接造成營收的大幅增加。就只因為有可能犯錯，便停滯不前，不投資在企業上，這是沒有好處的。所以根據你目前有的資訊，預設的決策應該是去推動廣告活動──不過，先做個衡量是有價值的。

　　如我在第6章中所述，有風險存在以及想要降低風險，是決策者需要做衡量的理由。在這個例子中，我們處理的是衡量的特殊案例──預測──這是對未來可能的結果做衡量。對廣告活動成功的可能性所做的衡量，要計算這個衡量的價值，必須要知道如果活動變成是不好的投資，你的損失是什麼，以及會變成不好的投資的機會有多少。如果活動毫無失敗之虞，就不需要為降低不確定性做任何事──決策將會是沒有風險且顯而易見的決定。

　　為了維持例子的簡單性，我們用二元的情況來看這個問題──失敗或者成功，沒有第三種情況。假設廣告若有效，你能獲得4,000萬美元的利潤；但如果廣告沒有用的話，你的損失是500萬美元（廣告

活動的成本）。那麼，假設你的校準專家表示，他們給廣告失敗的機率是40%。有了這項資訊，你可以製作出一個表格，如圖表7.1所示。

　　某一個特定選項的機會損失（Opportunity Loss, OL），就是如果我們選擇那條路徑，而結果是錯誤的成本。某項特定策略的預期機會損失（Expected Opportunity Loss）為犯錯的機率乘以犯錯的成本。從我們所舉的例子，你得到：

　　如果活動得到許可，機會損失：500萬美元（活動的成本）

　　如果活動受到拒絕，機會損失：4,000萬美元（放棄了的利益）

　　如果許可，預期機會損失：500萬美元×40％＝200萬美元

　　如果拒絕，預期機會損失：4,000萬美元×60％＝2,400萬美元

　　你的決定有負面結果的可能性，因為你對這個可能性的不確定性，才會有預期機會損失（EOL）的存在。如果你能降低這個不確定性，EOL也就會減少了。在做企業決策時，這正是要做衡量的真正理由。

　　EOL也是風險的一種表達方式。它是我們在第6章中提到的簡單「風險中立」解。我們只是將損失的機率乘上損失的金額，不管決策者的風險趨避性有多強。這是計算資訊價值的良好基礎，又不會太過

圖表7.1　極端簡單的預期機會損失例子

變數	活動成功	活動失敗
成功的機會	60%	40%
如果活動獲得許可的影響	＋4,000萬美元	－500萬美元
如果活動受到拒絕的影響	0	0

複雜。但是也不會離目標太遠，即使我們考慮了風險趨避。衡量要支援的決策，其決策成本一般而言都大於衡量的成本。當一個風險趨避的人參加了許多非常小的賭局，他們的選擇會非常接近風險中立。用自己的錢打賭，你可能不會認為一個有20%機率會獲得10萬美元的賭局，與確定會拿到2萬美元獎金是完全相同的。但是，你可能會認為一個有20%機率會贏得10美元的賭局，非常接近於2美元。同樣地，一項大型投資決策每個可能的衡量，對你的資訊價值，相較於投資本身，都會是相當風險中立的。

所有有價值的衡量，都必須降低會影響決策的某種數量的不確定性，而這些決策必須是有經濟後果的。降低愈多的EOL，衡量的價值就愈高。衡量之前的EOL和衡量之後的EOL，中間的差異稱為「預期資訊價值」（Expected Value of Information, EVI）。換言之，資訊價值等於風險降低的價值。

在做衡量之前要計算這項衡量的EVI，我們需要估計能預期降低的不確定性有多少。此舉有時候會很複雜，要看衡量的變數而定，但是有捷徑可走。計算衡量價值最簡單的，是完全資訊的預期價值（Expected value of Perfect Information, EVPI）。如果你能消除不確定性，EOL就能降低到零。所以EVPI只是你的選項的EOL。在我們例子中，「預設」（default）的決定（如果沒有進一步衡量，你會做的決定）是許可進行廣告活動，而──如先前的解釋──EOL就是200萬美元。因此，消除掉這項活動成功與否的不確定性，價值就是200萬美元。若你只能夠降低、但無法完全消除這個不確定性，EVI將是較小的數值。

資訊的價值

資訊的預期價值（EVI）＝預期機會損失（EOL）的降低或

$EVI = EOL_{資訊前} - EOL_{資訊後}$

此處：

EOL＝犯錯的機率×犯錯的成本

完全資訊的預期價值（EVPI）＝ $EOL_{資訊前}$

（如果資訊是完全的，則EOL資訊後為零）

　　稍微複雜一點點的方法、但更具一般性且更符合真實，乃是以你的不確定性為連續值，而非只有兩個像是「成功」和「失敗」的極端值，在這樣的情況下計算EOL。更常見的情況是，一項不確定變數有一個範圍的可能數值。計算這個資訊價值的方法，和我們計算簡單二元問題的方法，並非完全不同。我們仍然需要計算EOL。

範圍資訊的價值

　　在廣告的例子當中，假設結果不是只有兩個可能，而是一個範圍的可能數值——這是較符合真實情況的模型。行銷方面的校準專家90%確定，廣告活動直接帶來的銷售可能介於10萬單位到100萬單位之間。然而，我們必須賣掉某個最低數量，才能打平這個活動。風險是，我們的銷售量達不到這個數量。

　　假設每單位的毛利為25美元，因此我們必須至少賣掉20萬單位才能打平500萬美元的廣告活動。任何少於20萬單位的銷售量都表示這項活動是淨損失，低於這個數量愈多，淨損失就愈大。若正好賣了20萬單位，等於沒賺也沒賠。若什麼都沒賣出去，則損失就是活動的成本，500萬美元。（你可能會說，企業的損失大於活動的成本，不過在此我們就讓它簡單化吧。）在這種情形下，將活動效果的不確定性予以降低的價值是多少呢？

　　以下五步驟，能計算像這樣範圍的EVPI：

1. 將分配切割成數百或數千個小片。
2. 計算每小片中間點的機會損失。
3. 計算每小片的機率。
4. 將每小片的機會損失乘以它的機率。
5. 將所有小片在步驟4的乘積加總起來。

　　這麼做的最好方法是用Excel的巨集（macro），或自己寫一些軟體，將分配切成1,000片左右，然後做所需的計算。圖表7.2說明了這個過程。

　　為了比較容易進行，我為你做了大部分的工作。你只需利用一兩個圖表，做一些簡單的算術就好。在這個計算之前，我們需要決定90%信賴區間的上限和下限何者為「最佳界限」（best bound, BB）及「最差界限」（worst bound, WB）。顯然，有時候愈大的數值愈好（例如，營收）；有時候則愈小愈好（例如，成本）。在廣告活動的例子中，小是不好的，所以WB是10萬單位，而BB是100萬單位。從這裡我們開始計算一個我稱為相對門檻（Relative Threshold, RT）的數

圖表7.2 範圍估計中的EOL「切片」(slices)

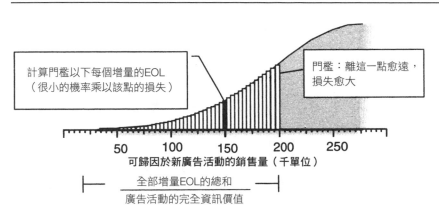

計算門檻以下每個增量的EOL
(很小的機率乘以該點的損失)

門檻：離這一點愈遠，
損失愈大

50 100 150 200 250
可歸因於新廣告活動的銷售量（千單位）

全部增量EOL的總和
廣告活動的完全資訊價值

值。這個數值能揭示門檻相對於範圍內其他數值的位置。請見圖表
7.3關於相對門檻的圖解。

　　我們利用這個數值，以四個步驟來計算EVPI：

1. 計算相對門檻：RT＝（門檻－WB）/（BB－WB）。我們的例
   子中，最佳界限為100萬單位，最差界限為10萬單位，門檻為20
   萬單位，所以RT＝（200,000－100,000）/（1,000,000－100,000）
   ＝0.11。

2. 將RT標示在圖表7.4縱軸上。

3. 由RT的位置往右看，你會看到兩組曲線──常態分配的在左
   邊，而右邊則是均等分配。因為我們的例子是常態分配，所以
   要從我們的RT向右看，找到常態分配上的點數值。我稱這一個
   數值為「預期機會損失因素」(Expected Opportunity Loss Factor,
   EOLF)。此處我們的EOLF是15。

圖表7.3　相對門檻的例子

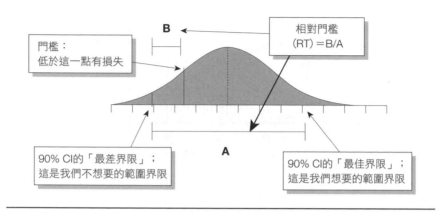

4. 計算EVPI：EVPI ＝ EOLF ／ 1000×每單位機會損失×（BB －
   WB）。我們的例子每單位機會損失為25美元。因此，EVPI ＝
   15 ／ 1000×25×（1,000,000－100,000）＝ 337,500。（請見圖表
   7.4）

　　這個計算呈現出一項衡量（在這個案例，為一項預測），是理論
上價值337,500美元銷售量的衡量。這個數字是一個絕對最大值，而
且假設這個衡量可以消除不確定性。雖然要消除不確定性，幾乎永遠
不可能，但是這個簡單的方法為我們應該花費多少，提供了一個重要
的標竿。

　　均等分配的程序是一樣的，除了我們須使用的是均等分配的曲線
欄位。不論是均等分配或常態分配，有一些重要的警告應該要了解。
這個簡單的方法只適用於線性損失的情況。也就是，低於門檻的每一
單位，我們損失的是固定的金額──在我們的例子中為25美元。如
果我們將損失和出售的單位數畫出來，會是一條直線。那就是線性

圖表7.4 預期機會損失因素圖

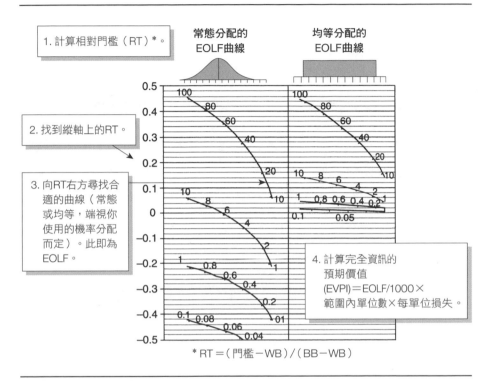

* RT ＝（門檻－WB）／（BB－WB）

（linear）。但若損失是以某種方式加速或減速，EOLF的圖可能不是很接近的估計。例如，如果我們對複利不是很確定，那麼在我們定義的門檻以下的損失，就可能不會是一條直線了。

　　同樣重要的是要注意到，如果常態分配必須要截頭去尾的話，或者必須用到常態分配或均等分配以外的其他分配型態，圖表7.4可能不是很接近的近似值。我們可以說販售數量小於零，是不可能的。但是我們也可以說，廣告活動大失敗不但無法增加銷售單位數量，還會導致現有銷售量下滑，這是有可能的──過去就曾發生過。

> **補充資料網站上的資訊價值分析**
>
> 在 www.howtomeasureanything.com 網站上，你可以下載詳細的 Excel 的 VIA 計算器，以及本書中的案例。

如果你有一個具有很高資訊價值的衡量，可能值得你多做些數學，按我描述的將分配切成許多切片。但是與其從零開始做出這樣的表格，你其實可以在本書網站下載資訊價值分析（Value of Information Analysis）的電腦表格和案例。

不完全的世界：降低部分不確定性的價值

前一個例子是關於完全資訊的預期價值，顯示的是消除不確定性的價值，而不只是降低不確定性。計算 EVPI 本身就很有用，因為至少我們知道成本的上限，是做衡量時不應該超過的。但是常常我們必須面對只能降低不確定性的情況，尤其當我們所談的是像廣告活動的預期銷售這類事物時。在這種時候，除了知道在理想狀況下可能花費的最大金額之外，若能知道在真實生活中的衡量（留存有真實生活的誤差）應該具有的價值，將會更有幫助。換言之，我們需要知道資訊的預期價值（Expected Value of Information, EVI），而不是**完全**資訊的預期價值（Expected Value of Perfect Information, EVPI）。

EVI 是關於所有資訊的價值，不管這項資訊完不完全。有時候，在資訊並不完全的情況下，資訊的價值會被另外稱為不完全資訊的預期價值（Expected Value of Imperfect Information, EVII）或樣本資訊的

預期價值（Expected Value of Sample Information, EVSI），以與EVPI
做區別。但僅去掉「完全」，就足以稱呼包含未能消除不確定性的情
形了。

　　用稍微精緻一些的模型能做最好的EVI計算，但是我們可以做一
些簡單的估計。首先，對於一些資訊價值的觀念有個了解，將能幫助
我們做這件事。圖表7.5顯示，當確定性提高時（也就是當不確定性
降低時），資訊價值和資訊成本會有什麼樣的變化。

　　除了EVI和EVPI之外，你會看到資訊的預期成本（Expected Cost
of Information, ECI）的曲線圖。ECI是我們對一定的資訊量（亦即，
不確定性降低）預期支付的金額。請記住，在決策分析的背景中，
「預期」這個名稱永遠都是指「機率加權平均」（probability weighted
average）。所以在計算ECI時，我們會考慮可能結果的範圍、每一項
成本、每項可能結果的預期不確定性降低數量，然後計算所有成本和

圖表7.5　資訊的預期價值曲線

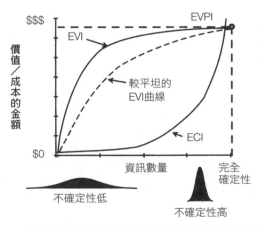

不確定降低數量的加權平均。那似乎是令人望之卻步的工作，但是圖表7.5為我們指出一些簡單的規則。

我們來看看，這張圖裡每一項是如何彼此連接的。一般的EVI形狀是凸形（convex）──表示它是向上拱起的（曲線的中間點高於連接最高和最低值的直線）。這意味著，當不確定性小幅降低，資訊價值有快速升高的傾向，但在接近完全確定性時變為平坦。即使有許多衡量也無法達到完全確定性，但若有足夠的努力，是可以非常接近的。然而，無論我們去除了多少不確定性，EVI永遠無法超過EVPI。

EVI彎曲的程度，決定於許多因素，包括分配的類型（常態、均等、二元等等）、範圍的寬度，以及範圍內門檻的相對位置。有些EVI比較「平坦」，但至少也有一點彎曲。這個彎曲度表示，一項衡量若將最初範圍的不確定性降低了一半，則其EVI會比EVPI的一半還要**多一些**，而降低70%不確定性的價值，則略高於70%的EVPI，以此類推。以廣告活動的例子來說，圖表7.3和7.4顯示，應該會有約337,500美元的EVPI。因此，如果你認為用一個成本150,000美元的研究，可以使你的不確定性降低一半，那麼你就證明了做這項研究是正當合理的（但是正當性可能沒那麼高）。如果你能以30,000美元進行這項研究，那就是划算的。

應該要記住的EVI曲線另一項特性，是對於衡量的數量我們可能有不確定性，但是對於產生的決策，則是確定的。例如，如果校準專家要給我們的範圍一個從10萬到100萬銷售單位的均等分配，專家的意思是，沒有機會賣超過100萬單位，或賣不到10萬單位。如果門檻是20萬單位，我們可以做一項衡量，至少能讓我們將下限向上提高到大於價值20萬單位銷售量的某個數值，我們將可以消除損失的可能性。在這樣的例子中，EVI最大的躍升，是到達所降低的確定性剛

好足夠消除損失可能性的地方。一項衡量可以降低一半的不確定性，和一項衡量可以降低四分之三的不確定性，兩者價值之間的差異可能非常小。一旦我們消除了損失的可能性（或判定了損失發生的確定性），任何額外的衡量都沒有價值了。

雖然圖表7.4常態分配的EVPI計算方法只是一個近似值，但仍然非常有用。你可以將EVPI視為絕對的上限，並且記住EVI一般的型態，來估計EVI。你也許會這樣想，我們做的是一連串的近似值估算（不是精確的計算），但往往如此就能產生「足夠好」的衡量。估計一項衡量提案的EVPI，本身就已經有一些不確定性，所以精確的EVI通常並不是很有用的。同時，你應該衡量的變數——那些有很高資訊價值的——通常它們的資訊價值遠超過其他變數。它們的價值常常是第二高價值衡量的10或100倍（或甚至更多）。在實務上，EVI的估計誤差，通常不會大到影響你的衡量選擇。

ECI曲線則是彎向另一個方向。如果我們稱EVI曲線是凸形，則這個就是「凹形」（concave）。通過最低點和最高點的直線，高於這個曲線的中間點。當我們愈靠近不確定性為零的地方，要降低不確定性就變得愈來愈昂貴。隨機抽樣接近無限大母體時，我們的樣本規模必須接近無限大才能消除不確定性。然而，在衡量的一開始，最初不確定性下降的速度相對上很快。第9章會有更詳盡的討論。目前只需要知道，要降低更多的不確定性，比起前面降低的不確定，通常要花費更多努力。

知道了一項衡量的資訊貨幣價值，對於什麼是「可以衡量」會有新的看法。如果有人說一項衡量會太昂貴，我們必須要問「和什麼比較？」如果一項衡量的成本是5萬美元，可以將不確定性降低一半，但它的EVPI是50萬美元，那麼這項衡量肯定不會太貴。但是如果資

訊價值為零,則任何衡量都是太貴。有些衡量也許有很小的資訊價值
——就說是幾百塊美元吧,不足以作一些正式的衡量,但是又沒小到
可以忽略它。對那些衡量來說,我試著採納能快速降低一些不確定性
的方法——像是,找一些有關的研究或多打幾通電話給專家。

有了EVI曲線和ECI曲線,我們也學到了反覆衡量的價值。完全
確定性狀態通常是達不到的,當我們愈接近它時,EVI曲線顯示資訊
的價值變平坦了,但ECI曲線則像火箭般快速攀升。這個事實告訴我
們,一般來說我們應該將衡量視為是反覆的(iterative)。別想第一次
就打出全壘打。每一回合的衡量都能告訴你如何(以及是否要)進行
下一回合的衡量。

知道了EVI和ECI曲線的型態也告訴我們,關於衡量的一個典型
假設是錯的。人們常常假設,如果你有很多的不確定性,你需要很多
資料才能降低它。事實上,**正好相反**。

當你有很多的不確定性時,你並不需要太多新資料,就可以得到
以前不知道的訊息。我辦過一場衡量研討課程,是關於健康醫療認知
活動的效能衡量,有個例子就可以說明這一點。我要求一位研討課程
的學員,對於芝加哥地區知道人工仿曬罹癌風險的青少年比例,提出
她的90%信賴區間。她的估計是2%到50%。我認為這個上限是非常
樂觀的,但是她有很多不確定性,她需要很寬的範圍。範圍如此寬,
她必須調查多少青少年才能大幅降低呢?如果她的範圍只是11%到
15%,她必須調查多少青少年才能大幅縮小那個範圍?要大幅減少不
確定性,在第二種情形她必須調查的青少年人數遠多於第一種情形。
當有人假設我們要衡量某件事物需要很多資料——因為它是不確定的
——那些人都是犯了這個錯誤。

常見的衡量迷思

迷思：當你有很多不確定性時，你需要大量資料來告訴你一些有用的事。

事實：如果你現在有很多不確定性，你要大幅降低不確定性並不需要太多資料。當你已有很多確定性，那時你要大幅降低不確定性就需要很多資料。

覺悟方程式：資訊價值如何改變一切

　　在我的諮詢顧問工作中，我使用的程序是比前述還複雜一些的版本。到 1999 年，我已經完成了約 20 項重大投資的數量化應用資訊經濟分析。在那個時候，我所有的專案都還是與 IT 投資有關的。這些企業案例有 40 到 80 個變數，例如初期開發成本、採用比率、生產力改善、營收成長等等。這些企業案例，我跑 Excel 巨集計算每一個變數的資訊價值，並利用這個數值來找出衡量工作的焦點。

　　在我為每一個變數跑巨集計算資訊價值時，發現以下的規律模式：

- 絕大多數的變數，它們的資訊價值為零。也就是說，這些變數目前的不確定程度是可以被接受的，進一步做衡量則不具正當性。（第 3 章已提過。）
- 有高度資訊價值的變數，通常是客戶從未衡量過的變數。事實上，在過去的案例中，高價值變數常常是完全缺席的。（他們排

除了專案取消的可能性或用戶使用率很低的風險。）

- 客戶過去花費最多時間衡量的變數，通常是那些資訊價值很低（甚至為零）的變數（亦即，對於該等變數多做的衡量，對於決策非常有可能是毫無影響力的）。

在整理及評估過所有的企業案例，並計算了他們的資訊價值後，我能夠確認這個模式的存在。關於這些發現，我寫了一篇文章，發表在《資訊長雜誌》（*CIO Magazine*）上。[1]

但是從那時起，我把同樣的測試應用在另外40個專案計畫上，發現這個效果並不局限於IT計畫。2009年，我將這些新的發現發表在名為《*OR/MS Today*》的期刊上，[2]這是一份量化分析人員的期刊。我注意到同樣的現象發生在有關研究發展、軍事補給、環境保護、創業投資、設備擴充等的專案計畫中。最高價值的衡量幾乎總是出乎客戶的意料。一次又一次地，我發現客戶過去花費許多時間、力氣、金錢，在衡量沒有高資訊價值的事物上，而忽略掉對於真實決策有重大影響的變數。我不再稱這個觀念為「IT衡量反比」（IT Measurement Inversion），改稱為「衡量反比」（Measurement Inversion）。在差異性頗大的一些領域中，得到衡量的事物，其重要性就是不如那些被忽略掉的事物。

尤有甚者，我常常發現，當客戶衡量完全不一樣的事物——因為知道了它們的資訊價值——很多時候他們會將實際的發現視為是重大的啟示。換言之，如果你要覺悟（epiphany），就看看那些你過去忽略掉的高價值衡量吧。圖表7.6對這些發現做了整理。

衡量反比

在企業案例中，變數衡量的經濟價值通常與衡量得到的關注成反比。

圖表7.6　衡量反比

	例子：	
價值低、 典型的衡量	花在一項活動上的時間 銷售訓練參加次數 專案的近期成本 安全檢驗中發現違規的數目	
	例子：	
價值高、 通常被忽略的衡量	一個動作的價值 銷售訓練對銷售的影響 專案的長期利益 災難性意外的風險降低程度	付出的注意力　經濟上的重要性

　　很顯然地，我們對於哪些事物該做衡量的直覺，常常讓我們失望了。因為大多數的組織，對於進行一項衡量的價值，沒有方法可以評量，他們衡量的東西幾乎全是錯的。並不是計畫成本、每週花在某項活動上的小時數等東西不應該被衡量，而是對它們投入了過多的關注，而其他被忽視的領域卻存有更大的不確定性。

　　為什麼會發生衡量反比？首先，人們會衡量他們已知如何衡量的事物，或他們相信是比較容易衡量的事物。你可能聽過一個老掉牙的

笑話：一個醉漢在光線明亮的街道上找他的手錶，即使他明明知道錶是掉在暗黑的巷弄裡。他振振有詞地說，街道上的光線好，比較好找東西。如果組織習於用調查的方式來衡量事物，則適合用其他方式衡量的事物，可能就不會那麼常被衡量了。如果組織擅長於用資料採礦（data-mining）的方式衡量事物，它會傾向於只衡量那些適用這個方式的事物。

我在研究所裡的數量方法教授，經常引用亞伯拉罕·馬斯洛（Abraham Maslow）的名言：「如果你唯一的工具是鐵鎚，那麼每個問題看起來都會像是釘子。」對許多企業和政府部門而言，這似乎頗為貼切。他們使用的衡量方法是他們感到舒適自在的。即使，舉例而言，客戶滿意度對收益的影響這類事物的衡量方法，已有廠商發展得相當完善，但是其他廠商卻拒絕使用那些方法，寧願把焦點放在他們覺得熟悉的低價值衡量上。

發生衡量反向的第二個理由是，經理人可能傾向於衡量比較有可能產生好消息的事物。畢竟，為什麼要去衡量你懷疑是否存在的利益呢？當然，那像是要錢或是要證明自己工作的人會有的思維，而不是必須負責盈虧的人會有的想法。這種情況的解決方法很簡單：經理人的績效表現，他們自己不該是唯一的衡量者。負責核可及評量經理人專案計畫的人，需要有自己的衡量來源。

最後，不知道從一項衡量得到的資訊對企業的價值，表示人們無法對衡量的困難度有正確的理解。一項衡量他們覺得「太困難」了，其實可被解讀為符合實際，如果他們了解其資訊價值可能會是預期成本的許多倍。曾經有一家很大的消費信用公司請我提出計畫書，衡量一項可能超過1億美元的全球IT基礎設施投資案的利益，在聽完更多有關該問題本質的報告後，我估計這項研究需要10萬美元左右的經

費。該公司的回應是，它必須將成本維持在25,000美元以下（我拒絕了這個生意）。我最初的提案金額少於這項高度不確定、高風險投資案估計規模的0.1%。在有些產業中，風險性沒那麼大的投資案，會得到比我的提案甚至更詳盡的分析。說得保守一點，該項研究能夠產生的資訊價值，很可能是數百萬美元之譜。

我稱資訊價值的公式為「覺悟方程式」（epiphany equation）。因為它似是有真實深刻的啟發，你必須去檢視一些過去沒有檢視過的事物。計算資訊價值，導致組織去檢視完全不同的事物——如此一來，經常會發生改變重大決策方向的驚喜。

衡量反比的例子

我們可以從我一家英國的大型保險公司客戶看到IT計畫衡量反比的驚人實例。該公司為一種稱為「功能點」（function points）的軟體複雜度衡量方法的愛用者。這個方法在1980年代和1990年代非常風行，作為估計大型軟體開發成果的基礎。這個組織在追蹤初始值估計、功能點估計方面做得非常好，並且實際成果已經擴充到超過300個IT計畫。這項估計要求三或四位全職人員作為「認證的」功能點記分員。這是該公司到那時為止，耗費精力在衡量任何面向的軟體開發計畫提案上最慎重的成果。

但是當我比較了功能點估計、計畫經理提供給我的初始值估計、時間追蹤系統計算出的最後成果，我發現了一個非常有趣的模式。這項花費龐大、時間密集的功能點計算，的確改變了初始值估計，但是平均而言，與計畫真實成果的差距，並沒有比初始值估計來得更接近。換言之，有時候功能點估計改善了初始值估

計，而有時候它們所給的答案離計畫結束時的真正成果更遠。這是IT組織中唯一最大的衡量工作，它實際上未能附加任何價值，因為它完全沒有降低不確定性。將重點放在衡量提案的利益上——或其他任何事物上——會讓錢花得更有價值。

總結不確定性、風險、資訊價值：衡量的第一步

了解如何衡量不確定性，是衡量風險的關鍵。了解風險的量化意義，是了解如何計算資訊價值的關鍵。了解資訊價值，我們將得知要衡量什麼，以及我們應該投入多少努力去衡量它。在將不確定性降低並予以數量化的前提下，考量這些資料，是了解衡量的中心。它們是在任何其他衡量之前，我們要先進行的三項衡量。

綜合本章所討論的每件事，我們可以得出一些新的概念。第一，我們知道任何衡量的早期，通常都是價值最高的部分。如果你目前對某件事物有很大的不確定性，請避免貿然做大規模的研究。先做一些衡量，去除一些不確定性，然後評估你得到的訊息。你有沒有感到意外？進一步的衡量是否仍然是必要的？在衡量一開始得到的訊息，對於衡量方法要如何改變是否給了你一些概念？反覆衡量給你最大的彈性，也讓金錢得到最大的效益。

第二，如果你沒計算衡量的價值，你很可能衡量價值很小或毫無價值的東西，而忽略了一些高價值的項目。此外，如果你沒計算衡量的價值，你可能不知道如何有效率地做衡量。你甚至會花費太多或花費太少時間衡量某件事物。你可能誤將高價值的衡量視為「太昂貴」而放棄它，只因為你沒能將成本和價值放在同樣的背景下一起考量。

計算資訊價值的心得

衡量的價值很重要。如果你不計算衡量的價值,你可能用了錯誤的方法,衡量了錯誤的事物。

反覆進行。價值最高的衡量是最剛開始的衡量,所以一點一點進行,每一回合衡量累積一些收穫。

這本書到目前為止所討論的每件事,都只是對那些常被視為不可能衡量的事物做衡量的「第一階段」。我們也已經衡量過不確定性、風險,以及資訊的價值。現在可以進入下一個階段了。

我們已經知道要衡量什麼以及要花費多少做衡量,接下來可以開始設計衡量的方法。

注釋

1.Douglas Hubbard, "The IT Measurement Inversion," *CIO Enterprise Magazine*, April 15, 1999.

2.D. Hubbard and D. Samuelson, "Modeling without Measurements: How the Decision Analysis Culture's Lack of Empiricisms Reduces Its Effectiveness," *OR/MS Today* (October 2009).

第三篇

衡量方法

第8章

過渡：從衡量什麼到如何衡量

每一項工具都是一個鑰匙孔，讓我們得以一窺宇宙的祕密。

如果你將前面章節所學應用在衡量上，則你已經以衡量會影響的決策，以及你如何做觀察的角度來定義你的問題，並將你的不確定性予以數量化，同時也計算了新增資訊的價值。所有的這些，都是開始衡量之前要做的事。現在我們必須知道如何更進一步降低不確定性——換言之，如何做衡量。

從我們為衡量所做的定義來看，常聽到的「實證衡量」（empirical measurement）一詞是重複多餘的。實證指的是，用觀察做為結論的證據。（你可能也聽過另一個贅詞「實證觀察」。）「實證方法」是以正式的、系統化的方法做觀察，以避免或至少降低觀察（及觀察者）可能會有的特定型態的誤差。觀察不限於視覺上的，雖然這是通常的觀念。觀察甚至可能不是直接的；它可以用衡量工具輔助。事實上，在現代物理科學上，幾乎都是這樣做的。

但是我們的焦點在於那些企業界常認為是不可衡量的事物。幸運的是，許多這類議題的處理方法，不必用上最精細複雜的方法。在此值得再次重申，這本書的目的是，呈現出經理人認為無法衡量的許多事物，其實都是可以衡量的。唯一的問題是，它們是否重要到值得做衡量（例如，相對於衡量的成本，是具有高資訊價值的）。

一些相對簡單的方法就足夠衡量大部分這類議題。衡量真正的阻礙，如我們發掘的，大部分是觀念上的，而不是缺乏對更複雜方法的了解。畢竟，在那些使用相當複雜精細方法的領域，對於衡量的客體是否可以衡量，並沒有太多爭論。這類精細的衡量方法會被開發出來，正是因為有人了解客體是可以衡量的。舉例來說，為什麼會寫兩大本數量臨床化學的論文，如果作者和目標讀者一開始就不認為這個主題完全可以衡量的話？

關於特殊科學領域中的特定數量方法，我就留給其他人去敘述

吧。你選上這本書，是因為你不清楚其他、較「軟性」的主題要如何以嚴謹的方式來對待。

在本章中，我們會問以下幾個問題，好決定合適的衡量方法類別。

- **該項事物的哪些部分是我們不確定的？**將不確定的事物予以分解，好讓我們可以從其他不確定事物來計算。
- **別人對此（或分解的部分）是如何衡量的？**有可能你不是第一個碰到這個衡量問題的人，甚至可能已經有這項主題的深入研究了。回顧別人的作品稱為「間接研究」（secondary research）。
- **找出的「可以觀察的事物」如何引導出衡量？**你對於如何觀察已經給了答案。跟著這個答案找出上面第一步的部件要如何觀察。間接研究可能已經提供了答案。
- **我們真正需要衡量的有多少？**將前面計算過的目前不確定狀態、門檻、資訊價值等都納入考慮。這些是指向正確衡量方法的線索。
- **誤差是來自什麼？**思考一下，觀察可能會有誤導。
- **使用什麼工具？**根據你對前面問題的回答，找出並設計衡量的工具。同樣地，間接研究可能可以提供指導。

將這些問題放在心上。現在，來討論如何使用衡量的工具。

衡量的工具

我們對事物的命名，以及那些名稱歷來的變化，顯示出我們對它們的想法是如何演變。科學儀器就是個很好的例子。在工業革命之前，尤其是歐洲文藝復興時期，科學儀器常被稱為「哲學的引擎」。

它們是當時回答「深奧」問題的裝置。伽利略將擺錘從向下傾斜的平面滾下去，來衡量重力加速度。（有關他從比薩斜塔上丟重物的故事，可能是虛構的。）丹尼爾‧華倫海特（Daniel Fahrenheit）的水銀溫度計將以前認為是「屬質的」溫度，予以數量化。這些裝置所揭露的不只是一個數字，而是觀察者所在的宇宙的本質。每一項工具都是一個鑰匙孔，得以讓我們一窺宇宙的祕密。

到了十九世紀後期愛迪生、貝爾等工業發明家的時代，研究發展已經是大量生產的生意了。在那之前，工具常常是為個人特別製造的；到了愛迪生和貝爾的時代，裝置已是統一且可大量生產的了。科學儀器開始予人一種功利主義的感覺。愛好自然的紳士哲學家可以將他們的新顯微鏡當成藝術品來展示，而工業發明家使用的顯微鏡則只適合在實驗室展示。以今日的標準來說，當時的實驗室幾乎就是血汗工廠。我們或許也不意外，今天的社會大眾，許多人並不認為科學和科學觀察是對深奧知識的夢幻追尋，反而視為單調無聊的苦工。

即使今天，對許多人來說，衡量的工具意味著一項裝置——也許是一個看起來很複雜的電子設備——是設計來數量化一些艱澀的物理現象，像是衡量輻射的蓋格計數器（Geiger counter），或是衡量重力的磅秤。事實上，「工具」這個名稱，不同領域的人有範圍廣泛的用法。例如，在教育評量，研究人員將一項調查、測驗、或甚至個別的問題都稱為「工具」。

衡量工具，和所有的器具一樣，能給使用者帶來好處。簡單的機械器具像是槓桿，讓人類的肌肉可以施展出加倍的力量。同樣地，衡量工具能偵測到我們無法直接偵測到的事物，因而強化了人類的知覺。也因為它能做快速的計算和儲存結果，可以幫助我們推理和記憶。即使是一個可能幫助人類察覺力的特殊實驗方法，以這個意義而

言，它本身就是一項衡量工具。若想知道如何衡量萬事萬物，我們需要使用這個名稱的最廣泛意義。

　　缺乏對衡量工具的想像，一部分的解決方法，是嘗試捕捉伽利略和華倫海特所擁有、觀察周遭環境「祕密」的神奇能力。他們並不把衡量的設備視為專門學科中專業研究人士用的複雜奇妙器械。他們的設備簡單又明瞭。他們不像現今的一些經理人，因為設施有使用限制和誤差，就放棄使用。**當然**它們有誤差。問題在於「相較於什麼？」和空手無助的人類比較嗎？和沒有一點衡量企圖的人比較嗎？請將衡量的目的常記心頭：降低不確定性，不必然是**消除**不確定性。

　　一般而言，工具有六大優點。不需要具備全部的優點才夠格當工具；有其中幾項組合在一起就足夠了。常常甚至只有一項優點，也能改善空手無助的人類觀察。

1. **工具能偵測到你所偵測不到的。**電壓計偵測電流的電壓、顯微鏡可以放大、雲室〔cloud chamber，*編註：用來偵測游離輻射的粒子偵測器。由英國物理學家查爾斯・威爾遜（Charles Wilson）發明，因此又稱為威爾遜雲室*〕顯示次原子粒子的形跡。這些能力最常被人和工具聯想在一起，但是被過分強調了。

2. **工具比較有一致性。**單憑本身能力，人類是非常沒有一致性的。工具，不論是一個磅秤，或是顧客問卷調查，一般而言都較有一致性。

3. **工具能被校準到足以修正誤差。**尺度校準是一個動作，衡量你已經知道答案的事物，來測試工具本身。我們可以將已知正好是 1 公克重的東西，放在一個磅秤上，來校準這個磅秤。我們拿已知答案的問題來問你，藉此校準你評估機率的能力。利用這種方

式，我們可以得知一個適用的工具會有的誤差。

　　一個工具常常包含了可以抵銷特定誤差的方法，通常稱為
「對照控制」（control）。一項對照控制實驗，拿我們衡量的事
物，和某種基準做比較。如果你要知道新的銷售自動化系統是否
改善了重複性業務，你必須和沒有用這個系統的銷售人員及其顧
客做比較。也許有些銷售人員比其他人更常使用這套系統，或者
也許它尚未涵蓋到所有的區域或生產線。使用對照控制組，可以
讓我們在使用這套新系統與否之間做比較。（在第9章會有更多
的討論。）

4. **工具能避免人為偏誤。**工具很有用，因為它能避開會造成人類觀
察偏誤的因素。例如，在申論題測驗閱卷時去除學生的姓名，以
排除老師對某些學生可能會有的偏誤。在臨床研究上，醫生和病
人都不知道誰是真的用藥，而誰用的是安慰劑。這個方式，病人
在經驗上不會偏誤，而醫生在診斷上也不會偏誤。

5. **工具會做紀錄。**老式的電子心電圖機器會吐出長長的紙條顯示心
臟的狀況。這是一個很好的例子，顯示出工具是紀錄的器具。當
然，現在的紀錄已電子化了。工具不會有人類選擇性和錯誤的記
憶。舉例來說，賭博的人老是高估了自己的技能，因為他們沒有
真正追蹤過自己的經歷。其經歷的最佳衡量，就是銀行戶頭裡存
款不斷下降。

6. **用工具做衡量，要比人做衡量更快速且更便宜。**大型日用品商店
可以雇用足夠的人力每天每小時清點存貨。但是銷售點資訊系統
（point-of-sale）掃瞄器能達到同樣的效果卻更省錢。州警可以用
碼表和距離紀錄器抓公路上的超速者，但是雷達測速槍卻能在超
速者逃逸前便測出速度，而且更加準確。如果一項工具只有一項

用途，光是降低成本這項用途，就有足夠的理由使用它。

根據這些準則，牧羊人用繩索上的串珠數羊，就是使用一項工具。珠串是尺度化的，它也做紀錄，若不使用串珠，牧羊人可能錯誤更多。抽樣程序和實驗方法本身就是工具，即使它們沒有用到任何機器或電子設備。有些人會對這樣擴大定義提出質疑。例如，顧客調查不必然能偵測到所有人類偵測不到的事物，但它至少是有一致性及經過校準的。如果是網路調查，執行上更便宜，而且做分析也更容易（更多內容請見第13章）。那些認為顧客調查並不是一種衡量工具的人，乃是忘記了衡量的整個重點。沒有這項工具，不確定性會是多麼高？

有這麼多類型的衡量挑戰，以及如此多的衡量方法，沒有一本書可以詳細地討論。但是有了這些充足的方法，可以確保我們無論碰到什麼樣的衡量議題，都有一個已經開發完善的解決方式存在。更進一步而言，這些方法可以混搭使用，為特定的衡量問題，創造更多不同的方法。

在我們解決萬事萬物的衡量問題時，值得再次複述第3章提到的「四種有用的衡量假設」：

1. 以前已經有人做過了——不必重新再做一次。
2. 你擁有的資料比你想像中更多——只是需要一些聰明才智及具獨創性的觀察。
3. 你需要的資料比你想像中要少，如果你知道如何做分析的話。
4. 額外的資料可能比你最初所想的更容易取得。

分解

　　降低不確定性有一些非常有用的方法，在技術上而言，並不是真正的衡量，因為它們沒有對世界做新的觀察，但它們通常是決定如何衡量事物非常實際的下一步。許多時候它們揭露了估計者真正知道的，比最初校準估計時要來得多。如同恩里科‧費米教我們的，光是將一個變數分解為較小的部件，就可以是具有啟發性的第一步。分解這個動作包含想出如何從其他比較少不確定性，以及較容易衡量的事物中，計算非常具不確定性的事物。

> **分解**
>
> 許多衡量始於將一項不確定的變數分解為幾個部件，並找出可以直接觀察的事物，那些是比較容易衡量的。

　　事實上，實證科學裡大多數衡量都是間接的。舉例而言，電子的質量和地球的質量都不是直接觀察得到的。我們做其他的觀察，並從觀察中計算出數值。

　　下述大型建設計畫的成本估計例子，可以充分說明分解的有用性。根據類似規模的計畫，你剛開始的校準估計，可能是1千萬到2千萬美元。然而當你將這項計畫細分為許多部件，再對每項部件做範圍估計，你可以得到一個總和範圍，比你最初估計的範圍要來得窄。你並沒有做任何新的觀察，只是根據已知的訊息做更細部的模型。此外，你可能發現最大的不確定性是某個項目的成本（例如，某項特定專長的勞工成本）。光是這項發現，就讓你大幅接近有用的衡量。

　　把分解當作衡量的一個步驟，還有另一個例子，是潛在的生產力提升。假設有一個新程序或技術，預期能提升生產力，但是最好的估計是它能使某一組員工的生產力提高 5% 到 40%。估計者的不確定性有一部分來自一項事實，即他們是靠想像來估計一些沒有第一手資訊的變數。例如，他們不知道影響最大的區域到底有多少人在那裡工作。

　　衡量有多少人在那個區域工作，似乎是衡量中既明顯又簡單的步驟。然而那些堅持有些事物不能衡量的人，甚至抗拒這樣的衡量。在這種情況下，引導人（facilitator）可以幫上大忙。會議可以如下進行：

引導人：這項新的工程紀錄管理軟體能提升工程師生產力的程度，先前你給我的校準估計是 5% 到 40%。由於對於企業是否要投資這個新的軟體而言，這項變數具有最高的資訊價值，我們必須更進一步降低不確定性。

工程師：那是個問題。我們要如何衡量像是生產力這種軟實力呢？我們甚至沒有進行追蹤記錄管理，所以我們現在根本不知道到底花費了多少時間。

引導人：這樣吧，你認為生產力會提升，很顯然是因為他們在某些任務上所花費的時間會減少，對吧？

工程師：我想應該是這樣的，是的。

引導人：有哪些活動是工程師目前花費很多時間，而他們用了這項工具後花的時間會減少的？請盡量具體說明。

工程師：好的。我猜他們在找相關紀錄時，花費的時間可能會減少。但這只是一項。

引導人：很好。這是一個開始。他們現在每星期花多少時間做這件事？你認為將來可以省下多少時間？請估計。

工程師：我不確定耶……我假設我會有90%信心，每星期花在尋找紀錄上的時間在1小時到6小時之間。設備規格、工程製圖、程序手冊以及其他，通通放在不同的地方，而且大部分都沒有電子化。

引導人：很好。如果這些都放在工程師的桌上，且排序好了，可以省下多少時間？

工程師：嗯，即使我用自動搜尋工具像是Google，我仍然花了許多時間搜查不相干的資料，所以自動化沒辦法100%降低搜尋的時間。但是我肯定它能減少至少一半的時間。

引導人：這會因為不同類別的工程師而有所不同嗎？

工程師：當然，管理職的工程師花費比較少的時間做這類工作。他們較常依賴下屬。然而，工作重點在特定法規遵循方面的工程師，必須搜尋許多紀錄。許多不同的技師也會用到這些。

引導人：好的。有多少工程師和技師是屬於這些類別的，他們每個人花多少時間在這項活動上呢？

　　我們以上述方式繼續下去，直到找出職員的類別、每個類別在記錄搜尋上花費的時間各為多少，以及每個類別潛在可省下的時間。而每位職員也會因為對新技術的採用程度以及其他因素而有所不同。

　　上述對話，其實是重建了我與美國一家核能電廠工程師的某次對

話。在該次會談中，我們還找出了記錄管理系統可以減少其他任務的工作時間，例如材料配給、品質控管等等。同樣地，這些任務所花的時間，會因工程師和技師的類別不同，而有所不同。

簡而言之，這些工程師對於生產力提升給了這麼大的範圍，部分原因是，他們想的是所有的工程師，而沒有以這種方式特別加以細分。一旦做了細分，他們就會發現有些數字可以相當確定（例如，每種類別工程師的人數，或是有些類別的工程師在這項活動上花費最多或最少時間），而對於原先數字的不確定性，主要來自一、兩個特定的項目。如果我們發現，他們只是對於複製或追蹤遺失的紀錄所花費的時間，比較不確定，而且只是針對特定類別的工程師，那我們對於從哪裡開始做衡量，就有線索可尋。

> **分解的效果：** 分解往往最後會降低相當多的不確定性，以至於不需要更多的觀察。

過去 16 年間，我做過 60 項以上的重大風險／報酬分析，包括總數超過 4,000 項的變數，平均每個模型 60 多個變數。在那些變數之中，根據資訊價值計算的結果，有 120 多個（每個模型約 2 個）需要更深入的衡量。其中大部分，約 100 個，必須進一步分解，以找出不確定性變數中較容易衡量的部件。其他的變數則有更直接且明顯的衡量方法，例如，測量卡車在石子路上的汽油里程數（駕駛有燃料計錶的卡車來測量），或是估計一套軟體中程式錯誤的數量（對程式碼抽樣檢驗）。

但是我們做過分解的變數中幾乎有三分之一的變數（約 30 個），

做了分解之後不需要進一步的衡量。換言之，120個高價值的衡量中有25%單單只用分解就能解決了。校準專家對於變數所知道的已經足夠了，他們只需要更詳細的模型，能更明白地表達出他們擁有的知識細節。

那些被分解的變數，大部分會有一個或更多個部件被衡量；例如大型的生產力衡量中，有一部分是對一群人做調查，衡量他們花在某項活動上的時間。對這些變數而言，如何得知更多，分解是一個關鍵步驟。整個分解的過程，對那些認為有些事物是不可衡量的人而言，是觀念上的漸悟。就像任何工程師面對如何以前所未有的方式建造吊橋這樣驚人的任務，分解以系統化的方式處理所有衡量問題，找出它的組成部件。然後，就像橋樑工程師一樣，每一個步驟對部件做這樣的分析，重新定義並精煉了我們所面對的問題的本質。對「不可衡量的」變數做分解，是邁向衡量的重要一步，有時分解本身就能充分降低不確定性。

間接研究：假設你不是第一個衡量它的人

文獻研究，在科學領域中被認為是基本的步驟，但在管理領域似乎仍非必備的技能。但是它現在已經容易許多。幾乎我所有的研究現在都從網路開始。不論我要解決的是什麼樣的衡量問題，我都是先用Google和Yahoo做些功課。當然，接下來我通常還得上圖書館，不過我已經有了比較多方向和目標。

使用網際網路做間接研究，是有一些竅門的。如果你尋找的資訊已經應用在衡量方法上，你可能會發現大部分的網路搜尋毫無生產力可言，除非你用對了搜尋名稱。要有效地使用網際網路搜尋，是需要

練習的，以下這些線索應能幫得上忙。

- **如果是我完全陌生的主題，我不會從 Google 開始著手。** 我會從維基百科（Wikipedia.org）開始。維基百科包含超過 300 萬篇文章，包含許多被認為是太晦澀而不會被列入傳統百科全書的商業及技術主題文章。在維基百科中，一篇好的文章通常包括與其他網址的連結，而爭議性主題傾向於附有冗長的討論，所以你可以自己決定要接納什麼樣的訊息。但是讀者必須提高警覺，任何人都可以在維基百科上貼文章，幾乎所有的貼文都是用假名，而且還有「破壞」（vandalism）貼文的情事。所以，請將維基百科當作一個起點，而不是確實可靠的來源。

- **搜尋的名稱盡量和研究或數量資料連結。** 如果你需要衡量的是「軟體品質」或「顧客認知」（customer perception），請別只是搜尋這些名稱——你得到的通常是空洞無內容的東西。你使用的名稱應該是「表格」、「調查」、「對照控制組」、「相關性」，以及「標準差」等會出現在比較扎實的研究中的名稱。同時，像是「大學」、「博士」以及「全國性的研究」等名稱，比較會出現在嚴肅（比較不空洞）的研究中。

- **以兩個層面來看待網際網路研究：搜尋引擎和特定主題寶庫。** 使用像是 Google 這樣的強力搜尋引擎，會碰到的問題是，你可能會得到上千條的搜尋結果，但沒有一條是相關的。不妨嘗試在產業雜誌的網站或線上學術期刊做特定的搜尋。如果我對總體經濟或國際分析有興趣，我會直接到政府網站搜尋。（CIA World Fact Book 是我尋找各式各樣國際統計資料必造訪的網站。）這些網站給的搜尋結果較少，但是通常可能更有相關性。

- **嘗試多種搜尋引擎。**即使是看起來最強力的Google不免也會漏掉一些項目，反而能在其他引擎上快速找到。我喜歡使用clusty.com、bing.com和yahoo.com，以補在Google上搜尋的不足。
- **如果你只找到不太相關的研究資料，無法直接處理你在意的主題，請務必要看參考書目。**參考書目有時是延伸去找更多研究的最好方法。

觀察的基本方法： 如果第一個方法沒有用，嘗試下一個

詳細描述你如何看到或偵測到預定衡量的客體，這是敘述衡量方法很有用的開端。如果你相信該客體確實存在是有任何依據的，你便是以某種方式在觀察它。如果有人聲稱，只要減少客服電話的等候時間，顧客滿意度就會大幅提高，則那個人必定有相信的理由。是否一直都有客戶投訴呢？是否在公司成長的同時，顧客滿意度有下降的趨勢呢？衡量幾乎都是為了測試某種想法的真實性而做的，而那些想法並非空穴來風。

如果你已經找出不確定性、相關的門檻，也計算出資訊的價值，你便已找到可以觀察的事物了。請思考以下4個有關觀察本質的問題。這是一連串的實證方法。如果第一個方法沒有用，請嘗試下一個，依此類推。這些方法沒有特定的次序，但你可能會發現，在某些情況下，最好從某一項開始，然後再往下進行。

1. **是否留下任何型態的線索？**幾乎所有想像得到的現象都會留下一些蛛絲馬跡，證明它曾發生過。要像鑑識人員一樣地思考。你要

衡量的東西、事件或活動，是否導致一些結果顯示出它們的存在？例如：客服線路的等待時間長，造成一些顧客掛掉電話。這必會導致業務流失，但是會流失多少呢？他們掛掉電話是因為客戶端與此不相干的原因，或是因為等待產生了挫折感？前者傾向於會再打回來；後者傾向於不再回撥了。如果你能找出掛掉電話並且減少購買的一些顧客，你就有了一條線索。等待很久後掛掉電話的顧客，和該名顧客減少購買，你現在已能找到兩者之間的關聯了嗎？（請見「留下線索的例子」）

2. **如果線索不是現成的，你能直接觀察或至少觀察到一個樣本嗎？**
也許你從未追蹤過，零售據點停車場裡有多少掛外地車牌的車輛，但是你現在可以開始觀察。即便成天監視停車場裡的車牌並非實際的作法，至少你可以在隨機選取的時間去數車牌。

3. **如果看起來沒留下偵測得到的線索，在沒有其他協助下要直接觀察又似乎不可行，你能不能設計一個現在開始追蹤它的方式？**如果它未曾留下線索，你可以對它做「標示」，至少現在開始它會留下線索了。有一個例子是亞馬遜網路書店如何以提供免費禮品包裝的方式，追蹤有哪些書是顧客買來當作禮物的。原先亞馬遜網路書店沒有追蹤以送禮為目的購買的品項；該公司增加了禮品包裝服務，讓公司能進行這類追蹤。另一個例子是零售業者藉由贈送顧客折價券的方式，以了解他們的顧客看什麼報紙。

4. **如果追蹤現有的條件（現成的或新收集到的資料）還不足夠的話，能否在較容易觀察的條件下，「強迫」該現象發生（亦即，做一項實驗）？**舉例而言：連鎖零售商想要衡量退貨政策的提案對於顧客滿意度和銷售是否有不利的影響，可以在部分店面試行，其他店面則維持不變。再嘗試找出其中的差異。

觀察的一些基本方法

- 像個精明的偵探般追蹤線索。對於已經掌握到的資料進行鑑識分析。
- 直接觀察。開始觀看、計數，如果可能的話則進行抽樣。
- 如果目前沒有留下線索，加上「追蹤器」，讓它開始留下足跡。
- 如果你完全不能追蹤線索，創造能觀察它的條件（實驗）。

　　這些方法可以應用於衡量正在發生的事物（因為顧客推薦而有的銷售）或是預測（因為新的產品特色、客服改善等造成的預期顧客推薦數增加）。如果是敘述目前狀態的事物，目前的狀態就有你做衡量所需要的所有資訊。如果這項衡量其實是一項預測，則在你已經觀察到的事物中，有什麼讓你預期到會有改變。如果你想不出有任何觀察到的事物會讓你有這樣的預期，則你的預期根據的是什麼？

　　請記住，為了要偵測線索、加上追蹤器或標籤、或進行實驗，你需要觀察的只有隨機抽樣的少數樣本而已。同樣請記住，你所分解出的不同部件，可能必須用不同的方法來衡量。先還不用擔憂這些方法會帶來的問題。現在只要先找出看起來最簡單及最可行的方法。

留下線索的例子

快速接通客服電話的價值

一家大型的歐洲塗料供應商問我，要如何衡量網路速度對銷售的影響，因為網路影響到內部撥入電話應答的速度。由於PBX電話

系統會記錄所有來電，以及在忙線等待時就會掛掉的來電，同時因為網路會記錄使用程度（所以也記錄了回應時間），我建議對這兩套資料做交叉比對。這顯示出，當對網路的需求增加時，掛斷電話數也會增加。該公司也檢視過去非因客服增加而是因其他使用造成網路減速時的狀況，以及每日的銷售紀錄。有了這些資料，該公司得以獨立出因為網路速度慢而造成的銷售差異。

只做必要的衡量

　　第7章回顧了如何計算特定決策的資訊價值。你判定的不確定性、門檻及資訊價值，對於你真正需要的衡量方法，提供了許多線索。在採用新的製程後（例如，「新」的飲料配方或「傳統的」飲料配方），顧客是否認為你的產品品質有進步，如果知道這一點的資訊價值只值幾千美元，則耗時兩個月的試驗市場或甚至大規模的口味測試，就不具合理正當性了。但是如果資訊價值在數百萬美元之譜（如果這是一家中型公司的產品，這個可能性比較大），我們不應該被一個要花費10萬美元、耗時數星期的研究給嚇到。將資訊價值記在心上，加上門檻、決策，以及目前的不確定性，這就提供了衡量的目的和背景。

　　資訊價值在理論上是你應該願意花費多少的上限。但是花在衡量上的最佳支出，可能遠低於這個最大值。約略的估計，我會以完全資訊的預期價值（EVPI）的10%當作一項衡量的經費，有時候甚至只有2%。（這是你可以考慮的最底線了。）我用這個估計數有三個理由。

1. EVPI是完全資訊的價值。由於所有的實證方法都有一些誤差，我們的目標只是降低不確定性，而不是完全資訊。所以我們所做的衡量，其價值可能會遠低於EVPI。

2. 初始衡量常常會改變後續衡量的價值。如果最初幾個觀察值出乎大家意料，後續衡量的價值可能降到零。這表示反覆衡量是有價值的。如果你需要更精準，你永遠都可以選擇繼續做衡量，所以低估初始衡量的價值通常有可以控制的風險。

3. 資訊價值曲線通常在最剛開始時比較陡峭。最初100個樣本比起後面100個樣本，所降低的不確定性要大得多。最後，不確定性的初始狀態透露許多如何做衡量的資訊。請記住，你一開始有的不確定性愈高，初始的觀察能告訴你的資訊就愈多。當你從極高的不確定性開始，即使是誤差很大的方法，都能給你許多原來你所不知道的資訊。

考量誤差

所有的衡量都會有誤差。和處理所有問題一樣，解決之道首先要體認這個問題的存在——這可以讓我們開發出補救的策略，即使只能做部分的補救。然而，那些輕易就被衡量的挑戰所阻撓的人，常常假設**任何**誤差的存在都表示衡量是不可能的。如果真是如此，在任何科學領域，都不會有任何事物被衡量了。慶幸的是，在科學界和其他我們這些人而言，並非如此。恩里科‧費米可以放心安息。

科學家、統計學家、經濟學家，以及其他大多數做實證衡量的人，將衡量的誤差分為兩大類：系統性的和隨機性的。系統性誤差是

指那些在每個觀察之間有一致性的，而不只是隨機的變異。例如，假設銷售人員例行性地會對下一季的營收高估平均50%，那就是系統性的誤差。若非永遠都是高估50%，而是會變動的，就是隨機誤差的情況。就定義而言，隨機誤差無法個別預測，但是會有一些可以數量化的規律模式，而這些模式是可以用機率法則計算的。

　　系統性誤差和隨機誤差，與衡量的準確性及正確性有關。「準確性」（precision）指的是衡量的可複製性（reproducibility）與符合性（conformity），而「正確性」（accuracy）指的是衡量有多接近它「真正的」數值。雖然大多數的人把「準確性」和「正確性」（還有「不正確」和「不準確」）當作是同義詞，但是對於衡量專家來說，它們是截然不同的。

　　放在浴室中的體重計，被調整成高估或低估重量的狀態（有些人顯然會故意這樣做），這個體重計可以是準確的，但卻是不正確的。因為，如果同樣一個人在一小時內站上去量了幾次體重——真正的體重沒有機會改變——這個體重計會很一致性地給出相同的答案。雖然它不是正確的，因為每次的答案都超重（假設）八磅。現在，想像有一個完全校準的浴室用體重計，被放在一輛移動中的露營車上。顛簸、加速、上下坡，造成了體重計上的讀數上下跳動，即使同一個人在一分鐘內量了兩次，它給的答案也不相同。然而你會發現，經過幾次測量，平均答案非常接近那個人真正的體重。這個就是正確性相當好、但準確性低的例子。校準專家就類似於後者，他們在判斷上或許不一致，但他們不會一致地高估或是低估。

誤差的簡短名詞解釋

系統性誤差／偏誤（systemic error/bias）：衡量的過程本身就有一個傾向，會偏向某個特定的結果；是一種具有一致性的偏誤。

隨機誤差（random error）：個別觀察無法預測到的誤差；不具一致性或與已知的變數無關。（雖然這類誤差在大群體時會遵守機率法則。）

正確性（accuracy）：系統性誤差小的衡量的一項特質。系統性誤差小，亦即不會一致性地高估或低估。

準確性（precision）：隨機性誤差小的衡量的一項特質；高度一致性的結果，即使它們離真正的數值很遠。

以另一個方式來說，準確性是隨機性誤差小，無論系統性誤差是多少。正確性是系統性誤差小，無論隨機性誤差有多少。這兩種誤差都是可以被衡量以及降低的。如果我們知道體重計給的答案比真正的重量多了八磅，便能據此調整讀數。如果我們由一個校準好的體重計上得到高度不一致的讀數，我們可以多做幾次衡量並計算平均數，以去除隨機性誤差。任何降低這兩種誤差的方法都稱為「對照控制」。

隨機抽樣，如果使用得宜，本身就是一種控制。隨機的效果，雖然無法做個別的預測，但是總合起來會遵循某種可預測的模式。舉例而言，我無法預測擲一次硬幣的結果，但是我可以告訴你，如果你投擲一個硬幣1,000次，會出現500＋／－26次的人頭（稍後我們會討論誤差範圍的計算）。計算系統性誤差的範圍，困難度常常高很多。

系統性誤差——像是用有偏誤的評審去評鑑工藝製品，或老是低估數量的工具——不必然會產生能用機率方法量化的隨機性誤差。

　　如果你要量體重，必須在下面兩個情況做選擇，你會選擇何者？一個是未經校準但準確的體重計，存在有未知的誤差；另一個是放在移動平台上，經過校準的體重計，它每次的讀數具有高度的不一致性。我發現，企業界人士通常會選擇準確但有未知系統性誤差，而不選擇有隨機性誤差但高度不準確的衡量。例如，要判定銷售人員花費多少時間與客戶開會，相對於花費多少時間在其他行政事務上，他們可能會選擇對所有的工作時間記錄卡做全面的檢視。他們一般不會隨機抽樣不同日期、不同時點的銷售人員資料。工作時間紀錄表是有誤差的，尤其是那些在星期五下午5點趕著下班時急急忙忙填完整週工作時間紀錄卡的人。人們會低估某些工作花費的時間，而高估其他工作的時間，而且在工作分類上也會缺乏一致性。

小型隨機樣本 v.s. 大型非隨機樣本

金賽的性學研究

　　一個小型隨機樣本與大型非隨機樣本的爭論是關於金賽（Alfred Kinsey）在1940及1950年代所做的性行為研究。金賽的報告在當時受到極大的爭議，也受到極大的歡迎。在洛克菲勒基金會（Rockefeller Foundation）的贊助下，他得以與18,000名男性及女性進行訪談。但是這些受訪者並不是真正的隨機樣本。他傾向於經由介紹或在特定團體中抽樣（保齡球聯盟、大學兄弟會、讀書會等等）。金賽顯然假設，只要樣本數夠大，就可抵銷掉所有的誤差。但這不是大部分系統性誤差運作的方式——它

不會「被平均掉」。洛克菲勒基金會找了一位著名的統計學家約翰‧塔奇（John W. Tukey）來檢視金賽的報告，他說：「隨機選取三個人，都好過金賽所選的300人團體。」這段引文的另一個版本中，說他是偏好隨機的400人樣本，勝於金賽的18,000人。如果第一段引文是塔奇所說的，則他可能誇大了，但不是太離譜。塔奇的意思是，金賽所選的常是接近同質的團體。因此，在統計上而言，這些團體可被視為近似是一個隨機樣本。而在引文的第二個版本中，塔奇幾乎可以確定是正確的：400人的隨機樣本會有很容易數量化的誤差，該項誤差其實會遠遠小於18,000個不適當選取的樣本所產生的系統性誤差。

　　如果全面檢視5,000份工作時間記錄卡（假設是100名銷售人員50個星期的工作表），得知銷售員花了34%的時間在與顧客溝通上，我們不知道這個數值與真實情況的距離為何。然而，這樣「確切的」數值會讓許多經理人感到安心。現在，假設我們在隨機選取的時間、隨機選取銷售人員當作直接觀察的樣本，結果發現銷售人員正在和顧客開會或是和客戶在講電話的情況，100件中只有13件。（我們只要問銷售人員是否有空，不必打斷會議，就可以做計算。）第9章會看到，後者的情況，我們可以用統計的方法計算90% CI為7.5%到18.5%。即使隨機抽樣法給我們的只是一個範圍，仍舊勝過對工作時間記錄卡做全面稽查。全面稽查工作時間記錄卡雖然提供一個確切的數值，但我們卻無法得知工作時間記錄卡誤差的大小和方向。

　　你無法寄望能平均掉的誤差（系統性誤差）也稱為「偏誤」（bias）。偏誤的種類，似乎隨著決策心理學或一般實證科學研究的增

加而增加。但是有三種很大的偏誤是你需要加以控制的：預期性、選擇性，以及觀察者誤差。

觀察偏誤的幾個類型

預期性偏誤：只看到你想要看到的。觀察者和受測主體有時候會有意無意地，只看到他們想要看的。我們是很容易受騙的，同時也有自我欺騙的傾向。新藥的臨床試驗必須確定，受測主體不知道他們服用的是真的藥物還是安慰劑。這就是先前提到的不具名產品試驗（blind test，或稱為盲測）。當醫師跟病人一樣，不知道誰服用了真正的藥時，稱為雙重盲測（double-blind test）。

選擇性偏誤：即使在抽樣時試圖要隨機，我們也會有沒注意到的非隨機性。如果我們抽取500位選民樣本，調查投票行為，55%說他們會投給A候選人，很有可能（確切地說，98.8%）在母體中A候選人真的是領先的。只有1.2%的機會，會在A其實沒領先的情況下，隨機抽樣選到比較多要投給A的樣本。但這是假設樣本是隨機的，並不偏向選擇某些類型的選民。如果樣本是在金融特區的某條街道上對路人做問卷，你比較可能得到某種特定類型的選民，即使你做問卷的對象是「隨機」選取的路人。

觀察者偏誤：次原子粒子和人類有一件事是相同的。對他們做觀察，會導致他們改變行為。1927年物理學家維爾納·海森堡（Werner Heisenberg）導出一個公式，顯示出我們對於粒子位置和速率的所知是有限制的。當我們觀察粒子時，必須與它們互動（例如：對它們投射光線），而這會造成它們的路徑改變。同一

年，有一項研究計畫在伊利諾州西方電器公司（Western Electric
Company）的霍桑廠（Hawthorne Plant）展開。剛開始是由哈
佛商學院的艾爾頓‧梅堯（Elton Mayo）教授所領導，該研究要
判定物理環境及工作條件對勞工生產力的影響。研究人員改變照
明程度、濕度、工作時數等等，嘗試判斷在哪些條件下勞工能
做得最好。令人感到驚訝的是，他們發現無論做了什麼變動，勞
工生產力都進步了。勞工只是對被觀察這件事做出回應；或者也
許是，研究人員做出這個假設，管理階層對他們有興趣的這個事
實，導致他們有正面的反應。不管是哪一種情況，我們都無法再
假設這些觀察看到「真實的」世界，倘若我們不對觀察如何影響
我們的觀察做補救的話。最簡單的解決之道是，不要讓那些被觀
察的對象察覺到他們正被觀察。

選擇和設計工具

　　對問題做分解之後，將一個或多個分解出來的部件排出觀察的優
先順序，目標是「剛好夠」降低不確定性，以及修正主要類型的誤
差，此時衡量的工具應該就幾乎在你的心中完全成形了。

　　我們來總結一下如何找出衡量的工具。

1. **分解衡量，好讓它能從其他衡量求得估計。** 分解出來的部件，有
　 些是比較容易衡量的，有時候分解的這個動作本身就已經降低了
　 不確定性。

2. **考量你從間接研究中發現的事。**看看其他人如何衡量類似的議題。即使他們的發現和你的衡量問題毫無關聯，但是他們使用的方法是否可供你採用？

3. **對一個或多個分解出來的部件，使用一個或多個衡量方法：遺留的線索、直接觀察、加上「標籤」來追蹤，或是做實驗。**用至少三種方法去偵測它，然後像鑑識人員一樣緊追它的足跡。若做不到，不妨試試直接觀察。若也做不到，加標籤或做其他改變，讓它開始留下你能追蹤的足跡。如果你還是做不到，那就為它創造用來做觀察的事件（實驗）。

4. **將「剛好足夠」的觀念牢牢記在心上。**你不需要極高的準確度，如果你只是要確定，生產力的進步能越過計畫通過所需的最低門檻。將資訊價值記在心上；很小的價值表示很小的努力是合理正當的，而很大的價值表示你應該對衡量方法多思考一些。同時，記住你一開始的不確定性有多少。如果最初是非常不確定，則要降低不確定性所需的觀察有多少？

5. **思考該問題特有的誤差。**如果是一連串的人為評審在評估工作的品質，要小心預期偏誤，並考慮使用盲測的方式進行。如果你需要抽樣，要確定它是隨機的。如果你的觀察本身會影響結果，最好以隱瞞受測主體的方式來進行。

現在，如果你還無法想像出你要用的工具，請考慮以下提示。

• **從結果來想。**如果你尋找的價值非常高，那麼你應該要看到什麼？如果價值非常低，你又應該要看到什麼？在第2章引用的例子，年輕的艾蜜莉推論，如果觸摸療法治療師可以做到他們宣稱

的事，那麼他們應該至少要能偵測到人的「氣」（aura）。就品質衡量問題而言，如果品質有所改善，應可預見客戶投訴減少。就銷售相關的應用軟體來說，如果一套新IT系統真能幫助銷售人員販賣得更好，為什麼你會看到使用這套軟體的那些銷售人員業績反而下降呢？

- **反覆進行。**別想用一次大型的研究消除掉不確定性。一開始先做幾個觀察，再重新計算資訊價值。此舉對於如何繼續衡量會提供方向。

- **考慮多種方法。**如果對你分解出來的部件做某一種觀察，好像不太可行，那麼把焦點放在另外的方法上。你是有許多選擇的。如果第一種衡量方法行得通，那很好。但是在我衡量過的事物中，有些案例我用了三種不同的方法，因為前兩個方法都效果不彰。你是否確定已經探索了所有可能的方法呢？如果你無法對一項分解出來的變數做衡量，其他變數你能衡量嗎？

- **一個會讓其餘衡量失去意義的簡單問題是什麼？**再次引用艾蜜莉的例子，艾蜜莉並未嘗試去衡量觸摸療法的療效有多少，而是衡量它到底有沒有效。在稍早討論過的密特案例，我建議該公司在嘗試衡量品質預期改善程度之前，先判定客戶是否有偵測到品質的改變。有些問題太基本了，可能他們的答案就能讓複雜的衡量失去意義。要決定是否需要做更多衡量，你必須問的基本問題是什麼？

- **做就對了。**擔憂衡量可能會有什麼問題，不要讓這樣的焦慮阻擋你開始做一些有系統的觀察。你可能會感到驚訝，最初的幾個觀察就能大幅降低你的不確定性。

　　到目前為止，你應該相當了解你需要觀察什麼，以及為了做衡量要如何觀察了。接下來，我們可以來討論一些特定的觀察方法，可分為兩大類別：以「傳統」統計學做分析的觀察，以及一種稱為「貝氏分析」（Bayesian analysis）的方法。這兩種方法結合在一起，涵蓋了所有應用在物理學、醫學、環境研究或經濟學上的實證方法。雖然傳統的方法到目前為止還是最為普及，但是較新的貝氏分析法卻擁有一些傑出的優勢。

第9章

抽樣：觀察少數，探知全體

　　事實上，我們從「經驗」得知的每件事，都只是一個樣本。
我們並未真正經驗過所有事情；我們有過一些經驗，之後再以那
個經驗為基礎做推論。

從燒窯裡出來的磚塊瑕疵率是多少，如果你想要一個100%確定的數值，就必須對所有的磚塊做測試。測試磚塊乘載力必須用壓力擠壓，然後衡量使它破裂的力道，這必須破壞製作出來的每一個磚塊。如果你想要保留大多數的磚塊可供使用或販售，就只能對一小部分的磚塊做測試，來探知全體磚塊的狀況。

你要了解的群體是母體，在這個例子中，就是生產出來的所有磚塊。對你要了解的群體中的每一個單一物件做測試（例如，對生產出來的每一個磚塊做測試），是為「普查」（census）。很顯然地，普查對磚塊來說是不切實際的，因為當普查完成後，勢必沒有可用的磚塊留下了，但是普查在其他情況卻是實際可行的。企業財報中，每個月的存貨通常都由普查得知，而資產負債表則是對每一項資產和負債的普查。美國人口普查局嘗試數算在國內的每一個人，雖然實際上的成果不盡完美。

不過，大部分事物比較像磚塊，而不像是會計上的交易。實務上有太多理由讓我們無法對母體的每個物件做測試、追蹤、量重量、或甚至計數。但是，我們仍然可以經由對母體中的幾個物件做觀察，來降低不確定性。達不到母體普查的，都是抽樣。事實上，抽樣就是觀察母體中的一部分，來了解母體的全部。

觀看一部分就能得知沒觀看的部分，似乎很厲害，但事實上，科學所做的大部分事情都是如此。我們做實驗所看到的，只是充滿現象的宇宙中的幾個現象而已。但是當科學發現了一條「定律」，意思就是該定律適用於該母體中的每一個物件，而不只是觀察的那幾個例子而已。

舉例而言，光速實際上是用光的一些樣本測定的。而無論使用何種衡量方法，都有誤差。因此，科學家對光速做不只一次的衡量，以

降低這個誤差。每一次衡量都是一個樣本。然而，光速在每個地方都是固定的，適用於實驗室裡抽樣的光，也應該適用於從這個頁面反射到你眼睛的光。甚至連普查也只是跨越不同時間的大型母體中的一個樣本。例如，存貨普查只是在某個時間點的快照，資產負債表也是。

對喜歡活在更確定的世界的那些人而言，這一點可能會讓他們覺得不安。事實上，我們從「經驗」得知的每件事，都只是一個樣本。我們並未真正經驗過所有事情；我們有過一些經驗，之後再以那個經驗為基礎做推論。我們只得到這些──對大部分未觀察到的世界做瞬間的幾瞥，從那幾瞥中我們對未全看到的所有東西做出結論。然而，人們對從有限的樣本中得出的結論，似乎感覺很有信心。他們之所以如此的理由，是因為經驗告訴他們，抽樣常常是行得通的。（當然，那個經驗的根據也是樣本。）

對於要複習大學初級統計學教科書的人來說，市面上有許多統計學書籍。這本書並未嘗試涵蓋全部的主題。我們的焦點反而是放在最基本有用的方法，並且討論一些標準統計教科書較少提及或不強調的部分。統計學教科書的局限性，是經理人在尋找衡量解答時面臨的一部分問題。整個統計分析產業似乎不關心實際的可行性，或是更廣泛、如何衡量「不可衡量的事物」的議題。

本章所討論的，是從少數的樣本獲取很多資訊的一些簡單方法。但是不像我最初學習用的書籍，我們會從「建立直覺」開始，放在任何數學運算之前，而我們也會盡可能減少數學的出現。當我們真的需要知道如何計算特定數值時，會強調快速估算和簡單的圖表，而非背記方程式。此外，本章中所舉的每一個例子（以及這本書中所舉的每個例子），都可以從補充資料的網址 www.howtomeasureanything.com 下載試算表範例。請大家充分利用該項資源。

建立抽樣的直覺：果凍豆的例子

此處有一個你可以試著做的小實驗。一粒果凍豆（jelly bean，豆型糖果）的平均重量，你的90%信賴區間（CI）是多少公克？請記住，我們需要兩個數字——下限和上限——範圍要夠寬，足以讓你有90%信心，一顆果凍豆的平均重量會落在這個上、下限之間。就像每一個其他的校準機率估計一樣，你會有一些概念，無論你對它感到多麼不確定。一公克是1立方公分的水的重量（想像一個裝滿水的頂針）。先寫下你的範圍。如在第5章當中的解釋，確定要用相等賭局做測試，再想一想這個範圍為什麼是合理的一些正面和反面意見，然後對上、下限都做定錨測試。

我有一袋很典型的果凍豆，開始做抽樣。我將幾個果凍豆，一次一個放在數位磅秤上量重量。現在，請想想下列四個問題。答完一題之後再進入下一題。

1. 假設我告訴你，抽樣的第一顆果凍豆重量為1.4公克。這會不會改變你的90% CI？如果會，你更新後的90% CI是什麼？寫下你新的範圍後再進入下一題。

2. 現在我公布下一個樣本的重量是1.5公克。這會不會再度改變你的90% CI？如果會，你現在的CI是什麼？寫下這個新的範圍。

3. 現在我告訴你，接下來三個隨機抽樣的果凍豆重量：1.4公克、1.6公克、1.1公克。到目前為止，樣本數共5個。這會不會又改變了你的90% CI？如果會，你現在的CI是什麼？同樣地，寫下新的範圍。

4. 最後，我告訴你接下來三個隨機抽樣的果凍豆重量：1.5公克、
   0.9公克、1.7公克。到此樣本總數有8個。這會不會改變你的
   90% CI？如果會，現在是什麼？寫下這個最後的範圍。

　　在你每次得到新資料後，你的範圍通常應該至少每次都縮小一
些。如果你第一次的估計是極寬的範圍（在你還不知道任何樣本重量
之前），那麼即使是第一個樣本，都會大幅縮小你的範圍。

　　我對9個校準過的估計者作了這個測試，我得到相當一致的結
果。估計者之間最大的差異，是他們對最初的估計有多麼不確定。平
均的果凍豆重量估計，最初範圍（在樣本資訊公布之前）中最窄的是
1公克到3公克，而最寬的範圍是0.5公克到50公克，但是大多數的
範圍都比較接近最窄的範圍。當估計者獲得額外的資訊，大部分都縮
小了他們範圍的寬度，尤其是那些一開始範圍很寬的。提出1到3公
克範圍的估計者，在第一個樣本出現後，完全沒縮小範圍。但是提出
0.5到50公克範圍的估計者，大幅調降其上限，範圍變成0.5公克到6
公克。

　　這袋果凍豆母體每顆真正的平均接近1.45公克。有趣的是，在公
布幾個樣本數值後，估計者相當快速地將範圍縮小到涵蓋這個數值。

　　像這樣的練習，可以幫助你抓到關於樣本和範圍的直覺感。在不
應用所謂「適當的統計學」的情形下，要求估計者做主觀的估計，其
實非常有用，甚至有超過傳統統計學的一些有趣的優點，稍後我們將
會看到。但是首先，讓我們看看大部分統計學教科書如何處理小樣本
的情況。

樣本數很少的情況：啤酒釀造商的方法

有一個方法可以不依賴校準的估計者，而能客觀計算出果凍豆 90% CI。這是一位啤酒釀造商開發出來的方法。這個方法在初級統計學裡都會學到，也可以用來計算小到只有兩個樣本的樣本誤差。在二十世紀初，位於都柏林的健力士啤酒（Guinness）有一位化學家及統計學家威廉・希力・戈斯特（William Sealey Gosset），碰到了一個衡量的難題。戈斯特需要方法，來衡量哪種大麥能生產出最佳收益的啤酒。在那之前，用來估計30個以上樣本的隨機抽樣信賴區間所使用的方法，稱為「z分數」（z-score）或「常態統計量」（normal statistic）。這個方法產生的分配是先前討論過的常態分配型態。不幸的是，戈斯特先生沒辦法對每種大麥釀出的啤酒做太多樣本的抽樣。但他並不因此就假設自己不能做衡量了，反而開始推導用在非常小樣本數的一個新的分配型態。

到了1908年，他已經開發出一個強有力的新方法，稱為「t統計量」（t-statistic），而且想要發表這項發現。由於健力士啤酒過去經歷過商業機密外洩事件，因此為了保衛商業機密，該公司禁止員工發表任何有關生產製程的文章。雖然戈斯特先生很珍惜他的工作，但顯然他想發表這個概念的慾望大過一切。所以戈斯特以「學生」（student）的筆名發表了他的t統計量。雖然長久以來大家都知道真正的作者是誰，不過所有的統計教科書都稱此為「學生的t統計量」（student's t-statistic）。

t統計量在形狀上類似常態分配。但是樣本數非常小的情況下，其分配的形狀比常態分配平坦，也較寬長。用t統計計算出來的90% CI，不確定性比常態分配要高（也就是，範圍比較大）。在樣本數大

於30時，t統計的形狀其實和常態分配是一樣的。

不論是t分配還是常態分配，在計算母體平均的90% CI時都有一個相對簡單的程序（相較於大多數其他的統計方法）。有些人會發現這個程序不是直覺的，而那些熟悉這個方法的人會發現，這是統計教科書中資訊的小小修改。第一種人可能想要等待更簡單的解法（本章稍後介紹），而第二種人可以快速看過以下內容。我設定的目標讀者是介於兩者之間的人，所以我選擇做盡可能簡單的解釋。此處是我們使用果凍豆例子的前面五個樣本，計算90% CI的方法：

1. 計算樣本的「變異數」。如同其名稱所示，這是對於樣本之間的變異程度予以數量化的方法，使用下列步驟來計算——從a到c（這是稍後我們會常提到的一個觀念）

   a. 計算樣本的平均：

   $(1.4 + 1.4 + 1.5 + 1.6 + 1.1)/5 = 1.4$

   b. 每個樣本減去這個平均，每個結果作平方：

   $(1.4 - 1.4)^2 = 0$，$(1.4 - 1.4)^2 = 0$，$(1.5 - 1.4)^2 = 0.01$，以此類推

   c. 將所有的平方加總後，除以樣本數減1：

   $(0 + 0 + 0.01 + 0.04 + 0.09)/(5 - 1) = 0.035$

2. 將樣本變異數除以樣本數，再將結果開平方根。在excel工作表上我們可以寫" $= SQRT(0.035 / 5)$ "，得到0.0837。（在統計學教科書中，這稱為「平均數估計的標準差」）

3. 從圖表9.1簡化的t分配表格中，在樣本數旁邊找到t分配統計量。在數字5旁邊是t分數2.13。請注意，在非常大樣本數時的t分數會非常接近z分數（常態分配）的1.645。

圖表9.1　簡化的 t 統計

挑選最接近的樣本數（如果你喜歡更準確的話，可以自行做內推）

樣本數	t 分數
2	6.31
3	2.92
4	2.35
5	2.13
6	2.02
8	1.89
12	1.80
16	1.75
28	1.70
更大的樣本數	（z 分數）1.645

4. 將 t 分配統計量乘上步驟 2 的答案：$2.13 \times 0.0837 = 0.178$。這就是單位為公克的樣本誤差。

5. 將平均加上樣本誤差，就得到 90% CI 的上限。將平均減去樣本誤差，就得到下限：上限 $= 1.4 + 0.178 = 1.578$，下限 $= 1.4 - 0.178 = 1.222$。

　　只需五個樣本，我們就得到一個範圍 1.22 到 1.58 的 90% CI。相同的程序也可以為傳統 z 分數所需的較大樣本數提供答案。唯一的差別在於，我們計算 90% CI 需要的 z 分數永遠都是 1.645。（不會因為樣本數增加而有進一步的改變。）

　　不管我們最初估計時用的是主觀方法或t分配或z分配，重要的是，這個方法在實際上運作有多好。我們可能稱一個方法比較「客觀」，但即使是主觀的方法也可以客觀地衡量其表現。因此，若將小樣本資料拿給校準的估計者，相較於用這個簡單的數學程序，在估計上的表現孰優孰劣？

　　以校準的估計者和果凍豆所做的實驗中，估計者所給的範圍總是大過於用t分配得到的範圍，但差距常常不大。這表示多做一些數學，通常能比只靠校準的估計者進一步降低誤差。在八個樣本數之後，最保守的校準估計者得到的範圍是0.5到2.4公克，而最有信心的估計者給的範圍是1到1.7公克。同樣的樣本數，t分配所給的90% CI範圍為1.21到1.57公克，和五個樣本數時的估計大概相同，但是比起範圍最小的估計者，卻是小了許多。

　　但即使根據估計者所得到的不確定性降低程度相當保守（範圍不夠窄），也不是不理性的，仍然大幅降低了先前的不確定性狀態。稍後在第10章會看到，進一步的研究支持了我們這些發現。總結如下：

- 當你有很大的不確定性時，少量的樣本就能大幅降低不確定性，尤其當母體是相對同質性的時候。
- 在某些案例中，校準的估計者即使只靠一個樣本也可以降低不確定性——我們剛才討論的傳統統計學是不可能做到的。
- 校準的估計者雖然保守，但是合理的。多做一點數學將能更進一步降低不確定性。

統計上的顯著性：程度問題

還記得第7章中提及資訊的價值嗎？圖表7.5顯示，很大的資訊報酬傾向於發生在資訊收集過程的早期階段。也就是在不確定性逐漸降低而資訊預期成本還很小的時候，資訊的預期價值是快速增加的。

圖表9.2是隨著樣本數增加，不確定性相對降低的平均程度，顯示出90% CI區間隨著每個樣本數逐漸變窄。當然，個別例子決定於其資料，但是如果你能對遇過的所有可能抽樣問題做平均，它們全部的平均看起來就會是如此。它可以是健力士啤酒的釀酒收益、顧客花在客服電話的等待時間，或是內布拉斯加州居民的鞋子尺寸。無論是哪種類型的問題，你需要母體平均的90% CI，但是因為某種原因，你只能抽取少量的樣本數。理由可能是經濟性、時間限制，或是內布拉斯加州居民羞於被量腳。

圖表9.2　樣本數與不確定性的關係圖

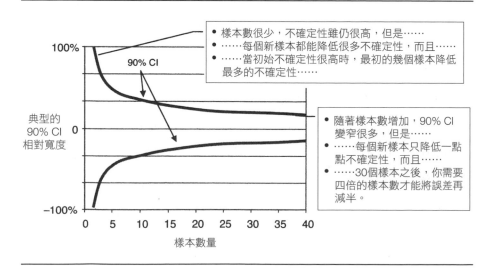

　　圖表9.2中的圖形看起來有些像是龍捲風的側面。上面的曲線為90% CI的上限；底下的曲線則是下限。圖的最左邊，我們看到在樣本數很小的時候，90% CI的上限和下限彼此分開最遠，但是隨著樣本數增加，其間的距離則會縮小。從特定案例的實際資料，例如內布拉斯加州居民的鞋子尺寸，當我們嘗試增加樣本來縮小CI時，我們的90% CI會比較像是鋸齒狀的漏斗。有時甚至一個新增的樣本可能還會讓先前資料得到的區間增加了，直到下一個樣本出現才又縮小區間。但是，平均而言，增加樣本數會使區間縮小。圖表9.2顯示出，在少數幾個樣本出現後，90% CI仍然很寬，但是每個樣本都讓區間快速縮小。同時請注意，雖然樣本數為30的90% CI已經很窄了，但是比起樣本數20或甚至10的時候，差距並不大。事實上，一旦樣本數到達30，必須達到四倍（120）的樣本數，才能使誤差再降低一半。如果你要的誤差是樣本數30時的四分之一，則你需要16倍的樣本數（480）。

　　我們可能只需要很小的樣本數，就能對母體中未被抽樣的部分作出有用的結論，尤其當我們認為母體的同質性很高的時候。如果我們對完全同質的母體抽取一個樣本作測試，像是某人血液中的DNA，或是汽油中的辛烷含量，我們只需要那個人或那一批汽油當中的一個樣本就可以了。然而，如果樣本變異很大，像是湖泊裡魚的大小，或是員工花在處理PC問題上的時間，一般而言我們需要多一些樣本。

　　單憑觀察幾件事物，要如何告訴我們有關母體全部事物的資訊呢？如果我們抽取一個城市中12個人做為樣本，要找出他們多久去看一次電影，或他們是否信任市長，我們能否得知**其他沒被問到的人**的情形呢？是的，如果我們之前所知甚少，或許可以從這麼小的樣本獲得一些訊息。如果你細想一下，這還頗驚人的；但是這個小樣本是

否告訴我們很多資訊，有一部分則是決定於我們如何做抽樣。如果我們只問自己的朋友，或是在理髮店裡所有的男性，則大可相信這個群體可能無法代表全部母體，而且很難得知我們對母體得到的結論與事實有多少出入。我們需要一個方法，能確保我們不只是有系統地選擇某種類型的樣本。

這個問題的解決之道，即是對我們欲檢驗的母體全部，做真正的隨機抽樣。如果我們能隨機抽取樣本，仍會有誤差，但是機率法則能告訴我們關於誤差的訊息。在一個實際上共和黨員比較多的地區，做政治民調時剛好挑到民主黨員的機率，是我們可以算出來的。當隨機抽樣的樣本數增加，得到不具代表性群體的偶發機率，會變得愈來愈小。

如果你看過政治民調的報告，或是讀過用某種抽樣方法的研究，你便已了解統計顯著性（statistical significance）的說法了。統計顯著性告訴我們所見是否為真實，而不是偶然發生的。我們需要多大的樣本數才能得到「統計上顯著」的結果呢？我們需要調查 1,000 名客戶嗎？我們必須要抽查 50 輛汽車的底盤焊接嗎？藥物臨床試驗必須測試 100 名以上的病患嗎？

我聽過許多這方面看似頗具權威的說法。有人說，除非至少有某個特定的數量，否則結果不會具統計上的顯著性。那人是如何算出這個數量的？最好的情況，則是那人模糊地參考了一些統計教科書上的法則。也許那人記得 z 統計量表格是從 30 個樣本開始的（是較小樣本的 t 分配與 z 分配大致趨於相同的地方），但是這個特定的統計小細節，和統計顯著性的魔術門檻是無關的。我也聽過有人被告知，在做調查時的樣本數量，至少要有 100、600、1,000 或其他數值。在一些案例中，這些數量是為了解決某些問題而特別計算出來的。但是我發

現，除了極罕見的例子之外，並沒有最小樣本數的特定計算方法。真的使用這類計算很少見，比較可能只是隨口宣稱、符合統計顯著性的樣本數。

　　簡而言之，統計顯著性的觀念已被那些不太明白其意義的人，大量廣泛地過度使用。他們的意思是說，除非樣本數能符合這個門檻，否則我們的不確定就不會降低？他們的意思是說，我們從小樣本得到的不確定降低，其資訊價值不會超過衡量成本？我的經驗是，當我們在商業上進行某種隨機抽樣，會有一大堆的「專家」跳出來說，在統計上何者可為，何者不可為。我發現，他們對初級統計的朦朧記憶，其誤差率可是大大的高過小樣本的誤差。

　　有位真正了解統計顯著性的人，是美國環保署（EPA）統計支援服務處（Statistical Support Services）的首席統計學家貝瑞·納斯朋（Barry Nussbaum）。我和他一起研究過，如何把我的一些方法匯入到環保署的統計分析內。他回覆所有「環保署內對於如何進行不同類型問題的統計分析」的相關提問。他告訴我：「當人們要求統計支援時，都會問『樣本數是多少？』這是錯誤的提問，但卻是大多數人會問的第一個問題。」當然，納斯朋為了回答這個問題，必須多了解他們在衡量什麼及為什麼要做衡量。我完全贊同他的做法。

　　在第7章初次討論過，非常小的樣本數可能揭露的訊息比你想像中多很多。當你目前的不確定性很高時，即使是小樣本也能造成不確定性的大幅降低。若你已知某數量是在一個很窄的範圍內——假設，顧客對服務的滿意比率介於80%到85% ——那麼你可能需要更多的樣本才能再做改善（正確地說，要超過1,000個）。但是這本書是關於那些被認為不可衡量的事物，在這類案例中，通常不確定性都大得多了。也正是在這類問題裡，即使少數的觀察也能告訴我們許多事情。

極端值很重要的情形

到目前為止所討論過的方法在實際應用時，有項警告應該要在此提出。不論是t分配還是常態的z分配，都是「參數」（parametric）類型的統計。參數統計必須假設特定的分配型態。一開始就假設分配是常態的，雖然常常是安全的作法，但可能與事實相去甚遠。即使這些參數統計不完全依賴校準專家的「主觀」估計，但仍是以相當獨斷的假設開始的，而那些假設可能錯得離譜。

圖表9.2所示，有些母體，其平均值的估計收斂（converge）得很快。但是，如果我們要抽樣的是個人所得水準、地震的威力、小行星帶的小行星大小，我們可能會發現平均值的90% CI**永遠都不會**變窄。有些樣本會暫時讓90% CI範圍縮小，但是有些「極端值」（outlier）比起母體的其他部分，卻是大得太多了，如果它們出現在樣本中，會再度大幅地拉大CI。在我們抽樣時，極端值間歇性地拉大範圍，可能就會讓平均值的估計無法收斂。

圖表9.3顯示，有些事物可能會收斂得比較慢，以及每種情況可以應用的方法。這個圖表顯示，判定估計會多快收斂最簡單的方法，就是提問：「相較於大多數而言，例外值有多大？」在市鎮用水系統的儲水槽抽樣案例中，一個樣本汙染物的數量，會與下一個樣本極為接近。在這種案例中，一個樣本就足夠了。你的同事每週在無關計畫的管理活動上所花的時間，在這個問題中，極端值不太可能推翻平均值。（畢竟一星期就只有那麼多小時。）在那樣的案例中，參數的方法可以運作得很好。但是在地震或企業營收的例子，一個極端值就能輕易地推翻了平均值。

圖表9.3最後一欄涵蓋的事物類型，有時是「冪律」（「冪次定律」

圖表9.3　不同收斂速度的平均值估計

	一個 樣本	參數型 （有用的樣本數可能左邊的比較小， 右邊的比較大）		非參數型
收斂	非常快速就收斂（相對同質的事物）	通常很快就收斂（母體是有相當對稱性的，極端值不會超過平均值好幾倍）	可能很慢收斂（相對於其他多數值來說極端值很大）	可能是非收斂性的（極端值是其他多數好幾倍）
例子	• 你血液中的膽固醇水準 • 公共供水的純淨度 • 果凍豆的重量	• 喜愛新產品的顧客比率 • 未能通過載重測試的磚塊 • 顧客的年齡 • 員工花在通勤上的時間 • 人們一年看電影的次數	• 軟體計畫成本超出的金額 • 意外造成的工廠停工期間	• 公司的市值 • 市場的波動 • 個人所得水準 • 戰爭傷亡人數 • 火山爆發的規模

的簡稱，power law）分配。如第6章所提到的，常態分配不符合某些現象，例如股票市場的波動。但是冪次定律卻非常符合。看起來可能很奇怪，具冪律分配的母體**真的沒有**可定義的平均值。但是這類分配仍然具備「以相對少的觀察就可以衡量」的特性。這些方法稱為「非參數型」（nonparametric）。我們馬上就會對非收斂性的平均估計提出一個解答。

最簡單的樣本統計

　　非收斂性的資料對於要做衡量的人而言，是個大難題。此外，當樣本數非常小的時候，用t分配產生的90% CI，可能會將不正確的答案也包含進去了。如果我們對5個顧客做調查，問他們每星期花多少

小時看電視實境節目，他們的回答分別是0, 0, 1, 1, 4小時，則90% CI的下限將會是負值——這是完全沒有意義的。但是這兩種問題都有解決方法，而且還有非常容易使用的優點。

第3章中，我簡短提到五的法則。請記住，該法則說的是，如果你隨機抽取任何母體中的5個樣本，該母體的**中位數**（median）落在樣本的最大和最小值之間的機會是93.75%。一個母體的中位數，是母體正好有一半在這個數值之上，一半在這個數值之下。然而，t分配是估計母體的平均——所有數值的總和除以母體的數量。

但是，五的法則只是高度簡化小樣本統計中的法則之一。和五的法則一樣，如果我們能夠想出一個方法，可以直接用樣本數值本身來估計母體中位數的90% CI，則不需運用任何數學計算，就可以快速估計出一個範圍。

如果我們抽樣8個樣本，最大和最小的數值所形成的範圍將遠大於90% CI（事實上，大約是99.2% CI），但是如果我們取第二大數值和第二小數值，我們會得到接近90% CI的結果——大約是93%。如果我們抽取11個樣本，90% CI會很接近第三大數值和第三小數值。

在圖表9.4中，只要從最大和最小數值開始計算表上所示的次序，就能近似90% CI了。例如，如果你可以抽取18個樣本，則樣本中的第六大數值和第六小數值會接近於90% CI的上限和下限。在不可能取得確實的90% CI時，我保守地以較寬的範圍，挑出可以得到接近90% CI的樣本數。第三欄「真正的信心」呈現中位數會介於上下限之間的機率，當上下限是第n大樣本數值及第n小樣本數值。第三欄只是告訴你盡可能接近真實90% CI的估計，而不會範圍太窄。（因此是對90% CI比較保守的估計。）

我稱此為免數學（mathless）90% CI，因為它只需要你從資料的

圖表9.4　免數學的母體中位數90% CI

下限：第__小數值
上限：第__大數值

樣本數	第n大及第n小 樣本數值	真正的信心
5	第1	93.8%
8	第2	93.0%
11	第3	93.5%
13	第4	90.8%
16	第5	92.3%
18	第6	90.4%
21	第7	92.2%
23	第8	90.7%
26	第9	92.4%
28	第10	91.3%
30	第11	90.1%

最大值和最小值，朝向中間數進來幾個數目就好了。不用計算樣本變異數，不用開平方根，不用t統計表。我根據一些非參數型的方法計算出這個表格，並且用一些蒙地卡羅模擬檢查過。推導的過程比我們在這裡談的更複雜一點，但是結果使得用小樣本估計90% CI變得非常容易。請試著背起來前面幾個樣本數：5, 8, 11, 13。你可以依序拿第一、第二、第三、第四大和小的數值來估計90% CI。現在即使用生活環境中隨意觀察到的資料，不必掏出計算機，你都能快速計算出90% CI。

　　這個方法為什麼有效，理由簡單地說，是因為資料的「中間值」在計算90% CI時並不太重要。要解釋這一點，我們需要多知道一些

參數型的方法。參數型的方法包括一個步驟：計算所謂的「樣本變異數」（sample variance），如同我們在參數型t分配中所見。請記住，對每一個樣本，我們從樣本值減去平均值，再將結果做二次方。然後我們把所有的平方加總起來，最後得到樣本變異數。當你做這項簡短的計算時，你會發現幾乎所有的變異數，都是來自那些離平均值最遠的樣本。即使是在大樣本數的情形，中間三分之一的樣本，通常只貢獻2%的變異數；變異數的其餘98%則是來自樣本資料中最高的三分之一和最低的三分之一。當樣本數小於12時，變異數大部分只來自最大和最小的兩個樣本——兩個極端點。

這個免數學方法產生的90% CI，只比t統計略為寬一些，但是它避開了t統計的一些問題。前面提過，調查每週花在看實境節目的時間，下限是沒有意義的負30分鐘。上限則可算出大約是3小時。相同的五個資料組，利用免數學表，會得到0到4小時。免數學表的區間範圍稍寬了一點（因為上限提高了），但因為上下限是資料組裡的真實數值，我們知道兩者對中位數來說都是可能的數值。

消費者花在看實境電視節目的時間可能是一個高度偏斜的（skewed）母體。一個偏斜的母體有傾向一側不對稱的分配，中位數和平均數可以是不同的。然而，如果我們假設母體分配接近於對稱，那麼平均數和中位數就會相同。在這個情況下，免數學表計算中位數的90% CI就會和計算平均數的90% CI一樣有效。

這個假設在某些例子中可能過於強烈，但是比起參數型統計的假設要弱多了。在參數型統計中，我們必須假設分配是某種特定的形狀。在免數學表中，我們估計中位數時，對於母體的分配**沒有**任何假設。

　　事實上，免數學表，因為它估計的是中位數，**完全避開了非收斂型估計的問題**。母體可以是任何不規律類型的分配，像是股票市場波動的冪律分配、嬰兒潮和他們下一代造成的美國人口「駝峰型」年齡分配，或是轉輪盤的均等分配。免數學表對這些例子仍然是有效的。但如果分配是對稱的，無論其為均等、常態、駝峰或蝴蝶領結形狀，免數學表對平均數估計也是有效的。

　　很明顯地，估計者只需要幾個觀察，使用參數型的方法或非參數型的方法（像是免數學表），就可以大幅降低不確定性。但是即使主觀估計有誤差存在，參數型方法和免數學表也有一個共同的誤差：它們只考量樣本的數值，任何先備知識都被忽略掉了。換言之，許多我們認為是「常識」的事項，都不包含在這些「客觀」方法內，因為校準的估計者會直覺納入的資訊，都沒有被考量在內。

　　假設不是衡量電視節目的收視習慣，而是問營業經理花多少時間管理表現不佳的業務員。如果我們只找了五位營業經理樣本，他們可能回答每週平均花費的時間。假設為每週6, 12, 12, 7, 1小時。t統計所計算的90% CI為3.8到13。然而，那樣的答案無法得知1小時的答案是不是來自鮑伯，你知道他手下的問題銷售人員比別人都多，而有可能刻意低報。

　　相對地，校準的估計者能輕易地處理這類新增的資訊。在得到相同收視調查資訊的情形下，他們用簡單的常識，不會得出負的下限值。採用校準的估計者看起來可能不像是解釋資料的可靠方式，因為這樣的解釋是依賴專家的判斷，但是不必然會差很多，而且甚至能避開某些缺點。我們會在下一章看到，像這種事前知識，如何以更精確的數學來加以應用。

抽樣方法的偏誤例子

我總會在坐滿學員的研討室裡提出一個問題，「你們公司中典型的經理人會如何衡量一個湖泊裡魚的數量？」通常房間裡會有人冒出最極端的回答：把湖水抽乾。比如普通的會計師或甚至是普通的中階資訊經理，會把「衡量」當作是「計數」的同義字。所以當被問到要衡量魚的總量時，他們預設會需要一個確切的數目，而不是要將不確定性降低。因為心中有了那樣的目標，無怪乎他們會希望抽乾湖水，同時浮現出一套井然有序的過程，團隊隊員撿起每一條死魚，丟進垃圾車，同時按下手中的計數器。也許有其他人會在垃圾車中再數一次，並檢查清空的湖底，以「稽查」計數工作的品質。然後提出報告，湖裡有22,573條魚整；所以，去年的魚苗補充作業是成功的。當然，它們現在全死光光了。

如果你告訴海洋生物學家要衡量湖裡的魚數量，他們不會把「衡量」和「計數」搞混。生物學家可能會採用一種稱為「捉放捉」（catch and recatch）的方法。首先，他們會捉一些樣本上來，釘上標籤──假設1,000條──再把樣本放回湖裡。給一段時間讓釘上標籤的魚有機會在母體裡分散，然後，再捉一些樣本上來。假設他們又再捉1,000條魚，其中有50條是有標籤的。這表示湖裡約有5%的魚是有標籤的。由於海洋生物學家知道他們原先對1,000條魚釘了標籤，便可得出結論，湖裡大約有20,000條魚（20,000條的5%是1,000條）。

這類抽樣遵循的是二項分配（binomial distribution），但是像這些大數目而言，我們可以用常態分配來做近似推算。要計算這個估計的誤差，可以稍微改變先前誤差估計方法來計算。我們只要對樣本變異

數的計算方式做些微的改變，其餘都是一樣的。這個案例中，樣本變異數用我們要衡量的群體中的比例，乘以群體外的比例。換言之，我們將標籤魚的比例0.05乘以沒有標籤的魚比例0.95，結果為0.0475。

　　現在，我們遵循前面定義過的程序。我們將樣本變異數除以樣本數，然後開平方：SQRT（0.0475／1000）＝0.007。要得到湖中標籤魚比例的90% CI，我們將有標籤的比例0.05加或減0.007，乘以1.645（90% CI的z統計量），得到湖中標籤魚的範圍為3.8%（3.8485%）到6.2%（6.1515%）。我們知道，貼上標籤的魚有1,000條，所以這必表示，湖中魚的總數為1000／0.062＝16,256到1000／0.038＝25,984。

　　對有些人來說，這似乎是很寬的範圍。但是假設我們在先前的不確定性下的校準估計是2,000到50,000條。此外，如果我們原先在湖中放了5,000條魚苗，我們的目的只是在判定，魚的總數究竟是成長還是減少。任何大於6,000的數目都至少是成長的，而10,000以上則是夠健康，不需要昂貴的干預措施。在最初範圍和相關的門檻情形下，這項新的不確定程度絕對是顯著的改善，且是可被容易接受的誤差。事實上我們在最初的捉放捉時，可以只抽樣四分之一（每次250條魚），仍能有信心母體成長到超過6,000。

　　這個方法是特別有力的例子，說明抽樣如何揭露沒看到部分的訊息。它被用來估計以下這類型事物，像是美國普查遺漏多少人、亞馬遜地區未被發現的蝴蝶種類有多少、一套資訊系統受到非法入侵的次數，以及有多少你尚未找出的潛在客戶。只因為你無法看到群體全部，不表示你無法衡量該群體的規模。

　　基本上，捉放捉這個方法只是兩個獨立抽樣方法，我們比較兩組抽樣的重疊部分，以估計母體的規模。如果你要估計一棟建築設計的瑕疵數量，用兩組不同的品質檢測人員。然後比較兩組各自發現的數

量，以及兩組都有發現的瑕疵數量。每組各自發現的瑕疵數量，就像前面例子裡兩次捉到的魚（每次各為1,000條）；兩組都有發現的瑕疵數量，則像是第二次捕捉到的標籤魚數量（50條）。

「捉放捉」的各種型態，只是許多抽樣方法中的一種。毫無疑問地，還有相當多更有力的方法還未被發明出來。然而，對於一些重要抽樣方法的稍微了解，能提供你足夠的背景知識，可以想出如何對各式各樣問題的觀察做評估。

母體比例抽樣

魚數量的例子是普遍衡量問題中的一個特殊類型。有時候你要估計母體中具有某種特性的有多少比例。例如，你可能要測定維吉尼亞州註冊選民中民主黨員的比例有多少。你可能要測定比較喜歡新產品性能的顧客比例。在估計湖泊魚數量的捉放捉方法例子，我們必須測定有多少比例的魚被做了標籤。知道確實有多少被做了標籤，我們就能用估計的標籤魚比例來估計整個母體的規模。

我們要估計某個集合中的母體比例P（大寫），用來做估計的是該集合中的樣本比例p（小寫）。例如，如果我們詢問樣本數為100的零售顧客是否上網造訪過線上商店，其中34人回答是，那麼p＝34%。當然，真正的P因為樣本誤差可能會不同。

使用樣本估計真正的母體比例P，與估計平均數的不同之處在於如何計算變異數。母體比例的估計，變異數的計算為（p×（1－p）/ n）。在造訪線上商店的顧客例子，變異數為（0.34×（1－0.34）/ 100），也就是0.002244。再來，一切就跟使用z統計量一樣。我們只是將變異數轉換為標準差（將變異數開平方），

再乘上我們的z統計量（如果樣本數小於30，則是用t統計量），再將樣本比例p加上及減去該計算結果，就是我們的CI。總結這些計算：

90% CI上限＝p＋1.645×（p×（1－p）／n）＾0.5

90% CI下限＝p－1.645×（p×（1－p）／n）＾0.5

得到90% CI為26%到42%。在此例中，我們對母體比例假設是「近似常態」（normal approximation）。也就是，在某些條件下，我們剛才估計的分配是常態分配。這項假設所需的條件為p×n＞7以及（1－p）×n＞7。（這項標準會因不同來源而變動。我選擇的是一個常用的中間值。）換言之，如果我們的樣本數100中沒有少於7個顧客曾造訪過網路商店，或是沒有多於93個顧客造訪過，則這個方法就有效。但是如果我們要估計的是個很小的母體比例，使用的是很小的樣本，我們可能無法使用這個方法。例如，如果我們只對20位顧客抽樣，而只有4位表示他們造訪過網站，則我們得需要用別的方法了。

此時，數學會變得複雜一些，但幸運的是，在小樣本數的情況下，將所有母體比例的可能結果計算出來並不困難。圖表9.5呈現的是一些小樣本的90% CI。如果我們抽取20個樣本，只有4個具有我們要找的特性——以這個例子來說，顧客造訪過該商店的網站——那麼我們就循著樣本數20那一欄，尋找「擊中」（hits）為4的那一列。我們發現造訪過網站的顧客比例，90% CI的範圍是9.9%到38%。

為了節省空間，10個「擊中」之後的範圍，我就不列出了。但是請記得，只要我們有8個以上的擊中，而樣本數大於擊中數8個以上時，我們就可以用常態近似。同時，如果我們需要的範圍，假設是30

圖表9.5　小樣本母體比例的90% CI

	樣本數									
	1	2	3	4	6	8	10	15	20	30
0	2.5-78	1.7-63	1.3-53	01.0-45	0.7-35	0.6-28.3	0.5-23.9	0.3-17.1	0.2-13.3	0.2-9.2
1	22.4-97.5	13.5-87	9.8-75.2	07.6-65.8	05.3-52.1	4.1-42.9	3.3-36.5	2.3-26.4	1.7-20.7	1.2-14.4
2		36.8-98.3	25-90.3	18.9-81	12.9-65.9	9.8-55	07.9-47.0	5.3-34.4	4.0-27.1	2.7-18.9
3			47-98.7	34.3-92.4	22.5-78	16.9-66	13.5-57	9.0-42	6.8-33	4.5-23
4				55-99.0	34.1-87	25.1-75	20-65	13-48	9.9-38	6.6-27
5					48-94.7	34.5-83	27-73	17.8-55	13.2-44	8.8-31
6					65-99.3	45-90	35-80	22.7-61	16.8-49	11.1-35
7						57-95.9	44-87	28-67	21-54	14-38
8						72-99.5	53-92	33-72	25-58	16-42
9							64-96.7	39-77	29-63	19-45
10							76-99.6	45-82	33-67	21-49

（左側縱向標示：樣本中「擊中」的數量）

個樣本數中的26個擊中，我們可以翻轉這個表格，類推使用。我們可以得到30個樣本中4個擊中的範圍，6.6%到27%，然後從100%減去這些數值，得到63%到93.4%。

這個表格的範圍隱藏了真正的分配型態。這些分配中有很多一點也不接近常態分配。圖表9.6呈現出表中一些分配真實的樣子。當擊中的數量為零或接近零，或為總樣本數或接近總樣本數時，母體比率的機率分配是高度偏斜的。

現在，你可以使用這個表格來估計小樣本的CI。如果你有一個樣本數介於上述的樣本數之間，你可以在欄之間做內推，以得到一個粗略的近似值。下一章，我們將討論如何用一個不同的方法計算這些分配的細節。在第10章，我們也將說明一個從www.howtomeasureanything.com網站下載的試算表，是可以用來計算任何樣本規模的確切的母體比例分配。

圖表9.6　從小樣本得到母體比例估計的分配型態例子

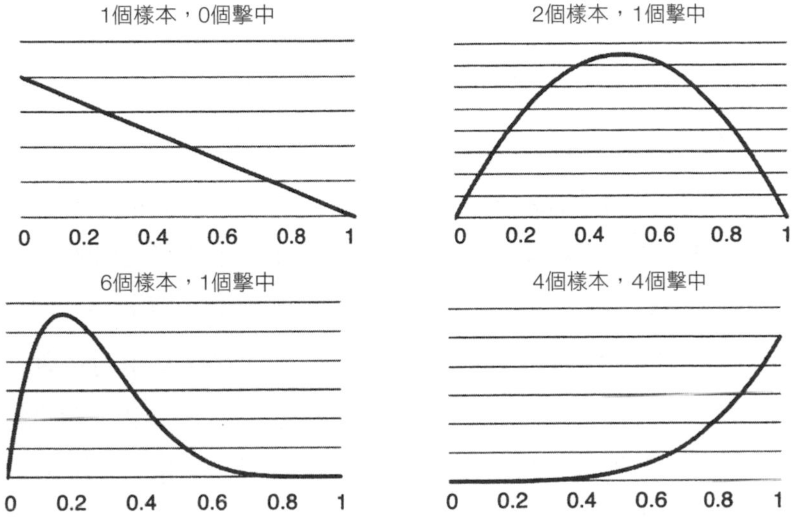

抽查抽樣

　　抽查抽樣（spot sampling）是母體比例抽樣的一個類型。抽查抽樣是對人、流程或事物的隨機快照，而不是在一段時間裡不斷地追蹤他們。例如，如果你要看員工花在某項活動上的時間比例，你在一天當中的某個時段隨機抽樣人員，檢查他們**那個時候**在做什麼。如果你發現100個隨機樣本中有12個例子，人員是在做視訊會議，你可以得出結論，他們花12%的時間在視訊會議上（90% CI為8%到18%）。在某個時間點，他們只可能正在做，或沒有在做這項工作，而你只是想知道花在這個工作上的時間比例。這個例子的樣本數剛好夠大，我們也可以用常態分配來做近似，如我們前面所做的。但是如果你只抽樣10位員工，發現2位在做該項活動，那麼我們可以用圖表9.5得出

7.9%到47%。如同我們應該永遠記住的，雖然這可能看起來是很寬的範圍，但是如果原先根據校準估計者得到的範圍是5%到70%，而決策的門檻是55%，那麼我們就是完成了一項有價值的衡量。

群集抽樣

「群集抽樣」（clustered sampling）的定義為選取隨機的群體樣本，然後進行普查或在群體中做更集中的抽樣。例如，如果你要看的是擁有衛星天線或正確做塑膠分類回收的家戶比例，符合成本效益的做法可以是，隨機選取一些街廓，然後在這些街廓裡進行每件事完整的普查。（在城裡像之字型地在選定的家戶間跑來跑去，是很耗時的。）在這類例子，我們無法將群體內的因素數量（在此例中，指的是家戶數量）想成是隨機樣本的數量。在一個街廓裡，家戶可能非常類似，所以我們不能將家戶的數量當作是「隨機」樣本的規模來處理。當一個街廓裡的家戶高度相似時，隨機樣本的有效數量有必要使用街廓的數量，而不是家戶的數量。

多少車輛用錯了燃料？

有個政府機關採用「做就對了」的方法來衡量

1970年代，環保署有個公共政策難題。1975年之後，汽車的設計都用觸媒轉換器，使用無鉛汽油。但是含鉛汽油比較便宜，駕駛人大多繼續使用含鉛汽油。環保署規定，新車的油箱加油孔要加限制圈，只能用現在熟知的窄型油槍噴嘴才能加油，就是為了不讓人們把含鉛汽油加到新車裡。（含鉛汽油的加油槍噴嘴較寬，無法放進加油孔限制圈裡。）但是駕駛人只要移除

限制圈就能使用含鉛汽油。環保署統計支援服務處的首席統計學家貝瑞・納斯朋說：「我們知道人們把含鉛汽油加到新車裡，因為當汽車監理所檢驗完後，他們會檢查限制圈，看它有沒有被拿掉。」新車使用含鉛燃料會使空氣污染更嚴重，而不是變好，破壞了無鉛汽油計畫的目的。環保署感到錯愕。有多少人在無鉛汽車裡加含鉛汽油，這要如何衡量呢？在「做就對了」（Just Do It）的衡量精神下，環保署成員於是開始監視加油站。首先，他們在全國各地隨機選擇加油站。然後，配戴望眼鏡的環保署員工，觀察駕駛人加的是無鉛汽油或含鉛汽油，再把車牌號碼和監理處的車輛型號名冊作比對。這個方法讓環保署有了壞的形象——《亞特蘭大日報》的一位漫畫家將環保署畫成納粹似的人物，逮捕加錯汽油的人，即便環保署只是做觀察，根本沒逮捕任何人。然而，納斯朋說，「這讓我們和一些警察機關之間產生了麻煩。」當然警察機關不得不承認，任何人都可以在公共街道上觀察別人。但重要的是環保署找到了答案：應該只用無鉛汽油的車輛中有大約8%其實用的是含鉛汽油。乍聞之下這麼困難的問題，環保署體認到，如果採用大家都能做的觀察，並就開始做抽樣，將可以改善問題的不確定性狀況。

分層樣本

在「分層抽樣」（Stratified Samples）中，不同的抽樣方法及／或樣本大小應用在母體內不同的群組中。當你在母體中有一些群組，每個群組彼此差異很大，但是群組內同質性很高的時候，這個方法就有

意義了。如果你是一家速食餐廳，你要對顧客的人口特性做抽樣，將得來速窗口（drive-through）的顧客和走進店裡的顧客，分開做抽樣將會是合理的。如果你經營一家工廠，你需要衡量「安全習慣」，你可能對清潔工和監督員的安全程序違規的觀察，會不同於對焊工的觀察。（別忘了霍桑效果。在這個例子中應採用盲測的方式。）

序列抽樣

　　一般而言，統計學教科書中不會討論序列抽樣法（Serial Sampling）的。如果本書的書名為《如何衡量大多數事物》（*How to Measure Most Things*）的話，它也不會出現在書中。但是，這個方法在二次大戰時，在情報蒐集上提供了很大的協助，[1]對於某些型態的商業問題而言，也會是非常有力的抽樣方法。話說當時，同盟國的間諜對敵人的軍備生產提出許多報告，包括德國馬克五號坦克（Mark V tank）。對於馬可五號的報告高度的不一致，同盟國情報單位完全不知道要相信誰。1943 年，為同盟國效力的統計學家開發出估計生產水準的方法，根據的是虜獲的坦克上的序號（serial number）。序號是連續的且有日期印在上面。然而，檢視單獨的一個序號無法確切得知序號是從哪裡開始的。（可能並不是從001 號開始。）我們用常識做判斷，坦克的最小生產量，必定介於某個月當中虜獲的坦克最高序號和最低序號之間。但是我們還能做出更多的推論嗎？

　　將虜獲的坦克當作是坦克母體的隨機抽樣，由此，統計學家看出他們可以計算不同生產水準的機率。以向後推算的方式，例如，如果該月生產的坦克數量為1,000 輛，要虜獲10 輛坦克，都是在同個月生產的，序號全在50 號範圍內，看來似乎不可能。比較可能的是，從1,000 輛中隨機選取的坦克，序號會是更分散的。然而，如果該月只

有生產80輛，那麼會得到很窄範圍序號的10輛坦克，至少是比較有可能的。

圖表9.7顯示的是，同盟國情報單位估計的馬克五號坦克生產量、統計方法估計的產量，以及戰後分析紀錄文件確認的真實產量。很明顯地，在這項比較中，根據虜獲坦克序號分析的統計方法，輕鬆勝出。

圖表9.7 二次大戰德國馬克五號坦克生產量估計比較表

生產月份	情報單位的估計	統計方法的估計	真實產量 （根據戰後得到的紀錄文件）
1940年6月	1,000	169	122
1941年6月	1,550	244	271
1942年8月	1,550	327	342

資料來源：Leo A. Goodman, "Serial Number Analysis," *Journal of the American Statistical Association* 47 (1952): 622-634.

更進一步地，在俘虜的坦克數量非常少的情形下，有誤差的估計仍舊大幅低於原先情報單位所做的估計。圖表9.8顯示出，序號品項的隨機抽樣，如何用來推論整個母體的數量。遵循圖表的指示，看只有8個「虜獲」品項的例子（這可以是競爭對手的產品，或是從垃圾中搜到的競爭對手的報告）。最大的序號是100220，最小號為100070，所以我們從步驟1得到的結果是150。步驟2得到的結果為1.0，是「上限」曲線和樣本數8直線交叉的地方。步驟3我們計算（1＋1.0）×150＝300，結果就是上限。重複這些步驟計算平均數和下限，得到90% CI為156到300，平均數為195。（請注意，平均數不在範圍的中央──因為分配是偏斜的。）即使只有8輛虜獲坦克，也

圖表9.8　序列抽樣

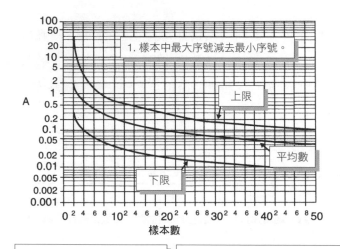

1. 樣本中最大序號減去最小序號。

上限

平均數

下限

A

樣本數

2. 找到水平軸上的樣本數，
　 向上找到與「上限」曲線
　 交叉點。

3. 找到垂直軸上最接近曲線的A點，
　 加1；乘以第1個步驟的答案。
　 就是序號品項總數的90% CI上限。

4. 重複第2和第3個步驟找到平均數及下限。

可以是做推論的合理數量。

　　兩項警告：如果虜獲的坦克有好幾輛是同一個單位的，我們可能無法將每一輛都當作是個別的隨機樣本，因為同樣單位的坦克可能有相同的序號。然而，通常光是觀察序號本身，就可很明顯地看出這項事實。同時，如果序號不是連續的（範圍內的每一個號碼都編給一輛坦克），以及一些號碼被跳過，這個方法就需要做一些修正。同樣地，號碼的分配應該很容易偵測出來。例如，如果只用偶數號碼或只用每隔5號，應該從樣本就看得出來。

　　在商業上有哪裡可以應用這個方法？「序號」——也就是，連續

的序列——在現代世界裡出現在許多不同的地方。像是競爭對手在商品上印了所有零售顧客都看得見的序號，這個方式提供了免費的生產水準情報。（然而，為了符合隨機，該品項的抽樣，應該要來自幾個不同的商店。）同樣地，幾頁丟棄的報告或收據上的號碼，也會透露出報告的總頁數，或當日收據的總數。我不是鼓勵大家去翻找垃圾，但是，垃圾早就被用來衡量許多有趣的活動。

門檻的衡量

　　請記住，通常你要對某事物做衡量，是因為它支援決策。這些決策傾向於有門檻，如果數值高於門檻就採取一項行動，如果數值低於門檻就採取另一項行動。但是大部分的統計方法都不問最相關的問題：「多少的 X 會發生不同的行動？」此處我要讓你看的是一項「統計量」，能夠達到的不只是降低不確定性，而且關係到重要門檻的衡量。

　　假設你需要衡量員工平均花多少時間開會，而那些會議是可以透過網路會議工具遠距進行的。這可以省下員工許多通勤的時間，甚至避免因為通勤的困難而造成會議取消或延期。為了判斷一場會議是否可以遠距進行，你需要考量會議要做些什麼。如果一場會議是內部員工之間的，大家經常互相聯繫，同時會議主題是相當例行性的，但是有人必須長途來開這個會，則你或許可用遠距開會的方式。你從估計開始，中位數（median）員工花 3% 到 15% 的時間在交通上，去開可以用遠距方式完成的會議。你判定如果這個比例其實超過 7%，你應該對視訊會議做大力的投資。計算完全資訊的預期價值顯示出，不應該花超過 15,000 美元來研究。根據我們衡量成本的拇指法則，我們可

能會花大約 1,500 美元。這表示如果你有數千名員工，對全部的會議做普查，這類的事就不可能了。

　　讓我們假設你抽樣 10 名員工，對他們的通勤時間和過去幾週的會議做過詳細分析之後，你發現只有 1 人花費在這些活動上的時間低於 7% 的門檻。在這既有的資訊情況下，花在這類活動上的時間中位數會低於 7% 的機率為何？在這種情況下，投資是不具正當性的。一個「常識」答案是十分之一，或 10%。其實，這是另一個例子，告訴我們光靠「常識」是不如用一些數學的。真正的機率其實小得多了。

　　圖表 9.9 告訴我們，如何估計母體中位數出現在門檻的某一邊的機率，假設在小樣本集合中，有相等或更多的樣本出現在門檻的另一邊。

　　請試著以這個例子用計算機來練習。

1. 請看圖表的最上面，顯示的是樣本數，找到 10。循著它下面的實線曲線。
2. 請看圖表的最下面，顯示的是低於門檻的樣本數，找到 1 循著它上面的虛線。
3. 找到曲線和虛線的交叉點。
4. 該交叉點的垂直座標顯示出的百分比，大約為 0.6%。

　　這個小樣本告訴我們，中位數真的低於門檻的機率小於 1%。雖然這個統計量似乎違反我們的直覺，事實是母體的中位數（甚至是平均數）落在門檻那一側的不確定性，可以很快地大幅降低。假設我們只有 4 個樣本，而 4 個當中沒有一個是低於門檻的。我們再次參用該圖表，發現中位數真的低於門檻的機率在 4% 以下，也就是高於門檻

圖表9.9　門檻機率計算機

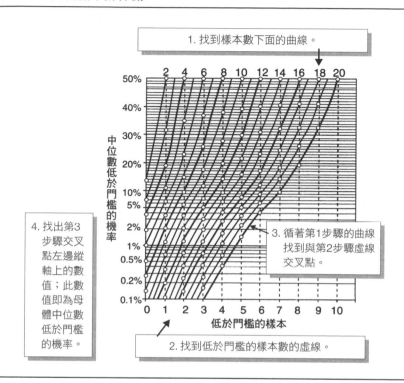

的機率為96%。4個樣本似乎不可能提供這麼高的確定性，但是一些數學或是蒙地卡羅模擬可以為此做確認。

請注意，門檻的不確定性下降的速度，比數量的不確定性下降的速度要來得快。在幾個樣本出現後，有可能你的範圍仍相當寬，但是，如果門檻根本不在範圍內，門檻的不確定性會降到零。換言之，圖表9.9的漏斗會變窄得更快——**無論母體的分配為何**。因為這項估計不會被極端值推翻，不管它是否為冪次定律都不重要。

這個圖表對於衡量問題只有一項假設：中位數相對於門檻的位置，其不確定性有一個最大值。也就是，假設沒有事前資訊顯示出中

位數比較可能是在門檻的哪一側。這表示，中位數在門檻的哪一側，我們是從50／50的機會開始的。

　　如果有一些事前知識能告訴我們，中位數很可能低於門檻，圖表就是不準確的，但是它仍能給我們有用的結果。如果在門檻之下的機率低於在門檻之上的機率，該圖表就高估了實際數值在門檻之下的機率。在我們的例子，3%到15%的範圍顯示出，在門檻7%之下的可能性低於在門檻7%之上。該圖表告訴我們，在這個門檻之下的機率是0.6%，但是因為知道這個範圍，我們就能判定機率其實是更低的。

　　然而，如果我們的範圍是1%到8%，則我們從中位數值可能低於門檻7%開始。在這個例子中，圖表低估了低於門檻的機率。但是讓我們考量另一個標竿，好得出一個數值。我們可以檢視原先範圍的中間點，計算門檻的機率。這個範圍裡，我們說數值低於4.5%的機會是50／50。在抽樣的10位員工裡，假設沒有人低於那個數值。我們從圖表得知，在這個情形裡，真實數值真的低於7%的門檻，機率少於0.1%。雖然這不是真正告訴我們，中位數低於7%門檻的不可能性，但是顯然要比7%低很多是非常不可能的。

　　所以，一般而言，如果樣本強烈確認了我們的事前知識（也就是，當你已經知道中位數在門檻之下的機率很低，而你在10個樣本中也只得到1個是在門檻之下），不確定性會降低得更快。如果樣本牴觸事前知識，將需要比較多的樣本才能降低同樣數量的不確定性。同時，請記住，該圖表提供的是中位數——不是平均數——低於或高於門檻的機率。當然，你可以做多一點數學計算，進一步降低不確定性。如果四個樣本大幅高出門檻，比起四個樣本只勉強高過門檻的情形，給我們的信心水準會高很多。

實驗

我第一次網路購物經驗是在 1990 年代中期。當時我手上有許多不同主題領域的實證方法教科書，但是我要找一本關於科學衡量的一般書籍──要推薦給我管理階層的客戶。我讀了所有的基礎書籍，就是找不到我要的。

後來我在亞馬遜網路書店的網站上看到一本名為《*How to Think Like a Scientist*》（如何像科學家一樣思考）[2] 的書。書評極佳，似乎是我可以推薦給一般主管的書。我買了那本書，幾個星期後郵寄送來。結果不是我預期的，它是一本童書──推薦給 8 歲以上的人看的。（在當時，亞馬遜大部分的書都沒有封面照片，如果有，就能明顯看出那是一本童書。）我覺得相當愚蠢，這成為網路零售發展初期，我不在網站上買東西的另一個理由。在實體書店，我根本就不會去瀏覽童書區（當時我沒有小孩）。如果在折價書堆裡看到這類書，光看書的封面我也會知道，它不是我要找的嚴肅的「商業科學類」教科書。

但是當我開始翻看那本書時，雖然每一頁只有三分之一是文字，其餘三分之二都是漫畫，但它似乎捕捉了所有的基本觀念，並且盡可能簡單地做了解釋。我看到它如何簡單地解釋假說的檢定及觀察。這改變了我認為買錯書的想法。我發現我在網路上找到珍寶，竟是因為我未能發現它是童書、避免了原本會有的成見。而這本書傳達的最重要訊息，是它封面上的暗示：科學方法是提供給 8 歲以上的人。

做實驗來衡量重要的商業數量，這個想法很不幸的，不是很多經理人會常常想到的。正如艾蜜莉‧羅莎所展現的，實驗可以是很簡單的事情。正如恩里科‧費米所展現的，聰明地使用一把碎紙條，可以揭露像原子彈力場這樣難以置信的事情。概念是相當簡單的。如同我

們先前討論衡量工具的選擇，如果你需要知道它，卻無法找出它在哪裡被衡量過，也無法在不干擾的情況下追蹤它，那麼就嘗試用實驗來創造能做觀察的條件。

「實驗」這個名詞，可以廣泛地用來指涉任何為了觀察的目的而刻意創造的現象。當你做一項安全防護測試，測試會不會對威脅有反應，以及多快能做反應，你就是在「做實驗」。但是通常對照控制實驗有一項關鍵特色，就是你要將可能的誤差考慮進來。還記得第2章艾蜜莉·羅莎是如何設定實驗的嗎？她懷疑治療性觸摸既有的資料或甚至是病患的意見樣本，有可能是偏誤的。所以她設定了一項觀察，讓她可以針對此事做客觀的觀察。艾蜜莉的實驗控制包括能隱瞞受測主體她在做什麼的盲測，以及一套隨機選擇的程序。

在其他情況，控制會觀察兩組事物，而非只是一組。你監看你在測試的（受測組），以及和此組做比較的事物（控制對照組）。當一項存在的現象很難追蹤，或正在衡量的事物還未發生，像是新產品配方的效果或新資訊科技的執行成效，這種情形下，這是很理想的做法。

你可以試驗性地推出新產品或新科技。但是你如何得知顧客會偏愛這項新產品，或是生產力真的會增加？你的營收可能因為與新配方無關的理由而增加，而生產力也可能因為其他原因而改變。事實上，企業如果一次只會受到一件因素影響，那麼對照控制組的整個概念是沒有必要的。我們可以變動一項因素，看企業如何變化，然後將全部的變化歸因於該項因素。當然，我們必須能夠衡量，即使複雜的系統會受到許多我們辨識不出的因素的影響。

如果我們改變一項產品的特性，想要判定這項變動會對顧客滿意度造成多少影響，我們可能需要做實驗。顧客滿意度，可能因為許多

原因而改變。但是如果我們要知道這項新的特性是否具有成本正當性，我們就需要排除掉其他因素，只衡量**它的**影響。對買了新產品的顧客和沒買的顧客做比較，我們應該比較能將產品新特性的效果獨立出來。

你用來解釋結果的大多數實驗方法，和已經討論過的一樣——都涉及某種抽樣方法，也許有些是盲測等等。然而，一項重要的額外控制，是要能計算測試組和對照控制組的差異。如果我們有信心測試組和對照組會真的不同，我們應該能做出結論，造成這兩個群組不同的不只是偶然。對這兩個群組做比較，實際上非常類似我們先前計算估計的標準差，但是有一個小小的變化。在這個情況下，我們要計算的標準差，是兩個群組的差異的標準差。以下面這個例子做說明。

假設一家公司想要衡量顧客關係訓練對顧客支援品質的影響。顧客服務部門的員工，其典型的工作是接聽客戶來電詢問新產品的問題或困難。該公司懷疑，顧客服務正面或負面的經驗，對將來行銷該顧客的影響並不大，主要是影響該公司所得到的正面或負面口碑宣傳。一如往常，該公司從評估對訓練成效的不確定性開始，找出相關的門檻，計算資訊的價值。

在考量幾個可能的衡量工具之後，經理人判斷「顧客服務品質」應該用事後電話調查來做衡量。他們推論，不應該只是問顧客是否滿意，應該還要問他們向多少朋友說過與客服打交道的正面經驗。使用以前收集到的行銷資料，校準過的經理人判定，新的顧客關係訓練可以提升銷售0%到12%，但是只要能提升2%，他們就能證明訓練花費的正當性（亦即，2%是門檻）。

在還沒人參加過訓練之前，他們就開始進行這項調查，所以他們可以取得基準線。對每一位員工，他們只抽樣一位顧客，時間是在該

圖表9.10　顧客支援訓練實驗案例

	樣本數	平均數	變異數
測試組（接受訓練的）	30	2.433	0.392
對照組（沒受訓練的）	85	2.094	0.682
原始基準線（訓練之前）	115	2.087	0.659

顧客來電之後兩個星期。關鍵問題是「自從你打了客服電話後，你向多少位朋友或家人推薦過我們的產品？」將顧客說他們推薦過的人數登記下來。行銷部門從過去一些口碑宣傳對銷售影響的研究，判定平均每位顧客一次以上的正面報告，會造成銷售量20%的成長。

　　訓練是昂貴的，所以剛開始經理人決定送30名隨機選取的客服人員去受訓，當作測試組。然而，這一小群人的訓練成本，仍舊大幅低於計算出來的資訊價值。對照組是沒有受訓的全體員工。在測試組接受訓練後，經理人繼續對顧客做調查，但是再一次地，他們只對每位員工抽樣一位顧客。原始基準線、測試組、對照組，都計算出平均數和變異數（如本章開始的果凍豆例子）。結果如圖表9.10所示。

　　顧客的回應似乎顯示出訓練是有幫助的；但這會不會只是偶然呢？也許30名隨機選取的職員，平均素質原本就高於群體的平均；或者也許那30個人，剛好碰到比較不麻煩的顧客。對於測試組和對照組，我們應用下列五個步驟：

1. 每組的變異數分別除以該組的樣本數。測試組為0.392／30＝0.013，而對照組為0.682／85＝0.008。
2. 將兩組步驟1得到的結果相加：0.013＋0.008＝0.021。
3. 將步驟2的結果開平方。所得為測試組和對照組之間差異的標準

差。這個案例為0.15。

4. 計算兩組平均值的差異：2.433－2.094＝0.339。

5. 計算測試組和對照組差異大於零的機率——也就是，測試組真的優於對照組（而不只是僥倖而已）。使用Excel裡的「normdist」公式來計算：

＝ normdist（0, 0.339, 0.15, 1）

Excel公式計算的結果為0.01。告訴我們測試組真的劣於或等於對照組的機率只有1%；我們可以99%確定，測試組是優於對照組的。

我們用同樣的方法比較對照組和原先的基準線。兩組之間的差異只有0.007。用同樣方式，我們發現有48%的機率對照組劣於基準線，也就是說對照組優於基準線的機率為52%。由此可以得知，這兩組之間的差異是可以忽略的，以實務的角度而言，它們是沒有差別的。

我們以非常高的信心判定，訓練對提升口碑宣傳是有貢獻的。由於測試組和對照組之間的差異約為0.4，行銷部門做出了結論：訓練的改進導致8%的銷售成長，輕易就證明了，訓練其他職員和繼續所有新進員工的訓練，是具有正當性的。回想起來，我們或許用更少的樣本就能做到（30個以下的樣本用t分配）。

看出資料中的關聯性：迴歸模型的介紹

在研討課中最普遍的提問是：「如果銷售增加是因為新的IT系統，我如何得知是因為IT系統而增加的呢？」這類提問出現的頻率之高，令我有些驚訝。事實上，過去幾個世紀的科學衡量，很多都聚

焦在將單一變數的影響效果獨立出來。我只能做出這樣的結論：問這個問題的那些人，並不了解科學衡量中一些最基本的觀念。

很清楚地，本章稍早所提供的實驗例子告訴我們，有許多可能原因的事物，將測試組和對照組做比較，能追蹤到一項特定的原因。但是用對照組和測試組只是將單一變數的效果與所有企業內存在的雜音分離出來的一個方法而已。我們也能考量一項變數和另一項變數之間關連的程度。

兩組資料之間的關聯性，是以介於+1和−1之間的數值來表達。關聯性為1，表示兩個變數以完全一致的方式移動：當其中一個增加時，另一個也是如此。關聯性為−1也代表兩個緊密相關的變數，但是當一個增加時，另一個則是緊跟著減少。關聯性為0，則表示它們彼此是沒有關係的。

要知道關聯性資料是什麼樣子，可以拿圖表9.11四個例子的資料來說明。水平軸可以是就業測驗的分數，垂直軸是生產力的指標。或者水平軸可以是一個月電視廣告的數量，垂直軸是該月銷售量。它們可以是任何東西。但是明顯地，在一些圖表裡，兩軸資料的關聯性會比另一些圖表裡資料的關聯性更為緊密。左上圖呈現的是兩個隨機變數。兩個變數彼此沒有關係，是沒有關聯性的。由資料點沒有坡度便可得知。資料看起來平坦，因為水平的資料變動性比垂直資料要來得大。如果兩個變動性相當，分散的狀況會比較成圓圈狀，但是仍然沒有坡度。右下圖呈現的是兩個非常緊密相關的資料點。

在你做任何數學計算之前，先將資料標點出來，檢視關聯性是否在視覺上就很明顯。如果你在追蹤專案的估計成本和其真實成本，圖形看起來像是右下圖，那麼你的成本估計是超凡地正確。如果是像左上圖，則用擲骰子的方法來做估計都能做得一樣好。

圖表9.11 關聯性資料的例子

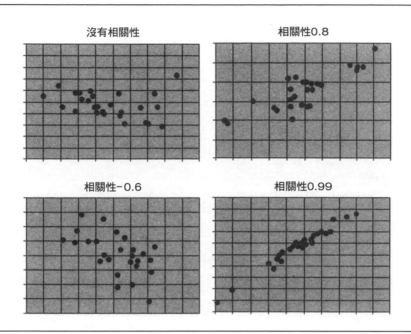

如果我們用歷史資料做迴歸模型，可能不需要進行控制對照實驗。舉例來說，也許很難將IT專案和銷售成長連在一起，但是我們可能有許多關於其他影響銷售的資料，像是新產品從構思到即時上市（time-to-market, TTM）的速度很快。如果我們知道TTM速度會因某些環節自動化而加快，這項IT投資消除了一些環節，而那些環節位於TTM的關鍵流程上，我們就可以做出連結。

我曾經分析過一家有線電視網的軟體專案投資計畫。該電視公司考慮要將新節目產製過程中數項行政環節予以自動化。期待產生的利益之一是提升節目的收視率，一般而言這也會帶來較多的廣告收入。但是就如同其他案例一樣，影響收視率的因素很多，該公司要如何預測IT專案對收視率的影響？

　　這項產製自動化系統要如何提升收視率，其背後的整個理論是，它可以縮短某些關鍵路徑的行政作業時間。如果那些行政作業可以快一些完成，公司就能早點開始宣傳新節目。該公司留有收視率的歷史資料，透過翻找舊的產製時程表，我們可以判定這些節目在播放前花了多少星期做宣傳。（我們已經先計算出資訊價值，很容易就證明這個努力是有正當性的。）圖表9.12的點圖是這些電視節目的宣傳週數及收視率點數。這些不是來自客戶的真實資料，而是以大約同樣的相關性呈現出來。

　　在我們對這些資料做進一步分析之前，至少你有**看出**關聯性吧？如果有的話，圖表9.11中的哪一個圖和它最相似？在做迴歸分析時，我的第一個步驟永遠都是先畫出這樣的圖，因為相關性通常就很明顯了。用Excel，很容易做出兩欄資料——以此例而言，宣傳週數和收視率點數——每一對數字代表一個節目。只要選取整組資料，按下Excel中的「圖表」按鈕，選擇「XY分散圖」，跟著提示做下去，你就會看到一個像圖表9.12的圖。

圖表9.12　有線電視網的宣傳期間與收視率點數

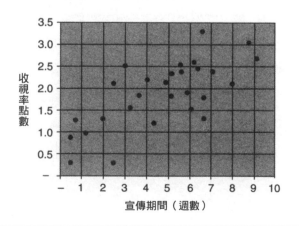

看起來是有相關性的，確切的相關性又是如何呢？為此，我們必須要多一些的技術性才能得到答案。我不打算解釋迴歸模型背後的所有理論，我們直接討論如何在Excel上計算。

在Excel裡有個簡單的方法，是使用函數「＝corrl()」來計算相關性。假設宣傳週數和收視率資料，分別位於工作表上A欄和B欄的前28列。你可以這樣寫「＝correl（A1:A28,B1:B28）」。以我們的資料而言，得到的相關性約0.7。因此，我們相當確定可以花更多時間宣傳新節目，對收視率的提升確實有幫助。現在我們可以專注在是否要自動化產製流程，以及要做到什麼程度，還有增加節目的宣傳時間。

在Excel上還有另一個方法，是用「資料分析工具」（Data Analysis Toolpack）裡的「迴歸」（regression wizard）。「迴歸」會提示你選擇Y的範圍和X的範圍。在我們的例子，分別為收視率點數和宣傳週數。它就會做出一個表格，顯示迴歸分析的許多結果。圖表9.13是一些結果的解釋。

圖表9.13　從Excel迴歸工具總結報告中選出的項目

變數名稱	說明
R的倍數	一個或多個變數與「應變數」的相關性（例如，收視率點數）：在此例中為0.7。
R平方	R的倍數的平方。這可解讀為收視率點數變異數中能被宣傳週數解釋的數量。
截距	宣傳週數設定為0時的收視率點數。這是最適線（best-fit line）與垂直軸的相交點。
X變數1	宣傳週數的係數（亦即，權重）。
P值	如果真的沒有相關性，純粹因為「碰巧」（chance）也會看到這個相關性存在的機率。一般而言，傳統上P值應該要低於0.05，但是如之前討論過的，即使稍高的P值也有資格作為合理的衡量，如果它能降低你先前不確定性的狀態。

　　這個資訊可以用來創造出一條公式，是收視率和宣傳時間之間關係的最佳近似。利用以下公式，我們用宣傳週數來計算估計的收視率點數。傳統上將計算出來的數值（此例為估計收視率點數）稱為「應變數」（dependent variable），而用來計算它的數值（此例為宣傳週數）為「自變數」（independent variable）。我們可以用「資料剖析工具」裡「係數」（coefficients）欄產生的數值，得到截距（Intercept）以及 X 變數 1（Excel 裡代表第一個自變數──可能會有很多個自變數），以下列公式估計收視率：

估計收視率＝係數 × 宣傳週數＋截距

以此例的數值，得到：

估計收視率＝ 2.29× 宣傳週數＋ 0.37

　　如果宣傳週數為 10 週，可以估計我們 CI 的中間收視率點數約為 23.3。要讓它更為簡單，我們可以完全忽略此例中的截距。請注意，總結報告中截距的 P 值（超過0.5），表示這個數值和其他任何事物一樣隨機。所以，在這個例子，我們可以將宣傳週數乘以 2.29，不要加上截距，結果也相當接近。總結報告表中的「標準差」和「t 統計量」數值，可以用來計算出收視率點數的 90% CI。如果在我們做的點圖上畫出簡單公式的那條線，看起來就會像圖表 9.13 所示。

　　圖表 9.14 顯示出，當有相關性存在時，仍然有其他的因素會造成收視率不完全由宣傳週數決定。我們用這項資訊，加上對照控制實驗，一起處理「如果有這麼多其他因素，我怎麼知道這個呢？」的問

圖表9.14　加上「最適」迴歸線的宣傳時間與收視率圖

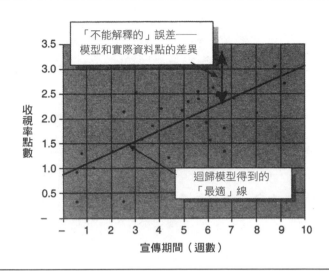

題。很清楚地，宣傳週數有一些影響；對於影響收視率的所有其他因素，你是否數量化或甚至能點出是什麼，都不重要。

比起一些Excel較簡單的函數，例如＝correl()，使用Excel迴歸的優勢在於，迴歸工具可以做多元迴歸（multiple regression）。也就是說，它能一次同時計算許多自變數的係數。如果我們想要的話，也可以創造出一個模型，與收視率相關的不只有宣傳時間，還有季節、類別、焦點團體（focus group）結果及其他因素。這些額外的變數，每一個都會有係數，在迴歸工具的總結報告中分別標示為「X變數1」、「X變數2」、「X變數3」等等。將這些全放在一起，我們得到一條像這樣的公式：

估計收視率＝「X變數1係數」×宣傳週數＋「X變數2係數」
×焦點團體結果＋……＋截距

　　談完以上種種，有三項關於迴歸模型的重要警告要請大家注意。第一，相關性不表示「原因」。一項變數與另一項相關，不必然表示一項變數導致另一項變數。如果教會的捐款和酒類銷售有相關性存在，並不是因為神職人員和酒類產業之間有勾結情形，而是兩者都受到經濟情況的影響。一般而言，在相關性本身之外，你還有**其他**堅強的理由懷疑有因果關係存在，你才能做出一項事物導致另一項事物的結論。在收視率與宣傳週數的案例中，我們確實有這樣的理由。

　　第二，請記住這些都是簡單的線性迴歸。用變數的其他函數，而不只是用變數本身，可能會得到更好的相關性。（例如，該變數本身的平方、倒數、兩個變數的乘積等等）。有些讀者可能會想要做些嘗試。最後，在多元迴歸模型中，你應該要小心自變數彼此之間的相關性。理想上，自變數彼此之間應該沒有任何關連。我討論的只是多元迴歸模型的基本。它是很有用的工具，但要謹慎進行。單是此項主題，讀者就還有很多、很多可以學。但是這已經足夠做為你的入門階了。

沒有討論到的一件事——以及為什麼

　　本章是非常基本的入門介紹，還有許多實證方法的課題沒有涵蓋進來（事實上，是好幾大冊），但是到目前為止的幾個方法，應該處理了相當多的難題。我們將重點放在一些技術上，這些技術能處理實務決策者的許多難題。對於決策者來說，目標是將大型、風險高的決策不確定性降低。坦白說，對問題有比較好的定義以及簡單的觀察方法，可能可以做到一些不確定性的降低，特別是那些最大的不確定性。

　　這不表示我們沒有討論的東西對衡量來說是不重要的。例如，我們未曾談過「假設檢定」（hypothesis testing）的實驗，這是偉大的統計學家費雪（R. A. Fischer）開發出來的。我們用假設檢定，以「顯著」（significance）水準來判斷一項聲明是否為真。顯著水準是隨意專斷訂下的數值，表示結果全因偶然得到的機率，我們可以接受的最大值。這給許多學生一個印象，以為統計是反直覺的，因為較高的顯著性通常聽起來像是件好事，但是在這個情形，其實是表示降低了被接受為真的標準。

　　假設檢定法基本上是說：某種說法是真的，如果它達到某個「為真」的機率，而此機率是隨意設定的，否則就「非真」。所有實證科學在實務上都是這樣做的，包括你服用的藥是如何做測試的。例如，如果一項測試有1%的顯著性，表示如果因偶然而導致該結果的機率低於1%，我們就說我們「接受那項假設」。顯著性可以是5%、0.1%或是任何數值。實際採用的顯著性水準因不同的科學領域而有不同，訂定的標準比較像由文化傳統決定，而非由於任何偉大的科學法則。

　　若你認為有需要，你可以對我們討論過的衡量方法，包括隨機抽樣、實驗、迴歸等，進行這類顯著性檢測。在訓練實驗的例子，我們計算的結果，測試組等於或劣於對照組的機率，只有1%。如果我們剛好選到顯著性水準5%，我們會接受這項假設：訓練是有效的。如果我們的顯著性水準設定為0.5%，則必須拒絕這項假設。

　　對這個方法的批評者（其實還不少）[3, 4, 5]會說我們完全不需要隨意的標準。他們會說，你不應該只是說你比隨意的標準還確定——而是要以計算出為真的機率，表達你確定的程度，就像我們在訓練實驗所做的那樣。雖然了解假設檢定的方法，對於衡量專業人士非常有啟發性，但我傾向於同意這一點批評。假設檢定的細節，不是全都有關

於不確定性下的決策——而後者是本書的焦點。我們需要知道所有潛在利益和風險的不確定性程度。我們需要數值的範圍，而不僅是我們是否符合一項測試的顯著性水準。但是，如果讀者要的衡量不僅是用於支援管理決策，還要在同儕審查的科學期刊上發表，我一定會建議他們要精通假設檢定涉及的數學。

　　至此，我們已經涵蓋了背後假設是常態分配，以及沒有做常態分配假設的一些情形。但是有另一種假設，是我們到目前為止一直在做的。我們在這一章當中所討論的所有衡量，除了主觀估計之外，都忽略了你對抽樣的東西原來就有的資訊。但是在你的估計中，這項先備知識會有很大的影響。現在我們要來看另一項、根本上完全不同的衡量方法，如何在先備知識的基礎上，探討所有的衡量。

注釋

1. Leo A. Goodman, "Serial Number Analysis," *Journal of the American Statistical Association* 47 (1952): 622-634.

2. Stephen P. Kramer, *How to Think Like a Scientist* (New York: HarperCollins, 1987).

3. S. Armstrong, "Statistical Significance Tests Are Unnecessary Even When Properly Done." *International Journal of Forecasting* 23 (2007): 335-336.

4. D. McCloskey, S. Ziliak, *The Cult of Statistical Significance: How the Standard Error Costs Us Jobs, Justice, and Lives (Economics, Cognition, and Society)* (The University of Michigan Press, 2008).

5. Stephen T. Ziliak and Deirdre N. McCloskey, "Size Matters: The Standard Error of Regressions in the *American Economic Review,*" *Journal of Socio-Economics* 33 (August 2004): 527-546.

## 第10章

貝氏分析：
以先備知識為基礎的衡量

當有新的資訊出現時，我們不得不和已經知道的做連接——
我們的心中沒有空白的地方可儲存它，讓它不受既有資訊的「汙
染」。

——克里夫得·柯納德（Clifford Konold）
麻薩諸塞大學科學推理研究院

商業統計第一學期課程中，學生學習的一些方法根據的是幾個「簡化的」假設。這些假設常常最後都無法將任何事簡單化。有些假設像是常態分配的假設，還可能造成重大錯誤。之後的統計學課程，學生學習較「高階的」方法，但在我看來，似乎總是比前面所學的更為直覺。

在最基本的統計課程中，最重要的假設之一是，你對母體唯一知道的是你要抽取的樣本。事實上，在現實生活中根本不是如此。

想像一個狀況，你想抽樣幾位業務代表，了解廣告是否對最近的銷售有影響。你想要衡量廣告「對銷售的貢獻」。有個方法就是對銷售團隊全部做民調。但是你有比他們所揭露的訊息還更多的資訊。在民調之前，根據銷售和廣告的歷史經驗，你已經有了一些知識。你知道目前銷售量的季節性效果、經濟狀況和消費者信心指數。這應該是重要的嗎？直覺上，我們知道這項先備知識應該有其重要性。但是學生在未更深入研讀教科書之前，他們不會（或，也許，永遠不會）讀到如何處理先備知識（prior knowledge）的部分。

先備知識的矛盾

1. 所有傳統統計學都假設，（a）對於觀察主體的可能數值，觀察者沒有先備知識，以及（b）觀察者有先備知識，知道母體的分配不是屬於容易處理的那類。
2. 上述第一項假設，在現實世界裡幾乎從來都不成立，而第二項假設不成立的情形，也比我們所想的更常發生。

　　處理這種先備知識的統計方法，稱為「貝氏統計」（Bayesian statistics）。這種方法的發明人湯瑪斯·貝氏（Thomas Bayes），為十八世紀英國數學家及長老教會牧師，他對統計學最著名的貢獻，一直到他去世後才被發表出來。貝氏統計學處理的是，我們如何用新的資訊來更新我們的先備知識。貝氏分析的作法是，從我們現在知道多少開始，然後考量新資訊如何改變既有的知識。在大多數關於抽樣的課程中所涵蓋的非貝氏統計，都假設你對估計數值的知識是來自你抽樣的樣本──在抽樣之前，你對可能的數值一無所知。而在同時，大部分統計學都假設，你知道估計的機率分配大約為常態分配。換言之，傳統的參數式統計學假設你不知道的，事實上是你知道的；而它假設你知道的，事實上你卻不知道。

　　我在第9章中提供的一些圖，根據的就是貝氏分析。例如，在「母體比例」表，我就是從以下這個先備知識開始：在沒有相反的資訊出現下，次群體中的比例是從0%到100%的均等分配。而在「門檻機率計算器」中，我一開始的先備知識是，母體真實的中位數在門檻任一邊的可能性為50 ／ 50。在這兩個案例中，我都採取最大不確定性的立場。這也稱為「穩健的」（robust）貝氏方法，它將先備知識的假設，包括常態分配的假設，予以最小化。但是，貝氏分析真正有用的部分是，當我們必須應用更多先備知識的時候。

簡單貝氏統計

　　貝氏定理（Bayes' theorem）就是機率和「條件」機率（conditional probability）之間的關係。條件機率是在已發生特定條件的前提下，某個事物的機率。圖表10.1為一種型態的貝氏定理公式。

圖表10.1　貝氏定理

P（A｜B）＝P（A）×P（B｜A）／P（B）

此處：

P（A｜B）＝在B前提下，A的條件機率
P（A）＝A的機率
P（B）＝B的機率
P（B｜A）＝在A前提下，B的條件機率

　　假設我們正在考慮是否要推出一項新產品。過去的資料顯示，新產品在剛推出的第一年就能獲利的只有30%。數學家可以寫成P（FYP）＝30%，表示第一年獲利的機率為30%。產品在正式投入全面生產之前，常常都會先在測試市場推出。那些第一年就獲利的產品，在測試市場也成功的有80%（我們所謂的「成功」是指通過特定的銷售門檻）。數學家可以寫成P（S｜FYP）＝80%，表示已知（「前提」以符號「｜」表示）我們知道一項產品第一年有獲利的情形下，它在測試市場是成功（S）的條件機率，為80%。但是既然該產品第一年已經有獲利了，我們對於它在市場測試的成功，可能並不那麼感興趣。我們真正想要知道的是，在測試市場成功的產品，上市第一年能獲利的機率。由此，我們就能從市場測試當中得知是否要讓該產品上市的資訊。這就是貝氏定理的作用。在此例中，我們輸入下列資訊來建立貝氏定理。

- P（FYP｜S）為在測試市場成功的前提下，第一年獲利的機率——換言之，為在S前提下，FYP的「條件」機率。
- P（FYP）為第一年獲利的機率。

- P（S）為測試市場成功的機率。
- P（S｜FYP）為在市場廣為接受該產品以致第一年就獲利的前提下，在測試市場成功的機率。

假設測試市場會成功的機率為40%。要計算在測試市場成功的前提下，第一年獲利的機率，我們用已經有的機率，建立出下列方程式：

P（FYP｜S）＝P（FYP）×P（S｜FYP）／P（S）
＝30%×80%／40%＝60%

如果測試市場是成功的，第一年獲利的機率為60%。我們也可以改變這個算式中的兩個數字，算出如果測試市場不成功，第一年獲利的機會。一項獲利的產品在測試市場是成功的機率為80%。所以一項獲利的產品，上市之前在測試市場並不成功的機率，為20%。我們將此寫為P（～S｜FYP）＝20%，符號「～」代表「非」。同樣地，如果所有產品在測試市場獲得成功（無論其是否獲利）的機率為40%，那麼測試失敗的機率必定為P（～S）＝60%。如果我們用P（～S｜FYP）和P（～S）取代P（S｜FYP）和P（S），我們得到：

P（FYP｜～S）＝P（FYP）×P（～S｜FYP）／P（～S）
＝30%×20%／60%＝10%

也就是說，如果在測試市場被判斷為失敗的，其第一年獲利的機會為10%。這個計算的示範試算表，可在網址www.

howtomeasureanything.com上下載。

　　有時候我們不知道一個結果的機率為何，但是能利用估計其他事物的機率，以計算我們要知道的機率。假設沒有測試市場成功率的歷史資料──這可能是我們的第一個測試市場。我們可以從其他東西計算出這個數值。一個測試成功的產品，其上市第一年真的能獲利的機率，校準的估計者已經告訴我們是：P（S｜FYP）＝80%。

　　現在，測試成功的產品在市場上失敗（新可口可樂為典型案例）的機率，假設校準的專家給我們的是：P（S｜～FYP）＝23%。和以前一樣，我們知道產品第一年獲利的機率P（FYP）為30%，所以沒有獲利的機率P（～FYP），為1－P（FYP）＝70%。如果我們能將每一個條件機率和該條件的機率相乘，然後加總起來，便能得到事件發生的總機率。以此例而言為：

$$P（S）＝P（S｜FYP）×P（FYP）＋P（S｜～FYP）×$$
$$P（～FYP）＝80%×30%＋23%×70%＝40%$$

　　這一個步驟是非常有用的，因為有些案例很容易計算在特定條件的前提下，某種結果的機率。我在第9章中提供的大部分圖表，都是從「如果母體中實際上只有10%屬於這個群體，那麼我隨機抽取12個樣本，會得到5個是屬於這個群體的機率是多少？」或者「如果花在處理客訴上的時間中位數超過一小時，隨機抽取20個樣本，其中有10個少於一小時的機率是多少？」這類問題開始的。

　　每則這類案例，我們都能從知道的A機率、B機率及A前提下發生B的機率，計算出B前提下發生A的機率。這類代數運算稱為「貝氏反推」（Bayesian inversion）。而且只要你開始在某個領域內使

用貝氏反推，很快就會發現它適用在其他許多領域。對於和艾蜜莉、恩里科及埃拉托色尼一樣，把衡量問題看得很簡單的人來說，這是非常便利的計算。稍後我們會處理多一點技術性問題，但是首先，我們要比較直覺性地了解反推這個觀念。事實上，你可能一直都在使用它，卻沒有察覺到。其實你很可能早就具有「貝氏直覺」（Bayesian instinct）了。

使用你天生的貝氏直覺

在前文提及的廣告案例，你可能和銷售團隊中的一些人共事過一段很長的時間。你知道鮑伯總是太樂觀，曼紐爾傾向於理性及深思熟慮，而莫妮卡通常都是小心翼翼的。對於一個你知之甚詳的人，和一個年輕新進的銷售人員，他們兩人的意見，你自然會有不同的尊重程度。統計學如何將這個知識納入考量呢？簡短的回答是，不納入考量，至少在大部分人學過的初級統計課程裡是如此的。

慶幸的是，有個方法可以處理這項資訊，採用的方式比第一學期統計學裡任何一章都要簡單。其實和果凍豆例子中給你一系列新的觀察，是一樣的主觀估計。我們稱此為直覺貝氏法（instinctive Bayesian approach）。

直覺貝氏法

1. 從校準的估計開始。
2. 收集額外的資訊（民調、閱讀其他研究等等）。
3. 主觀地根據新資訊更新你校準的估計，不必做任何額外的數學。

　　我稱此為直覺貝氏法，因為當人們以新資訊更新他們事前的不確定性時，就像在果凍豆例子中所做的一樣，有證據相信那些人更新他們知識的方式，大多是貝氏式的。1995年，加州理工學院（Caltech）行為心理學家莫罕穆德·艾爾加馬爾（Mahmoud A. El-Gamal）以及大衛·葛雷瑟（David Grether）研究人們在評估機率時如何考慮事前資訊和新資訊。[1]他們請257位學生猜測，球是抽取自兩個像是賓果一樣滾動的籠子中的哪一個。每個籠子裡裝有標示著N或G的球，其中一個籠子裡N球多過G球，另一個籠子裡則兩種球一樣多。學生們被告知抽取6顆球後每種球的數量。

　　學生要判斷，球是從哪個籠子抽取出來的。例如，如果一位學生看到6顆球的樣本中有5顆是N球，只有1顆是G球。他很可能認為是從N球比較多的籠子裡抽取的。然而，在每次抽取6顆球之前，會先告訴學生是以三分之一、二分之一或三分之二的機率，隨機選擇籠子。在學生們的回答中，似乎直覺性地計算貝氏統計，有輕微傾向高估新資訊及低估事前資訊。換句話說，雖然他們並不是完美的貝氏人，但還是相當地貝氏。

　　他們不是完美的貝氏人，因為給予新資訊時，也有忽略事前分配的傾向。假設我告訴你，在一間房間裡有95位刑事律師，5位小兒科醫師。我從其中隨機選取一人，告訴你關於這人的資訊：珍奈特，喜愛小孩和科學。「珍奈特是小兒科醫師」和「珍奈特是刑事律師」，哪個比較有可能？大多數人會說珍奈特是小兒科醫師。

　　但是即使只有10%的刑事律師喜愛科學和小孩，愛科學和小孩的律師人數仍然多過小兒科醫師。因此，珍奈特是律師的可能性仍然比較高。在解讀新資訊時忽略了事前機率，是一項常見的錯誤。以下兩道防禦能避免這項錯誤：

1. 光是了解事前機率會影響到問題，就很有幫助。但更好的是，清楚估計每一項機率和條件機率，並試圖找出一套具一致性的數值（稍後會提供給大家一個例子）。

2. 我也發現校準的估計者，更會做貝氏。上述研究中的學生，如果他們跟大部分的人相同，那麼在大多數估計問題中也都會過度自信。但是校準的估計者應該仍有這項基本的貝氏直覺，同時又不會過度自信。

　　我建立過各種主題的許多模型，都有包含來自校準估計者的條件機率。2006年，我回頭找某個政府部門裡我曾訓練過的校準估計者，問他們下列五個問題：

A. 四年後出現民主黨總統的機率是多少？

B. 假設是民主黨當總統，四年後你們部門的預算比現在高的機率是多少？

C. 假設是共和黨當總統，四年後你們部門的預算比現在高的機率是多少？

D. 四年後你們部門的預算比現在高的機率是多少？

E. 假設你有辦法知道四年後的部門預算。如果是比現在高，那麼是民主黨當總統的機率是多少？

　　一位直覺的貝氏人回答這些問題的方式，將會符合貝氏定理。如果有個人對問題A到C的回答分別是55%、60%、40%，那麼對問題D和E符合貝氏定理的回答必然是51%和64.7%。D的答案必是A×B＋（1－A）×C，嚴格地說，不是因為貝氏，而是因為條件機率必須

要正確加總。換言之，某事物發生的機率等於，某條件發生的機率乘以在該條件前提下事件發生的機率，加上該條件不發生的機率乘以在沒有該條件前提下事件發生的機率。作為貝氏人，對於問題A、B、D、E的回答也必須是B＝D／A×E。

乍看之下，這似乎不是直覺，但是很顯然地，大部分校準的決策者直覺給出的答案，令人驚訝地接近這些關聯性。以前一個例子來說，校準的專家對A、B、C的回答分別為55%、70%、40%，而對D、E的回答是50%、75%。以A、B、C的答案，邏輯上要求D、E的答案必須為56.5%、68.1%，而非50%、75%。在圖表10.2當中，我們比較了這些問題的主觀估計和計算出來的貝氏數值。

圖表10.2　校準的主觀機率與貝氏

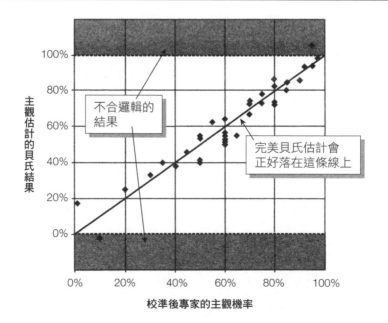

　　請注意，有一、兩個貝氏數值必會低於零或高於100%，因為是從其他主觀回答的數值計算出來的。這顯然不合邏輯，但是，在那些例子中，校準專家在提供主觀數值時，他們未察覺這些數值是邏輯上不一致的。然而，大多數情形，答案甚至比校準專家所預期的，還更接近「完美的貝氏人」（Proper Bayesian）。

　　在實務上，我採用一種我稱為「貝氏校正」（Bayesian correction）的方法，使條件機率的主觀校準估計具內部一致性。在答題後，我告訴校準估計者，在他們已經回答了其中一些問題的情形下，其他問題的貝氏答案應該是多少。他們接著修正自己的答案，直到所有的主觀校準機率至少是彼此一致。

　　貝氏校正，條件機率必須加總起來正確，而且反推也必須正確。舉例來說，假設你認為有30%的機率，你的工廠今年內會發生關廠高過一小時的意外事故。如果你對工廠作業進行詳細的檢查，有80%的機率會通過檢查，在此情況下，意外發生的機率會降低到10%。如果檢查沒通過，你估計意外發生的機率為50%。但是請注意，這些機率是不一致的。如果你計算在檢查通過或沒通過的前提下，發生意外的加權平均，會得到80%×10%＋20%×50%＝18%，並非30%。你必須改變對意外發生的機率30%、通過檢查的機率或其他的估計。同樣地，在好的檢查前提下發生意外的機率，必須和在意外發生的前提下通過檢查的機率、意外發生的機率、通過檢查的機率等，符合內部一致性。請前往網址www.howtomeasureanything.com，查看「貝氏校正」的計算。

　　「未能考慮到事前機率」這個問題一旦列入考量，人類在將新資訊併同舊資訊統合進他們的估計時，似乎就會大致上符合邏輯。這個事實極為有用，因為人類會思考屬質（qualitative）的資訊，而那不

是標準的統計學做的事。例如，如果你要預測新政策如何改變「公眾形象」——以客訴減少、營收增加等等來衡量——校準的專家應該能用「屬質」的資訊，像是其他公司施行此政策的效果、焦點團體的回饋及其他細節等，來更新目前的知識。即使有抽樣資訊，校準的專家——具有貝氏直覺者——會考慮樣本的屬質資訊，而大多數的統計教科書並不談這些。

圖表10.3的關係圖呈現出，校準的專家（大致上是直覺的貝氏人，同時也不是過分自信或自信不足的人）和其他三種群體：傳統非貝氏抽樣方法，像是t統計量、未經校準的估計者、純粹的貝氏估計者。由這張觀念地圖，你可以知道不同的人和方法，在「貝氏性」（Bayesianness）上彼此的相對位置。其中一軸代表他們的信心相對於他們真的正確的程度，另一軸則是他們強調或忽略事前資訊的程度。

圖表10.3　信心與資訊強調

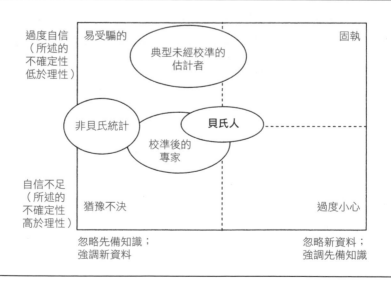

這個方法可能對那些視自己在「客觀」衡量上很嚴謹的人造成焦慮，但是這樣的焦慮是毫無根據的，理由有三：

1. 我已經說明過，在經過我們討論過的調整之後，校準專家的主觀估計通常更接近理性。
2. 這個方法適用於在第一學期的「客觀」統計學沒有提供任何協助的情形，因此唯一的選項就是什麼都不做。
3. 同樣的那些人卻未能察覺到，他們在個人的決定上也都是使用這個方法。假設他們讀到一篇文章談論房屋市場可能走疲，而這會影響到他們買賣房子的決定；這是因為他們對文章中提供的資料做了詳細的模擬嗎？很可能不是，而且文章也不會提供那麼詳細的資料。他們反而是對數值（例如，列出的價格）做屬質的重新評估。

可以利用對照控制來抵銷對這個方法一些合理的疑慮。因為這種作法決定於人類的判斷，因此這個方法就會受到先前討論過的幾種偏誤的影響。以下為你可以用在直覺貝氏法上的一些對照控制：

- **如果可能的話，使用公正無偏的判斷。** 如果一個部門首長的預算會受到研究結果的影響，不要依賴那個人做新資訊的屬質評估。
- **如果可能的話，使用盲測的方式。** 有時候不讓評審知道他正在評估的是什麼問題，可能會得到有用的判斷資訊。如果一份行銷報告中，有焦點團體對新產品的詳細討論內容，將產品的名稱隱藏起來，評審仍然能判斷反應是正面或負面的。
- **使用任務分割。** 和盲測一起使用，效果更明顯。找來一組評審對

屬質的資訊做評估，然後將結果概要拿給另一位評審，此人不清楚是哪個產品、部門、科技計畫等。第二次的判斷可以給出最後的貝氏回應。

- **事前做好貝氏推論的結果。** 要求評審先提出，哪些發現會影響他們的判斷，並使用貝氏校正直到具內部一致性。如此一來，當實際的資料出現時，可直接使用這些貝氏公式，無需再依賴主觀的判斷。

異質的標竿：「品牌受損」的應用案例

你需要數量化的任何事物，總有辦法可以衡量的，強過根本不做衡量。

——吉爾布法則（Gilb's Law）[2]

在第9章果凍豆抽樣的問題中，估計者在估計果凍豆重量時，有一部分的不確定性是來自對涉及的衡量尺度欠缺了解。一位估計者表示：「我不確定我想像得出來一公克的糖果看起來有多少。」另一位則說：「我對小東西的重量完全沒有概念。」

若我告訴你，一張名片大約是1公克重，10美分硬幣重量是2.3公克，大支的迴紋針是1公克。那會不會讓你的估計範圍縮小呢？在我所調查的一些人中，答案是會的，尤其是那些估計範圍最大的人。其中一人聽到這項資訊後，上限立刻從20公克降為3公克。提供這項資訊之所以能夠發揮作用，乃是因為人們可以是直覺的貝氏人，尤其是校準的估計者。他們傾向於以相當理性的方式，用新的資訊更新他

們的先備知識，即使新的資訊是屬質的，或和估計的數量只有一點點相關。

　　根據雖然不同、但有些關聯的例子來更新先備知識，我稱之為「異質標竿」（heterogeneous benchmark）法。當人們對一個數量毫無概念，只要知道了相關的度量結果，即使是不同的品項，也會有很大的幫助。如果你要估計你的產品在一個新的城市中會有多大的市場，能夠知道其他城市的市場規模，會有助於你做估計。即使只是知道不同城市相對的經濟規模，也能有所助益。

獲得尺度感

　　異質標竿：將其他的數量提供給校準的估計者，當作估計不確定數量的標竿，即使提供的那些數量和要估計的數量，似乎只有很小的關聯。

　　例子：在估計一項新產品的銷售量時，使用其他產品，或競爭者類似產品的銷售量資訊。

　　IT防護有一個很有趣的異質標竿例子。在第4章到第6章所使用的退伍軍人事務部IT防護案例中，我呈現了如何以範圍和機率，為各種風險建立量化模型。IT防護產業似乎對不能衡量的事物以及「無形事物」的種類，有無止盡的好奇心。這些被認為不可能衡量的事物之一是，某些災難事件的「軟性成本」（softer costs）。

　　之前在Cybertrust工作的彼得・提佩特（Peter Tippett）有許多處理抗拒衡量IT防護的經驗。他將其生化碩士和博士訓練，應用在同

班同學絕對想像不到的地方：他寫出了第一套防毒軟體。他的創新後來成為諾頓防毒軟體（Norton Antivirus）。自那時起，提佩特進行了涉及數百個組織的大型數量研究，衡量不同安全威脅的相對風險。有了這些背景後，你可能認為大家會接受他所謂「安全防護是可以衡量」的宣言。然而，IT防護產業中許多人似乎根深蒂固地反對「安全防護能夠被衡量」的概念。

　　提佩特對於他所發現的這種思考問題的先入為主模式，取了一個名稱。他稱之為「如果……那不是很可怕嗎？」法。在這個架構下，IT防護專家想像有一個很大的災難事件發生。無論可能性為何，必須不計代價避免。提佩特觀察到：「由於每個領域都有一個『如果……那不是很可怕嗎？』，所有的事都必須要做，排優先順序是沒有意義的。」他想起一個案例。「《財星雜誌》前20大的IT防護經理人要花費1億美元在35個專案上，該企業的資訊長要知道哪個專案是比較重要的。但他手下沒人知道。」

　　提佩特遇過一個特殊的「如果……那不是很可怕嗎？」案例，是關於品牌受損，有汙點的公共形象。防護專家認為，具敏感性的事物——像是醫療機構裡的個人醫療紀錄，或信用卡資料——可能會被駭客入侵並且利用。防護專家進一步假設，在這類公開的難堪，會玷汙了該公司的品牌，這是絕對要避免的，無論花多少代價，也不管它發生的可能性為何。由於品牌受損的成本或機率都無法衡量，所以這位「專家」堅持，此項防衛和投資和防禦其他災難是一樣重要的——毫無疑問地也需要資金。

　　但是，提佩特不接受「品牌受損問題的等級與其他問題的等級是相同的」這種說法。他設計了一個方法，將品牌受損的假設例子和已經知道的真實案例配成對。例如，他問道，e-mail當機一小時會對一

家公司造成的傷害有多大，以及一些其他的標竿事件。他同時也問，它的傷害會高出多少，或低多少（例如：「大約相同」、「一半」、「十倍」等等）。

Cybertrust從150個「鑑識調查」客戶資料流失的大型研究中，對於這些事件成本的相對規模已經有一些概念。這項研究包括大部分的萬事達卡（MasterCard）和威士卡（Visa）的客戶資料流失。Cybertrust調查執行長以及一般大眾對於品牌受損的感受，也比較了這類事件發生後股價上真正的損失。提佩特經由這些調查和比較，得以確認因為客戶資料遭駭客竊取所導致的品牌受損，比起因為備份磁帶遺失所導致的受損還要嚴重。

做了幾項與其他標竿事件的比較，有可能對於不同種類災難的不同規模，得到一些了解。有些品牌受損的程度，比某些事物嚴重，但也不如其他事物嚴重。更進一步地，損失的相對程度可以和該種損失的機率，一起計算出「預期」損失。

我必須強調這個問題的事前不確定程度。組織不只是對於品牌受損有不確定性。在提佩特的研究之前，他們對於這個問題的嚴重程度也完全沒有概念。現在他們終於至少對於問題的規模有了感覺，而且能夠區分降低不同防護風險的價值。

一開始，提佩特觀察到某家客戶對這些結果有高度的懷疑，但他說：「一年後只有一個人還有點懷疑，但其他都同意了。」也許這位抗拒者仍然堅持，沒有任何觀察能降低他的不確定性。我要再一次說明，像品牌受損這樣的案子，不確定性非常高，只要能掌握到一點關於嚴重程度上的感覺，都能降低不確定性——因此，就是一種衡量。

當然你們的組織可能不會為了做衡量，開始對100家以上的公司做調查。但是知道這類研究早已存在，將會有所幫助。（有些公司販

售這種研究。）同時，無論你們組織是否有買外面的研究，這個方法即使只在公司內部應用，都能降低不確定性。

異質標竿的應用

　　對於許多類型的災難事件，尤其是初始不確定極高的情況，異質標竿是簡單衡量其「軟性成本」的理想方法。細想下列例子：

- 駭客竊取顧客信用卡及社會保險資料
- 不小心將個人的醫療資料公開了
- 重大產品召回事件
- 化學工廠的重大工安災難
- 企業醜聞

　　我們似乎太集中在IT防護的討論上，但是想想這概念可以多麼廣泛地被應用。不只是衡量電腦入侵造成的品牌受損，對於為了避免重大產品召回、企業醜聞、化學工廠災難性意外等等所要進行的投資，它可以幫助我們處理其優先順序。事實上，我們可以想像如何將這個方法應用在這些同樣議題的正向方面。例如，被大家認為是業界的「優良產品」，價值是多少？當不確定性高到似乎無法處理的時候，標竿是為問題提供尺度感（sense of scale）的一種實際做法。

　　如果標竿的這個用法似乎「太主觀」，那就想想這個案例中的客觀衡量。除了感受之外，品牌受損還代表什麼？我們衡量的不是實體的現象，而是人們的意見。這項衡量的開始是了解「品牌受損」這個

事物，按定義而言，就是公眾感受的一種。而你要評估公眾感受，當然是要問公眾。替代方法是，你可以透過觀察不幸事件如何影響銷售或股價，來間接觀看公眾如何運用他們的金錢。不管哪種方式，都為這個問題做了衡量。

範圍的貝氏反推：簡介

前面提過，我為這本書創造的許多圖表，都是以一種貝氏反推做出來的。大部分統計學和衡量上的問題，我們問的是：「在我所看到的現象之下，真相是X的機率是多少？」但實際上比較容易的問題是：「如果真相是X，我看到這些現象的機率是多少？」貝氏反推能讓我們用第二個問題的答案，找出第一個問題的答案。而第二個問題常常是比較容易回答的。

假設有一間車用零件商店，我們想要衡量在本地經濟狀況和附近道路交通改變的情況下，有多少顧客明年還會來光顧。這個地區零售業一般是很競爭的，根據這項知識，目前顧客明年還會來光顧的比率，我們校準的估計，90% CI為35%到75%。（目前我們假設是常態分配。）我們計算出如果這個數值不到73%，則擴張計畫就要暫停。我們也決定，如果是低於50%，則唯一的生路將會是搬到交通流量較大的地區。

我們計算出資訊價值（使用第7章討論過的範圍的EOL法）遠超過50萬美元，因此絕對要做衡量。但是，在做顧客調查時要盡可能減少對顧客的干擾。我們打算用逐漸增加的方式來做衡量，先看只抽樣20位顧客能得到多少資訊。如果只抽樣20位，其中有14位表示他們一年後還會在這個地區，還會來光顧，這個90% CI範圍我們要如

何變動？請記得，典型的非貝氏方法在計算時不會考慮事前範圍。

　　在進入計算細節之前，先想像一下，在有初始估計和抽樣結果的情形下，結果會是什麼樣子。圖表10.4呈現的是目前顧客明年還在的比率估計，三種不同的分配。這些看起來和第6章介紹的常態分配，有點類似但不完全相同。和過去一樣，這些分配的「山頂」是最常發生的結果，而「尾部」則是最不常發生但仍有可能的結果。每條曲線下面的總面積必須加起來為100%。

　　圖表10.4三種分配的意義更詳細說明如下。

- 最左邊的分配是根據抽樣之前我們初始的校準估計。這是我們對顧客維持率的不確定性事前狀態，反映為35%到75%的90% CI，轉換為常態分配。
- 最右邊的分配是，如果我們只有樣本結果（20位顧客中有14位會繼續來光顧），在沒有先備知識的情形下，我們對顧客維持率的不確定性看起來的樣子。它只假設在未來12個月內會購買的顧客比率，介於0%到100%之間。這也稱為「穩健的貝氏」分配。

圖表10.4　顧客維持率例子

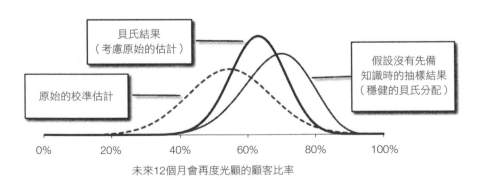

- 中間的分配是同時考慮先備知識（我們 35% 到 75% 的校準估計）
  及樣本結果（調查 20 位顧客中有 14 位說會留在本地）的貝氏分
  析結果。

　　請注意，貝氏結果（中間的）顯然是兩種其他分配的某種平均：
只有根據先備知識，以及只有根據抽樣結果。但不僅如此，它也**比其
他分配的範圍來得窄**。這是這個方法的一項重要特性。根據校準估計
的先備知識和隨機抽樣的結果，能比僅靠單一資訊得知更多訊息。

　　現在來檢視貝氏分析對我們決策的影響。我們先前判定，如果顧
客維持率低於 73%，應該延遲擴張計畫；如果低於 50%，則應該停業
移往較佳地點。若資訊只有我們最初估計的，一年後 35% 到 75% 的
顧客還會再光顧，那我們相當確定應該要延遲擴張。同時因為有 34%
的機會顧客維持率會低於 50% 的門檻，我們可能得搬走。若只有樣
本資料，可以相當確定不是低於 50% 的門檻，但不確定是否低於 73%
的門檻。只有同時使用原始估計和樣本資料的貝氏分析，能有相當的
信心，我們是低於 73%，但高於 50% 的門檻。我們應該不要搬走，但
要延遲計畫中的擴張投資（請見圖表 10.5）。

　　我們對於要採取的行動路徑仍有不確定性，但是比起沒有貝氏分
析時已經低多了。如果資訊價值仍然很高，可以再多抽取一些樣本，
再重複貝氏分析。每個新樣本，我們的範圍都會再縮小，同時初始校
準估計的效果也會因樣本資料增加而逐漸消失。如果抽樣超過 200 位
顧客，我們會發現初始估計對結果的影響非常小。在只能收集少數樣
本來調整初始估計的情形下，貝氏分析的重要性最高。

圖表10.5　三種分配的結果和門檻之間的關係

分配的來源	延遲擴張的信心 （維持率＜73%）	遷址的信心 （維持率＜50%）
根據初始校準估計 （35%到75%）	93%	34%
根據抽樣結果 （20人中14人留下）	69%	4.3%
同時使用初始校準估計及樣本資料的 貝氏分析	91%	6.5%

範圍的貝氏反推：細節

　　請注意：以下討論會多一些技術性。若想跳過這段敘述，請參考貝氏反推的試算表，在本書網站尋找「Bayesian Inversion Examples Chapter 10」，其中就包含了下一個例子。我會盡可能簡單地做敘述。整個程序似乎很繁瑣，但我會盡量減少數學運算，盡可能直接使用Excel的函數。

　　我們從上述零售案例中的一個簡單問題開始。如果所有顧客中有90%表示，他們會留下來繼續光顧汽車百貨店，請問20位顧客中預期有幾位會這樣說？簡單：20的90%，也就是18位。如果是80%，則預期會有16位。當然，我們知道，光靠機率，對20位顧客隨機作抽樣，會得到15位或甚至20位顧客表示再來光顧。所以我們需要知道的不只是預期的結果，而是每個特定結果的機率。

　　我們所使用的分配在第9章曾簡短提及，稱為「二項分配」。二項分配讓我們在特定「測試」次數和每次測試「擊中」的機率的條件下，可以計算出「擊中」特定次數的機率。舉例而言，如果你擲一個

硬幣，則可稱出現人頭為「擊中」，擲硬幣的次數稱為「測試」數，而擊中的機率為50%。如果我們想要知道擲10次硬幣得到正好4次人頭的機率，而每次擲硬幣得到人頭的機率為50%。在此我不解釋完整的數學公式，而是以Excel函數運算。在Excel中，我們只簡單寫：

＝binomdist（擊中的次數，測試的次數，擊中的機率，0）

以上述擲硬幣的例子，就會寫成＝binomdist（4,10,0.5,0），Excel會帶出數值為20.5%。在函數括弧裡最後一數字0，是告訴Excel我們只要特定結果的機率。若是「1」，將會產生累積機率（也就是，我們所給的擊中次數或低於此次數的情況）。這個結果表示，擲10次硬幣得到正好4次人頭的機率為20.5%。

在汽車百貨連鎖店的例子中，一位說「是的，我會在未來12個月再來購買。」就是一次「擊中」，而樣本數就是測試次數。（我們可用匿名的方式來調查，請顧客勾選答案後投入紙箱中，如此顧客就不會有壓力。）使用二項分配，經理人可以找出一個特定結果的機率，例如，如果實際上顧客母體中有90%會再來消費，那麼隨機抽樣的20位顧客中，有14位說會再來的機率。同樣地，在Excel中我們寫＝binomdist（14,20,0.9,0），所得到的答案是0.887%，也就是如果顧客的整個母體中有90%說他們會再來消費，那麼在20位隨機抽樣的顧客中正好14次擊中的機率為0.887%。20次測試低於及等於14次擊中的機率，我們寫為＝binomdist（14,20,0.9,1），得到的答案為1.1%。如果20個樣本每個真的都有90%的機率擊中，無論是用哪一種方式，則要看到14次擊中的可能性相當低。

現在，假設我們計算母體中1%打算明年還會來消費的機率，然

後再以1%增量計算2%、3%等等，從1%算到99%。（有時候小於1%也很重要，目前我們維持簡單化。）先在Excel試算表上設定表格，我們可以計算在每個「真正的」母體比率前提下，發生特定結果的機率。每個1%的增量，我們都可以得到在該母體比率的前提下，20位顧客樣本中有14位說明年會再來消費的機率。我們對每個增幅，以貝氏定理做計算。將它們全放在一起如下列：

$$P（Prop = X \mid Hits = 14 \text{ of } 20）= P（Prop = X）$$
$$\times P（Hits = 14 \text{ of } 20 \mid Prop = X）/ P（Hits = 14 \text{ of } 20）$$

此處：

P（Prop = X ｜ Hits = 14 of 20）為在20個隨機樣本中有14個擊中的前提下，特定母體比率X的機率。

P（Prop = X）為特定母體比率的人會再度光顧的機率（例如，X = 90%的母體真的表示會再度光顧。）

P（Hits = 14 of 20 ｜ Prop = X）為在特定母體比率等於X的前提下，在20個隨機樣本中得到14次擊中的機率。

P（Hits = 14 of 20）為在初始範圍內所有可能母體比率的前提下，我們在20次中得到14次擊中的機率。

我們知道，在Excel中如何計算P（Hits = 14 of 20 ｜ Prop = 90%）：= binomdist（14,20,0.9,0）。現在則必須想出如何計算P（Prop = X）及P（Hits = 14 of 20）。可以利用Excel的 = normdist() 函數及使用校準估計，算出每個1%增量的機率。例如，要得到顧客

中78%到79%會再度光顧的機率（或至少假設他們在調查中如此表示），我們可以用Excel公式：

$$= \text{normdist}（0.79,0.55,0.122,1）- \text{normdist}（0.78, 0.55,0.122,1）$$

0.55是我們初始校準範圍35%到75%的平均數。0.122是標準差（記住，90% CI裡有3.29個標準差）：（75% －35%）／3.29。normdist公式給我們的是低於79%的機率和低於78%的機率，兩者之間的差異，結果為0.5%。我們對範圍內的每1%增量重複上述計算，可以計算出母體比率X的機率〔也就是範圍內所有可能的X的P（Prop＝X）〕。

　　計算在所有可能的母體比率下，P（Hits＝14 of 20）的數值，是建立在到目前全部所有的基礎上。當我們知道每個X數值的P（Y｜X）和P（X），要計算P（Y），我們將每個X數值的P（Y｜X）×P（X）乘積加總起來。由於我們知道如何計算每個X的P（Hits＝14 of 20｜Prop＝X）及P（Prop＝X），因此只要對每個X的這兩個數值相乘，然後加總起來，就得到P（Hits＝14 of 20）＝8.09%。

　　現在，對每1%的增量，我們計算P（Prop＝X），P（Hits＝14 of 20｜Prop＝X），以及P（Prop＝X｜Hits＝14 of 20）。對所有範圍內的增量，P（Hits＝14 of 20）都是8.09%。

　　如果將母體比率每個增量的機率累加起來，我們發現在母體比率為48%時，累加數值約為5%，而累加數值增加到95%時，母體比率達到75%。這表示我們新的90% CI約為48%到75%。這就是圖表10.4中所呈現的機率分配結果。這個結果比起單憑初始校準估計或樣

本資料所得到的結果，都要來得窄。所有這些計算的詳細表格，都可在本書網站上找到。

　　我們也可以使用第4章的母體比率圖，但就無法將初始範圍列入考慮。第9章的圖表也是利用貝氏反推導出來的，除了我一開始是用最寬的可能不確定性：母體比率0%到100%均等分配。以這麼寬的初始範圍（事實上，是沒有先備知識情形下，對母體比率最大的不確定性）的貝氏反推，即是用來產生圖表10.4中最右邊分配的穩健貝氏法（假設沒有先備知識的分配）。

　　在這個案例中，我們的先備知識為接近0%和接近100%都是不可能的。貝氏範圍將這項先備知識列入考慮。然而，隨著樣本數增加，初始範圍的影響逐漸消退。在樣本數達到60個以上之後，答案會開始接近參數型母體比率法的答案。

　　如果你很擅長這類分析，則可以更進一步，看看如何分析初始分配不是常態分配的問題。例如，可能是均等分配，或是截斷式的常態分配，這些就不可能會有超過100%的顧客表示會再來光顧。（常態90% CI的最高尾端顯示，有很小的機率會發生這個情況。）再一次地，請讀者查看補充網站上這兩種分配的例子。

貝氏分析教導我們的事

　　雖然乍看之下似乎很麻煩，但是貝氏定理是我們手邊最有力的衡量工具之一。它重新描述衡量問題的方式。有了一個特定的觀察後，以這樣的問題來描述衡量似乎是很明顯的：「我可以從這個觀察得到什麼結論？」或是換用機率的用詞，「在我的觀察前提下，X為真的機率是多少？」但是貝氏告訴我們的是，我們可以從「如果X為真，

這個觀察的機率是多少？」這個問題開始。

第二種形式的問題很有用，因為答案常常更為直截了當，而且引導到另一個問題的答案。它也迫使我們思考，在特定的假設前提下，不同觀察的可能性，以及它對解釋一項觀察的意義。

如同在前面例子中所見，如果，假設性地，我們知道母體的20%會繼續光顧本店，則能判定20人中有正好15人表示會再來的機率（使用Excel的binomdist函數）。那麼我們可以用貝氏定理反推這個問題，計算在隨機抽樣20人中有15人表示會再來的前提下，母體中只有20%會持續光顧本店的機率。我們會發現機率非常接近零──約1600萬分之1。

有許多類似的情況，很容易計算在特定假設為真的前提下，一項觀察出現的機率，然後可以轉換成在出現這項觀察的前提下，假設為真的機率。從「如果提出的假設為真，看到這個的機率是多少？」這個問題開始。最後以「在我觀察到這個的前提下，假設為真的機率是這樣。」這個答案作結束。

這項工具的邏輯結論，對衡量的一些常見反對意見，提出了反駁。懷疑衡量的人常常宣稱有些事物無法衡量，因為他們可以想像衡量的各種可能誤差（無論他們是否嘗試過進行衡量），並且假設因為這些可能的誤差，導致觀察和衡量沒有關聯性。這純粹是對衡量方法的一種誤解──第3章中提到的三大誤解之一，導致一些人相信有些事物是無法衡量的。他們假設，在沒有做數學的情況下，誤差出現的頻率和規模就表示，觀察無法降低不確定性。

衡量懷疑論者的謬誤

謬誤：衡量中誤差的可能性表示觀察無法降低不確定性。

事實：如果一個觀察**可能**讓我們知道些什麼，它**必然**告訴了我們些什麼。

　　但是貝氏不會讓衡量懷疑論者那麼輕易就脫身。當我們詳細應用貝氏時，我們發現只要觀察和被衡量的事物有一些關聯性，要讓一個觀察變成沒有意義的條件沒有那麼容易達到。事實上，如果一項衡量真的沒有價值，必須是只有一個可能的狀況、一個可能的觀察、或任何可能的觀察的機率，和被衡量的事物的任何可能狀況都完全沒有關係。

　　衡量中的誤差或錯誤的可能性，不會讓觀察和被衡量的事物之間，產生完全的獨立性。只要至少有一個可能的觀察，在不同的狀態下有不同的機率，那麼任何觀察都會改變狀態的機率。只要一個觀察**可能**讓我們知道些什麼，它**必然**告訴了我們些什麼。

　　為要了解為何會是如此，我們把任何衡量想成是可能的觀察和可能狀態的矩陣。每一列是該事物的可能狀態，每一欄則是可能的觀察。每個觀察都有一個初始機率，每個狀態也有一個初始機率。那麼矩陣中的每個小格，就是在該狀態前提下，看到那個觀察的條件機率。在汽車百貨調查例子中，我們可以在展開調查之前，先建構這個矩陣。每一列為母體中會再度光顧的真實百分比的一個增量，每一欄是20個樣本顧客中回答「是」的可能數量。在這個例子中，我們將

計算侷限在樣本數為20之下一個特定的結果——我們已經知道的調查後結果。但是在調查之前，我們必須考慮所有可能的結果。

　　然後我們將三項特定的限制條件應用在這個矩陣上。前面兩個限制條件只是所有可能觀察的機率加總為1，以及所有可能狀態的機率加總為1。同時，每個觀察的機率，與在每個可能狀態下該觀察的條件機率，必須一致。具體來說，對於每個可能的觀察O，以及所有可能的狀態，其 $P(O) = P(O \mid S_1) P(S_1) + P(O \mid S_2) P(S_2)$ ＋……。這些是機率理論的基本限制條件。

　　我們可以用每欄、每列、每格（分別為觀察的機率、狀態的機率，以及在每種狀態前提下每個觀察的條件機率）的機率用貝氏反推計算出新的矩陣。在新的矩陣中，將條件機率轉換，每一格變成在一個觀察前提下一種狀態的機率（不再是一種狀態前提下一個觀察的機率）。

　　如果觀察和狀態確實彼此獨立，那麼對任何兩種狀態 S_a、S_b 而言，所有的觀察O都符合 $P(O) = P(O \mid S_a) = P(O \mid S_b)$。換言之，狀態對任何觀察的機率均無影響，因此所有的觀察都無法告訴我們任何事。但是如果你要建立一個矩陣，是有些狀態會改變觀察的可能性，那麼，一個觀察勢必會改變一種狀態的機率。

　　我已經建立了這樣的一張工作表，你可以從本書網站下載。請用它做一些實驗。如果有任何意外結果的可能性，而該意外結果消除了或只是修正了一些觀察的機率，那麼任何觀察勢必都會改變一些狀態的機率。任何觀察都不會改變任何狀態的機率，唯一的方式是，所有的狀態和所有的觀察都是獨立、沒有關聯性的。你會發現，要得到矛盾的答案，必須要違反先前所說機率理論的限制條件。

　　這是對衡量懷疑論者非常有效的反駁。例如，懷疑論者會說，販毒逮捕或是戒毒病患的研究，無法告訴你毒品交易是否有增加，因為不是所有的毒品交易都會被逮捕，不是所有的吸毒者都會變成病患，且逮捕率受到許多因素影響，像是不同城市的預算限制等。

　　但是，是否有任何結果會導致我們改變毒品交易增加的機率呢？假設我們發現販毒逮捕的數量，即使在預算吃緊的城市都是上升的。假設宣導活動沒有任何變化，而戒毒診所的病患是增加的。假設即使預算增加，販毒逮捕和戒毒病患還是雙雙減少。如果這些結果有任何一個在剛開始就有可能，那麼不會出現這些結果，勢必告訴我們一些什麼。不確定性的改變即使很小，但請記得即使是很小的改變，也可以有很大的資訊價值。懷疑論者有舉證責任，證明衡量方法的可能問題，能夠做出一個觀察和狀態確實獨立的矩陣。

注釋

1. David M. Grether and Mahmoud A. El-Gamal, "Are People Bayesian?: Uncovering Behavioral Strategies," *Social Science Working Paper 919*, Califormia Institure of Technology (1995).

2. T. DeMarco, *Peopleware: Productive Projects and Teams*, 2nd ed. (Dorset House Publishing Company. (February 1, 1999).

第四篇

基礎之外

## 第11章

偏好與態度：衡量的軟性面

如果我們詢問人們，什麼是他們想的、相信的、偏好的，那麼我們就是在做一項觀察，統計分析無異於我們如何分析地球上「客觀的」物理特性。

第10章品牌受損的例子屬於主觀評價問題。「主觀評價」（subjective valuation）可以視為贅詞，因為當我們說到價值時，「客觀」真正的意義是什麼？一磅黃金的價值，只因那是市場價值就客觀嗎？不全然如此。市場價值本身就是眾人主觀評價的結果。

　　經理人很普遍地認為，像是「品質」、「形象」或者「價值」等觀念是不可衡量的。在一些案例中，乃是因為他們無法發現這些數量的「客觀」估計。但那單純是錯誤的預期而已。所有的品質評估問題——公眾形象、品牌價值等等——都是關於人類的偏好。就該意義而言，人類的偏好是衡量唯一的來源。如果那表示，這類衡量是主觀的，則它就是衡量的本質。這不是任何物體的物理特性，只是人類對該事物所做的選擇。一旦接受這類衡量只是在衡量人類的選擇，則我們唯一的問題，就是要如何觀察這些選擇。

觀察意見、價值，以及對幸福的追求

　　大致而言，有兩個方法可以觀察偏好：人們說什麼，以及人們做什麼。**陳述型**偏好（stated preferences）是指個人說出的偏好。**顯現型**偏好（Revealed preferences）則是個人以實際行為表現出來的偏好。無論是哪一種，都能大幅降低不確定性，但是顯現型偏好通常（正如你的預期）更為明顯可見。

　　如果我們詢問人們，什麼是他們想的、相信的、偏好的，那麼我們就是在做一項觀察，統計分析無異於我們如何分析地球上「客觀的」物理特性（和人類一樣可能會欺騙我們；只是使用的對照控制不同而已）。我們只要對一群人做抽樣，詢問他們一些特定的問題。這些問題的形式有幾個主要類別。問卷調查領域的專業人士設計使用更詳盡

且細膩區分的類別，但是對於初學者而言，四個類別應該就夠用了：

1. **李克特量表**（Likert scale）：要求答題者選擇對一件事物的感覺範圍，通常的形式為「非常不喜歡」、「不喜歡」、「非常喜歡」、「非常不同意」、「非常同意」等。

2. **選擇題**：要求答題者從一組互斥的選項中做選擇，例如「共和黨、民主黨、其他」。

3. **評等排序**：要求答題者對一些品項做排序。例如：「請評比下列8項活動，從最不喜歡（1）到最喜歡（8）」。

4. **論述題**：要求答題者自由寫出他們的回答。例如：「對於我們的服務，您是否有不滿意之處？」

那些設計問卷的專家常常會說，問卷本身就是一項工具。問卷工具是設計來最小化或控制稱為「回應偏誤」（response bias）的一種偏誤，它是這類衡量工具特有的問題。

回應偏誤發生在一項問卷調查，有意或無意地，影響答題者做出不能反映他們真實態度的回答。如果這項偏誤是刻意造成的，問卷的設計者目標瞄準特定的回答（例如，「你是否反對某某州長的過失犯罪行為？」），但是問卷也可能不是故意造成偏誤的。此處有五個避免回應偏誤的簡單策略：

1. **保持問題精確簡短**。長篇大論的問題很可能造成混淆。

2. **避免多重意義的用語**。多重意義的用語是指一個字有正面或負面的言外之意，甚至問卷設計者都沒能察覺到，會對答案造成影響。例如，問人們是否支持某位政治人物的「自由派」政策。

（如果沒有說出特定的政策，則這同時也是問題不精確的例子。）

3. **避免引導性的問題**。「引導性的問題」在用詞用語上告訴答題者哪個答案較符合預期。例如：「克里夫蘭薪水低、工時長的清潔隊員應該加薪嗎？」有時候引導性的問題不是刻意的。和多重意義用詞一樣，要避免非刻意的引導性問題，最簡單的方式就是找第二或第三個人再檢視一次問題。若是刻意使用引導性問題，則我想不通進行問卷調查的用意何在。如果他們知道要的是什麼答案，還期待問卷調查能帶來什麼樣的「不確定性降低」？

4. **避免複合型的問題**。例如：「你比較喜歡A車還是B車的座椅、動力方向盤以及操控性？」答題者不知道要回答哪個問題。將這個問題拆成幾個問題來問吧。

5. **利用反轉問題，來避免回應習慣偏誤**。回應習慣偏誤是答題者無視內容，以特定方向回答問題的傾向。如果你有一系列的量表，需要答題者從1到5進行評等排序，5不要永遠是「正面」的回應（反之亦然）。你要鼓勵答題者細讀並回應每個問題，不要落入勾選同一欄位答案的模式。

　　當然，直接詢問答題者他們的偏好、選擇、慾望、感覺，並不是得知這些事物的唯一方法。我們也可以從觀察他們的作為，推論得知他們的偏好。事實上，相較於只用詢問的方式，這通常被認為是對人們真實意見和價值更可靠的衡量。

　　如果人們說他們寧願捐給孤兒院20美元，也不想花在看電影上，但是實際上，過去一年他們看了好幾次電影，卻沒捐過一次錢給孤兒院，那麼他們已經顯現出不同於他們陳述的偏好。有兩個很好的指標顯現出在人們心中認為價值較高的偏好事物：時間及金錢。如果

你仔細看他們如何使用時間，以及花費金錢，便能推論出許多關於他們真實偏好的資訊。

　　現在，當問卷答題者表示，他們「非常同意」「零售商店太早掛出聖誕節裝飾了」這樣的說法時，看起來似乎我們已經脫離了對「數量」的衡量。但是我們在前面幾個章節中介紹的觀念，並沒有改變。你有個決策要做，如果能知道這個數量，做錯決策的機率會低很多。對於這個變數你有目前的不確定性狀態（例如，認為聖誕裝飾太早掛出的顧客比率為50%到90%），而且你心裡有一個點，決策在這一點會開始改變（如果超過70%的顧客非常同意裝飾太早掛上了，購物中心應該打消更早掛出裝飾的計畫）。根據那項資訊，你計算額外資訊的價值，並且設計在該資訊價值下的抽樣方法或其他更適合的衡量。

　　關於這些方法的使用，有一些非常重要的提醒。其中之一，量表本身在設計題目時就對答案有很大影響。這稱為「分割相依」（partition dependence）。例如，假設對消防隊員做問卷調查，詢問在不同的場所要撲滅一場火災所需花費的時間。假設我們給50位消防員版本I問卷，另外50位消防員版本II的問卷。（請見圖表11.1）

　　當然，我們會期待B和C選項會隨著新量表而變化。但是問卷II會不會使勾選A的人數改變呢？兩版問卷的A選項是相同的，然而我

圖表11.1　分割相依例子：撲滅建物X的火災需要花費多少時間？

問卷I	問卷II
A：不到1小時	A：不到1小時
B：1到4小時	B：1到4小時
C：超過4小時	C：2到4小時
	D：4到8小時
	E：超過8小時

們發現，問卷 II 中選擇 A 的頻率低於問卷 I。[1] 在這個例子中，要避免
分割相依的影響，你可以校準他們，要求他們做出實際數量的估計。
如果那樣不符實際，你可能需要使用一種以上的問卷調查，來縮小因
分割相依造成的影響。

　　同時，也別將用在意見民調（opinion poll）的方法和用在半調子
決策分析上的方法混為一談。如果你要知道公眾的想法，那麼使用量
表方式的意見民調是有用的。如果你要用一系列的量表來決定如何使
用大型收購案的預算，將會產生一大堆問題（在下一章會做更多討
論）。至此，我們已經離開過去聚焦的衡量單位導向的數量型態了。
先前每次我們評估某個數量時，通常能夠找到相當清楚的單位，而不
是李克特量表。但我們可以引入另一個步驟。我們可以將意見調查的
結果連結到其他明確且有用的數量上。如果你要衡量顧客滿意度，不
就是因為你想用留住常客及口碑宣傳的方式，讓你的企業存活下來？

　　其實，你可以將主觀的回應連結到客觀的衡量，且這類分析是常
常在做的。有些人甚至用它來衡量幸福（請見「衡量幸福」段落）。
若你能將兩件事物彼此互相連接，假設其中之一可用金錢來表示，則
這兩者都能以貨幣的方式來表達。而且，如果那樣看起來太困難，你
甚至可以直接問人們：「你願意為此付出多少錢？」

衡量幸福

　　英國華威大學（University of Warwick）經濟系教授安德魯·
奧斯華（Andrew Oswald）設計出一個方法來衡量幸福的價值。[2]
他並未直接問人們願意為幸福付出多少金錢，而是請人們根據李
克特量表表示他們有多幸福，然後請他們說出所得及其他生活上

的幾個事件，像是近期親人的亡故、婚姻、孩子的出生等等。

　　這可以讓奧斯華看出，生活上特定事件造成幸福的變化。他看到近期親人亡故如何降低了幸福感，或是職位升遷如何增加了幸福感。此外，由於他也連結所得對幸福的影響，因而得以計算其他生活事件的「相當所得」幸福。舉例來說，他發現維繫婚姻和每年多賺10萬美元，讓一個人感到同樣的幸福。（由於我和妻子剛度過13年結婚周年慶，我的幸福程度相當於未婚但多賺了130萬美元。當然，這是平均數，而且每個人之間的差異很大。所以我告訴我太太，這對我來說是低估了，我們可以繼續有幸福的婚姻。）

願意支付多少：透過取捨來衡量價值

　　再重複一次，評價，在本質上就是主觀的評估。即使股票或房地產的市場價值只是一些市場參與者主觀判斷的結果。如果人們計算一家公司的淨值，以得到價值的「客觀」衡量，他們必須加總像是持有房產的市場價值（他們認為別人願意支付多少錢購買）、品牌的價值（有多少消費者願意花錢購買該品牌的產品）、用過的設備的價值（同樣地，別人願意支付多少來購買）等等。無論他們認為自己的計算有多「客觀」，他們處理的衡量基本單位（元）就是價值的一項衡量。

　　這就是為什麼評價大多數事物的一個方法，是問人們願意為它支付多少，或更好的方法是，從他們過去的行為看到他們支付了多少。支付意願法（willingness to pay, WTP），通常隨機抽樣調查人們對特

定事物願意付出多少錢——也就是無法以其他方法評價的事物。這個方法過去被用在避免瀕臨絕種物種、增進公眾健康及環保等議題的評價上。

1988年，我剛進入普華永道會計師事務所，從事第一個諮詢顧問專案。我們幫一家財務金融公司評價印刷業務，要決定該公司是否應該外包更多印刷業務給當地大型的印刷廠。該公司的董事會覺得，與當地廠商合作具有「內部價值」。此外，當地印刷廠老闆有朋友是該公司的董事。他問道，「我沒在做財務金融業務，為什麼你們要做印刷業務？」同時他還遊說外包更多印刷業務給自己的印刷廠。

董事會中有一些抱持懷疑的人，於是雇用普華永道對這項業務做評估。當時我是資淺的分析師，得做這個專案所有的數字工作。我發現，將更多印刷業務外包，不但沒有商業意義，同時該公司還反倒應該將更多印刷業務拿回來做。該公司規模夠大，足以和專業印刷廠競爭，這能讓該公司所有的設備維持高利用率，和供應商也可以有很好的議價能力。而該公司已經擁有非常了解印刷業務的高度技術員工。

無論印刷是否應該成為這類公司「核心業務」的一部分，這是可以討論的，但是成本效益分析明白顯示出，該公司自己做印刷是有利的，甚至應該做更多。毫無疑問地，即使在考慮整體員工福利、設備維護、辦公室空間以及其他之後，該公司將這麼大量的印刷工作交由外部來做，將必須付出更多錢。外包提案比起相同服務和產品的花費，每年得多花費該公司數百萬美元。有些人主張，外包甚至會使該公司得到品質較低的服務，因為在財務金融公司內的大量印刷員工，不必擔心其他顧客的優先順序問題。外包提案在未來五年的淨現值將會是負1,500萬美元。

所以最後的結論是這樣的：該公司對印刷廠的友誼和支持社區

小型企業的評價是否大於1,500萬美元？身為資淺的分析師，我不認為我該告訴董事會成員應該評價多少；我只是誠實地報告了兩種決策的成本。如果他們對該社區的友誼（僅限此例而言）高過1,500萬美元，財務上的損失便可以接受。如果他們的評價較低，財務上的損失則不可接受。結果，他們判定這項友誼和這類「社區支持」不值得那麼多。他們決定不要做更多外包，甚至決定減少外包。

在那時，我稱此為一種「購買藝術品」問題。你或許認為不可能對「無價的」藝術品作評價，但是如果我至少確定你知道該藝術品的真實價格，你就可以判定它對於你的價值。如果有人說畢卡索創造的某件事物是「無價的」，但是沒有人可以被慫恿為它花費1,000萬美元，那麼顯然它的價值就是少於那個金額。我們並不企圖對友誼作評價，只是要確定該公司知道必須為它付出多少，然後可以做出決定。

WTP有個修正版本，為「統計生命價值法」（Value of a Statistical Life, VSL）。用VSL，不會直接問人們生命的價值是多少，而是問他們願意為死亡風險的降低付出多少。在金錢和小幅降低早逝機率之間做選擇，事實上是人們例行在做的決策。你可以為了稍微安全一點的車子，花費較多的金錢。假設為了降低20%死於車輛碰撞的機會，要多花大約5,000美元，而車輛碰撞致死的機率只有0.5%（條件為你有多常開車、在什麼地方開車、你的駕駛習慣等等），結果是將整體死亡機率降低了1%的十分之一。如果你不做這個選擇，你就等於表示「我偏好留著5,000美元，勝過降低0.1%英年早逝的機會。」在那個情況下，你對某事物VSL的評價會低於$5,000／0.001，也就是500萬美元（因為你拒絕支付這項費用）。同時你可能花了1,000美元做醫療掃描，這項掃描有1%的機會能偵測出致命的狀況，而早期發現是可以預防的。在那情況下，你選擇接受掃描，顯示你的VSL至少

為 $1,000 / 0.01，也就是 10 萬美元。持續檢視你對各種安全相關產品或服務，做出的購買及拒絕購買的選擇，然後推論出你對生命威脅風險某個程度的降低，評價是多少，藉此再推論出你對你生命的評價是多少。

這個方法有一些問題。首先，人們評估自己在各種議題上的風險，是相當差勁的，所以他們的選擇可能不是那麼具資訊性。詹姆斯‧海密特博士（Dr. James Hammitt）和哈佛風險分析中心（Harvard Center for Risk Analysis）觀察到：

> 人們在了解機率，尤其是與健康醫療抉擇的小機率，是出了名的差勁。在一份普查中，只有 60% 的答題者答對「100,000 分之 5 和 10,000 分之 1，哪個比較大？」這個題目。這個「數學盲」（innumeracy）現象，混亂了人們對於自己偏好的思考。[3]

如果人們真是數學文盲，那麼就可以懷疑從公眾調查收集來的評價。海密特沒被一些人有限的數學能力阻止了他的研究，他針對這個現象做了調整。把正確回答這類問題的答題者，與那些不了解這些機率和風險基本觀念的人，分開作評價。

第二，除了有些人是數學文盲之外，我們在衡量像是生命的價值和醫療健康等事物時，必須面對錯置了的義憤感。一些研究顯示出，大約有 25% 的人在環保價值調查中，拒絕回答，因為「環境有絕對需要保護的權利」，無論成本是多少。[4] 當然，淨效果就會是那些可能提高環境平均 WTP 的個人會棄權，而使得評價低於應該有的水準。

但是我懷疑義憤感是否其實只是表面。同樣的那些人現在就能選擇放棄奢侈品，無論是多小的，並且以保護環境為名作捐款。現在，

他們大可辭掉工作，當綠色和平組織的全職志工。但是他們並沒有這樣做。他們的行為與他們被這個問題上所激怒的道德感，常常是不一致的。對人的生命放上貨幣價值的概念，有些人有同樣的抗拒，但是，同樣地，這些人不放棄所有的奢華，把錢捐給與公眾健康有關的慈善活動。

聲稱有些事物是無法用貨幣評價的人，但所做的選擇卻顯露出將個人的奢華，評價得更高，這樣的言行不一是可以解釋的。海密特的研究（以及其他許多研究）顯示出，有出乎意料多比例的人是數學文盲。因此，抗拒評價人的生命，可能是出自對數字的恐懼。也許對這些人而言，義憤感的表現，是防衛機制的一部分。也許他們覺得如果量化是不重要的，或特別在這類議題上甚至是侮辱人的，那麼他們的「數學盲」就沒有關係了。

對關係到人類快樂、健康、生命等價值做衡量，是特別敏感的話題。在網路上搜尋「簡化成一個數字」，會出現數百或數千條搜尋結果，大部分是反對把某些形式的衡量應用在人類身上。為世界做出數學模型，是人類獨具的特質，就和語言、藝術一樣，但是你很少發現有人抱怨「被簡化成一首詩」或「被簡化成一幅畫」。

而且，令人驚訝的是，這些高度爭論性的價值，其初始的寬大範圍就足夠好了。我做過許多聯邦政府計畫的風險／報酬分析，那些投資提案的一部分好處是，降低了公眾健康上的風險。每個提案，我們都只使用從各種VSL和WTP研究收集來的寬大範圍。在計算資訊價值後，那個很寬的範圍很少需要再做進一步的衡量。

對於要在這類事物上使用貨幣價值的想法感到憂慮的那些人，他們應該要思考一下替代方案：忽略掉這個因素，等同於將此價值視為零，這會導致此商業案例試圖主張的努力，受到不理性的低估（同

時也無法獲得應有的優先順序）。我做過的許多案例只有一個例外，其資訊價值引導我們進一步衡量這類變數。大多數例子中真正的不確定性，出乎意料的，並不是公眾安全或福利的價值。因此，初始範圍（儘管相當寬大）就足夠了，可以將衡量重點擺在其他不確定的變數上。

順便一提，為了避免一個人提早死亡，許多政府部門根據各種 VSL 及 WTP 研究，使用的範圍為 200 萬美元到 2,000 萬美元。如果你認為看起來太低，請檢視一下，你花了多少自己的錢在你自己的安全上。同時也請檢視，你如何選擇花費在生活上的奢侈品——無論是否適度——而不多捐錢給愛滋病或癌症研究。如果你真的認為每條人命的價值，遠超過那個範圍，你應該會有不一樣的行動。當我們仔細檢視自己的行為，很容易就看到只有偽君子才會說「生命是無價的」。

量化風險耐受性

評價事物時必須要做的這類內部取捨，有一個共同的領域就是風險耐受性（Risk Tolerance）。你或你的公司應該耐受多少風險，沒有人能替你做計算，但是你可以對它進行衡量。就像 VSL 法，只是在更多報酬或更低風險之間，檢視一系列的取捨——無論是真實的或假設的。

在管理財務組合方面，有些投資組合經理人確實會這樣做。1990年，諾貝爾經濟獎頒給了哈利・馬可維茲（Harry Markowitz），因為他的現代投資組合理論（Modern Portfolio Theory, MPT）。馬可維茲在 1950 年代開發出的這項理論，自那時起就成為大多數投資組合最適化方法的基礎。

　　我和其他的作者，都對MPT的一些假設提出批評（例如，以常態分配來做股票市場波動性模型）。但是該理論仍然有許多有用的地方。也許MPT最簡單的部分是一張圖，該圖顯示出在一定的報酬下，投資人願意接受多少風險。如果他們面對一個有較高潛在報酬的投資機會，投資人通常願意接受稍微多一些的風險。如果面對的是高很多的確定性，他們願意接受較低的報酬。這項陳述以一條曲線表達出來，該曲線表示剛好可以接受的風險和報酬。圖表11.2顯示的是某個人的投資邊界（investment boundary）。

　　這與馬可維茲所使用的圖稍有不同。他的風險座標是某一支股票的報酬波動度（volatility）歷史數據（資本利得或損失以及股利）。但像是資訊科技（IT）專案或新產品開發這類投資，通常不會有「歷史波動度」的資料。然而，它們都具有，比馬可維茲的衡量更基本的另一項風險特性：它們有損失的機會。

圖表11.2　投資邊界

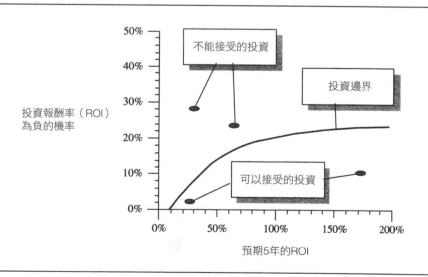

　　你可以很快地建立出你自己或是你公司的投資邊界。假設你要做一項大型投資。「大型」——但並非不平常——投資是：100萬美元還是1億美元？不論是什麼，請選擇一個規模，在這個例子裡用它來陳述。

　　現在假設你用蒙地卡羅模擬計算出數千種情境的報酬。所有可能的報酬，5年平均年投資報酬（ROI）為50%。但是對此ROI有不確定性，就是報酬有可能會是負的——假設負ROI的機率為10%。你會不會接受這項投資呢？如果會，那我們把風險提高到20%；如果不會，降低到5%。現在你會接受它嗎？重複前面的步驟，提高或降低風險，直到報酬和風險都剛好勉強可以接受。這個點就在你的投資邊界上。現在ROI增加到100%。你勉強可以接受的風險又是多少呢？那會是你風險邊界上的另外一個點。最後，假設你可以做一項沒有負報酬機率的投資。對此沒有損失機會的投資，你願意接受的平均ROI，最低是多少？

　　這三個點都在你的投資邊界線上。如果你有需要，可以用較高或較低的ROI多填出幾個點在邊界上。點多到某個程度，就可以明顯看出連接這些點的曲線來。

　　除了風險軸線上的不同，值得對MPT理論的堅持者提示一些不同的地方。不同的投資規模，你必須有不同的投資邊界。馬可維茲最初所指的投資曲線，是整個投資組合的投資曲線，而非個別的投資。但是我做了三條曲線——我可能評估的投資規模中，最小規模的一條、平均規模的一條、最大規模的一條——因此內插法就能容易地運用。（我自己寫了一個簡單的內插曲線試算表，但是你用眼睛看，就能得到很接近的答案。）

　　我因為某些理由常常用這個簡單的工具，單獨評估每一個投資。

在一年當中的任何時候都可能會出現新投資機會，然而許多其他投資已經在進行當中。很少有機會能對全部的投資組合做「最適化」，因為我們無法隨時選擇投入或退出投資。

1997和1998年，我曾在報章雜誌上撰文談論我在應用資訊經濟方法上使用的投資邊界法。[5]我帶領過許多主管做過這個練習，也收集了許多不同類型組織的數十個投資邊界。每個案例的投資邊界都要花上40到60分鐘從頭做起，無論當時在場的是一位決策者或是20個投資指導小組的成員。

所有曾參與過這些過程的人——全都是各組織裡的政策決定者——每個人都能迅速地捕捉到這項練習的重點。我也注意到，即使當參與者是超過十二人的投資指導委員會成員時，這項練習能建立共識。他們對於計畫的優先順序或許有不同意見，但在他們組織真正的風險趨避程度上，似乎很快就達成共識。

研究顯示出，以量化的方式記錄風險偏好，有其他潛在的好處。在第12章將會看到，我們的「偏好」並非我們所想的那樣與生俱來的。偏好會受到許多因素的影響，而我們會希望這些因素是沒有影響力的。例如，一項有趣的實驗顯示出，在一場賭局中，給予受測者一張微笑臉孔的快閃影像，他們比較可能選擇風險較大的賭局。[6]如下一章所示，我們的偏好在決策過程中會進化，而且我們甚至會忘掉曾經有過的偏好。

然而，我所注意到的影響中最重要的也許是，和主管們一起記錄公司的投資邊界，似乎讓所有的主管更能接受數量化的風險分析。就如同校準訓練似乎驅散了對使用機率分析所想像的困難，以這種方式將風險趨避數量化的練習，似乎也驅散了主管決策時對於數量風險分析的顧慮。在這個過程中，主管們感受到所有權意識，當他們看到投

資提案在先前陳述的邊界上被標示出來，便能體認到這項發現的意義
和相關性。

　　這項事實對決策的影響在於，經過風險調整的ROI要求，大大高
出IT決策者及財務長所用的一般「要求報酬率」（hurdle rates）──
最低ROI要求。（要求報酬率的範圍通常為15%到30%。）這個效果
隨提案計畫的規模增加而快速升高。通常IT決策者在一般開發環境
中，對於IT投資組合中最大規模的計畫，應該會要求高出100%的報
酬。取消的風險、利益的不確定性、營運干擾的風險等全都是風險，
因此都需要從IT計畫中得到報酬。這些發現對IT決策者產生許多後
果，而我在此部分陳述如下。

　　一套軟體開發計畫是一家企業最具風險的計畫之一，這不是太誇
張的陳述。例如，一個大型的軟體計畫被取消的機率，會隨著計畫期
間增加而提高。1990年代，那些開發時間超過兩年的計畫，其違約率
超過最差評等的垃圾債券（有時候超過25%）。

　　然而，大多數使用ROI分析的公司都沒有考慮這項風險。典型的
要求報酬率沒有根據IT計畫風險的不同做調整，即使風險應該是決
策中的重要因素。如果決策者以風險／報酬的觀點檢視過軟體開發投
資案，他們的決策和以固定的要求報酬率所做的決策，可能就會有所
不同。

主觀取捨的數量化：多重矛盾偏好的處理

　　投資邊界只是企業經理人在經濟學第一學期所學到的「效用曲
線」（utility curve）例子之一。不幸地，大部分的經理人可能會認
為，這樣的課程純粹是理論上的討論，無法實際應用。然而，這些曲

線是一項完美的工具，可用來定義經理人願意拿多少特定事物來交換其他事物。許多其他不同類型的曲線，讓決策者能明確定義可接受的取捨。

能說明這類明確定義的取捨在衡量偏好和價值上很有用處的兩個例子是「績效」和「品質」。像「績效」和「品質」這類名稱，在使用時常常模糊不明確，以至於除了「績效」、「品質」愈多愈好之外，實際上沒辦法告訴我們更多的訊息。如同我們先前已經看到的，這樣的模糊沒有理由繼續存在；這些名稱和所有的「無形事物」一樣，是可以容易釐清的。

當客戶表示需要人協助衡量績效時，我總會問：「你說的績效是什麼意思？」通常，他們會提出一系列的個別觀察，是與績效有關的，像是「此人準時完成任務」或「她獲得我們客戶許多正面評語」。他們也可能會提及一些因素，例如，工作錯誤少或是生產力有關的指標，像是「每月完成的無錯誤模組數量」。換言之，他們其實沒有如何觀察績效的問題。如同一位客戶所言：「我知道要觀察什麼，但是我怎麼將這些事物綜合在一起看？準時完工又錯誤較少的員工，和得到客戶較多正面評語的員工，哪個得到較高的績效評比？」

這其實和衡量無關，而是如何記錄主觀取捨的問題。它是如何將許多不同觀察結算為一個總「指標」的問題。在此我們可以使用效用曲線，讓這類結算一致化。使用這些曲線，我們可以顯示如何做類似下列這些取捨：

- 一個99%指定工作準時完成，95%工作無錯誤的程式設計師，是否優於另一個92%指定工作準時完成，99%工作無錯誤的程式設計師？

- 如果產品瑕疵率降低了15%，但顧客退回率高了10%，產品的總品質是否提高了？
- 如果利潤提高10%，但是「總品質指數」下降了5%，「策略一致性」（strategic alignment）是否有提高？

　　我們可以為每個例子想像一張圖，類似於我們對風險和報酬偏好的取捨所做，將上述取捨顯示出來。同一條曲線上所有的點都具有相同的價值。在投資邊界的例子中，曲線上的每個點價值都為零。也就是，在某個報酬水準條件下，風險是剛好可以接受的，決策者對於該投資提案選擇拒絕或接受，是沒有差別的。

　　我們可以在同一張圖中定義許多其他效用曲線，代表價值大於零的投資，每一條曲線的效用都是固定的。有時候經濟學家稱效用曲線為「等效用」（iso-utility）曲線，表示「不變或固定的效用」。因為同一條曲線上的任兩點，對一個人而言都是沒有差別的，在經濟學上習慣稱效用曲線為無異曲線（indifference curve）。就如地形圖上的每一條等高線上的所有點，都表示相同的高度，同一條效用曲線上的所有點，都被當作具有相同的價值。

　　圖表11.3顯示的是有數條效用曲線的圖。這是一個假設性的例子，顯示在工作品質和準時之間的取捨，管理階層是如何評價的。這可以用來釐清對程式設計師、工程師、編輯等等的工作績效要求。如果工人A和工人B準時完成的工作量相同，但是工人A有較高的無錯誤比率，則對工人A的偏好會比較高。在選擇不是那麼明確的時候──例如工人A工作品質較高，但工人B有較高的準時率──效用曲線對偏好做了釐清。

圖表11.3　假設的「效用曲線」

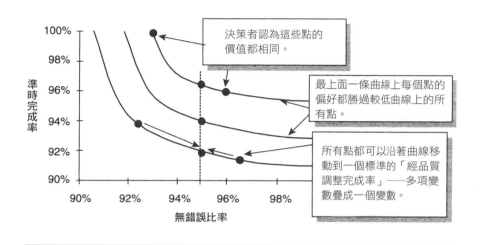

管理階層所繪出的曲線圖，同一條曲線上的任何兩點被認為價值是相同的。舉例而言，最上面的一條曲線代表管理階層認為一個有96%準時完工率和96%無錯誤率的工人，等於一個有93%準時完工率和100%無錯誤率的工人。請記住，這只是某位經理人的假設性評價，不是固定的、標準的取捨。你的偏好應該會有所不同。

一系列類似的曲線，位於上面的曲線上所有點的偏好，都高於下面曲線上的所有點。雖然只畫出了幾條曲線做為參考，其實在圖上每兩條曲線之間都有無限數量的曲線。管理階層只是畫出做內推所需要的足夠曲線。

任何兩個事物之間的效用曲線（例如，品質與準時、或風險與報酬）提供一個有趣的方式，來簡化我們如何表達圖上任何一點的價值。由於每一個點都可以沿著同一曲線移動，價值不會改變，因此所有點都會與在一條標準化的直線上的某個點有相同的價值。以此例

而言，我們將品質標準化，用經品質調整的準時率表達出圖上所有點的相對價值。我們用「無錯誤率為X，準時完工率為Y的工人A，和95%無錯誤率，_____準時完工率的工人是一樣好的。」的答案，將兩個變數疊成一個變數。

　　風險和報酬通常也是這樣做的。使用一系列風險／報酬曲線，我們可以用任何投資的風險和報酬，簡單地表達成經風險調整的報酬。這個將兩個不同的因素疊起來的方法，無論有多少變數，都可以使用。例如，如果我創造了X與Y的效用曲線，然後我又創造了Y和Z的效用曲線，任何人應該都能夠推論出我的X與Z效用曲線。經由這個方法，許多不同的影響因素像是工作績效、新辦公室地點評估、新產品線的選擇或是任何主題，都可以疊成單一個標準化指標。

　　此外，如果我定義的任何取捨，包括與金錢的取捨，我都能將整套因素貨幣化。在評估風險不同的不同投資案（例如，負報酬、最壞情況報酬的機率），以及不同的報酬指標（例如，七年內部報酬率、第一年報酬等等），有時候將所有這些不同的考量都疊成一個特定的「貨幣當量」（certain monetary equivalent, CME）會很好用。一項投資的CME是固定且確定的金額，投資人認為與該投資一樣好。

　　舉例而言，假設我必須要買下你在地產開發事業的合夥權。我給你的選擇是，你可以用20萬美元買下芝加哥郊區一處空地隨你處置，或是我立刻給你10萬美元現金。如果你真的覺得這兩個選項沒有差別，你就是認為這項土地投資的CME為10萬美元。如果你認為用我開的價格買下那塊地是超划算的交易，那你這項投資的CME就可能是30萬美元。這表示你會認為做這項投資的選擇——包括所有的不確定性和風險——和立刻拿到30萬美元現金是一樣的。你可能使用數十項變數取捨後得到這個結論，但結果就是這麼簡單。無論那

些變數和它們的取捨有多複雜，你總是偏好 30 萬美元 CME 勝過 10 萬
美元現金。

　　我就是這樣協助許多客戶排列出他們投資案的優先順序，這些投
資案有各式各樣的風險以及各種檢視報酬的方法。我們在每項變數和
特定貨幣價值之間決定取捨，將全部的變數疊成一個 CME。在決定
描述例如品質的 12 個不同參數是否能綜合成一個貨幣品質價值時，
一般而言，這是非常強有力的工具。即使你的選擇可能是主觀的，你
仍然可以完全量化這些取捨。

　　接下來，我們將討論那些取捨不必然是決策者主觀價值的情況。

不要忘記事情的全貌：
利潤最大化相對於純主觀的取捨

　　這類不同因素之間的取捨常常不是純主觀的。有時候將它們簡化
為利潤或股東價值最大化問題，會更合理。聰明的分析人員應該能夠
設立一個統計上有效的試算表模型，顯示出錯誤率、準時率及其他類
似因素如何影響利潤。這些答案全部可以歸結為一項論點：就是只有
一個重要的偏好（比如利潤），而像生產力和品質等因素的重要性，
完全來自它們如何影響利潤。若真能如此，便無需在績效和顧客滿意
度、品質和數量，或是品牌形象和營收等之間做主觀的取捨了。

　　這其實就是所有企業案例應該要做的。使用許多成本和利益變數
計算出一些終極指標，像是淨現值或投資報酬率。仍然還會有一項主
觀的選擇存在，不過它是一個較簡單也更基本的選擇——就是選出真
正應該要奮力達到的終極目標。如果你能同意終極目標應該為何，不
同績效指標之間的取捨（像是品質、價值、效能等等）就可能完全不

是主觀的了。例如，一個領域成本降低100萬美元，和另一個領域成本降低100萬美元，偏好是相同的，這個事實並不是主觀的取捨，而是因為它們對利潤的影響是一樣的。不同產業的人是如何將不同形式的「績效」定義為對終極目標的數量化貢獻，此處再提供三個例子。

1. 密蘇里州聖路易市的湯姆・貝克威爾（Tom Bakewell）是位管理顧問，專長為衡量大學的績效。在這個環境中，貝克威爾說道，「人們說你無法衡量績效，已經講了數十年。」貝克威爾主張機構的財務健全——或至少，財務崩壞的避免——是經營艱困大學應該聚焦的終極指標。他為每一個課程、系所、教授計算出一種財務比率，和其他學校做比較，並就此做出排名。有些人會說，這項計算漏掉了教授的表現這項細微的「品質」績效問題，但是貝克威爾將他的衡量哲學看作是必要性問題：「當他們找我來的時候，已經做過所有嘗試，黔驢技窮，學校仍身陷財務危機。他們解釋無法改變的原因。他們在每個地方都做了成本縮減，除了最主要的成本：勞動。」這項實際的觀點必然具有啟發性。貝克威爾觀察到：「一般而言，他們通常都知道誰沒有生產力，但有時候結果仍讓他們感到意外。」

2. 保羅・史崔斯曼（Paul Strassmann）為資訊長奉為大師級的人物，將「管理的附加價值」拆分為管理階層的薪資、紅利，以及福利，來計算「管理報酬率」。[7]他從營收中減去採購成本、租稅、資金成本，以及他認為不是管理階層能控制的其他項目，據此計算出管理的附加價值。史崔斯曼主張，管理的附加價值最後會是一個數字（以每年多少錢表示），呈現出管理政策直接的影響。即使你對史崔斯曼從營收中減去的項目有意見，他的哲學還

是合理的：管理的價值必然會顯現在企業的財務績效中。

3. 比利・賓（Billy Bean）是奧克蘭運動家棒球球隊的總經理，決定要丟掉傳統的棒球球員績效指標。球員最重要的攻擊指標就是不出局的機率。同樣地，防禦指標是「製造出局」之類的。這兩項組成一個終極指標，就是一個球員對球隊贏球機率所做的貢獻相對於他的薪水。在整個球隊的層次，這可以簡單地轉換為平均每次贏球的成本。到2002年，奧克蘭運動家隊平均每次贏球只花了50萬美元，而有一些球隊的平均每次贏球成本超過300萬美元。[8]

在每一個例子中，決策者可能都必須改變他們對績效真正意義的想法。貝克威爾、史崔斯曼和賓所提出的方法可能都曾面對一些抗拒，來自於那些認為績效是更屬質性指標的人。批評的人會堅稱，有些方法太簡單了，遺漏太多重要的因素。但是，如果績效不是一個可以量化的、對組織終極目標的貢獻，那績效的意義何在呢？如果相對於成本所貢獻的價值是低的，績效又怎麼會是高的呢？就如我們已經看過許多次的，釐清要對什麼做衡量，是關鍵之所在。所以，不管你所說的「績效」真正的意思為何（以此而言，生產力、品質等等），對其真正意義做徹底的釐清，可以引導你找到比較接近上述三個案例的東西。

注釋

1. K. E. See, C.R. Fox, and Y. Rottenstreich, "Between Ignorance and Truth: Partition Dependence and Learning in Judgment under Uncertainty," *Journal of Experimental Psychology*: *Learning, Memory and Cognition* 32 (2006): 1385-1402.

2. Andrew Oswald, "Happiness and Economic Performance," *Economic Journal* 107 (1997): 1815-1831.

3. James Hammitt, "Valuing Health: Quality-Adjusted Life Years or Willingness to Pay?" *Risk in Perspective*, Harvard Center for Risk Analysis, March 2003; J. K. Hammitt and J.D. Graham, "Willingness to Pay for Health Protection: Inadequate Sensitivity to Probability?" *Journal of Risk and Uncertainty* 18, no. 1 (1999): 33-62.

4. Douglas Hubbard, "Risk vs. Return," *Information Week*, June 30, 1997.

5. Douglas Hubbard, "Hurdling Risk," *CIO*, June 15, 1998.

6. "Cheery Traders May Encourage Risk Taking," *New Scientist*, April 7, 2009.

7. Paul A. Strassmann, "The Business Value of Computers: An Executive Guide," *Information Economics Press*, 1990.

8. Michael Lewis, *MoneyBall* (New York: W.W. Norton & Company, 2003).

## 第12章

衡量的終極工具：人的判斷

　　若能去除常見的人類認知偏誤，則人類的心智是真正客觀衡量的偉大工具。

人類的心智擁有一些勝過一般機械性衡量工具的卓越優勢。對於複雜又模糊不明確的情勢，其他衡量工具束手無策之時，人類的心智具有獨特的評估能力。像是在一群人當中辨識出一張臉孔或聲音，這樣的任務對軟體開發者而言，是絕大的挑戰（雖然已經有進展了），但是對人類五歲孩童來說，卻是小事一件。而距離開發出能寫電影評論或企業計畫書的人工智慧，還有非常長的路要走。事實上，如果不是因為一些令人氣餒的常見人類偏誤和謬誤，人類的心智是真正客觀衡量的一個偉大工具。

我們都知道，人的心智不是純理性的計算機器。人的心智是一套複雜的系統，似乎是以大量的簡單化規則，去理解並適應所處的環境。這些規則幾乎都比較偏好簡單化，勝過理性，而許多規則甚至會彼此牴觸。那些不是很理性，但也許不是不好的簡單法則，稱為「捷思法」（heuristics）。而那些完全不顧理性的，則稱為「謬誤」（fallacies）。

如果希望使用人的心智作為衡量工具，我們需要找到方法來開發它的力量，同時調整其誤差。就如機率校準可以抵銷人類過度自信的傾向，同樣地，也有方法可以抵銷其他類型的人類判斷誤差和偏誤。這些方法對於需要人在類似主題上做大量判斷的估計問題，特別有效。例如估計新營建計畫的成本、新產品的市場潛力、員工評鑑等。

荒謬的人類：決策背後的奇怪理由

第8章所提到的偏誤類型，只是衡量誤差中的一項大分類。這是嘗試做隨機抽樣或對照控制實驗時的觀察誤差。但如果衡量的方式是請專家進行估計，則必須面對另一種類型的問題：認知偏誤

（cognitive biases）。我們已經討論過這類例子，亦即統計上過分自信的議題，但是還有更多。以下是一些人類判斷中更令人驚訝的偏誤。

- **定錨（Anchoring）**。定錨是一種認知偏誤，我們在第5章談論校準時做過說明，但是值得再進一步說明。光是想著一個數字，就足以影響接下來的估計數值，即使是完全不相關的議題。阿莫斯・特沃斯基（Amos Tversky）和2002年諾貝爾經濟獎得主丹尼爾・卡尼曼在一項實驗中，詢問受測者聯合國會員國中非洲國家所占的比例。其中一組受測者被問道，是否會高於10%，第二組受測者則是被問道，是否會高於65%。兩組都被告知，詢問的這個比例是隨機產生的（事實上並非如此）。然後再請每組估計他們認為的比例是多少。被問到是否高於10%的第一組，所回答的答案平均為25%。被問到是否高於65%的第二組，平均答案為45%。即使受測者相信，前面問題裡的比例是隨機選擇的，該比例數值仍然影響了他們的答案。之後又有一項實驗，卡尼曼呈現出受測者定錨的數字，甚至不必與議題有關。他要求受測者寫下他們社會保險號碼的最後四個數字，同時估計紐約市內醫師的數量。令人驚訝的是，卡尼曼發現，受測者估計的醫師人數與他們社會保險號碼最後四碼之間，關聯性為0.4。雖然這只是些微相關，但是卻遠高於純粹機率的相關性。
- **光環／尖角效應（Halo/horns effect）**。如果先讓人們看到有利於或不利於一個選項的某種因素，他們比較可能以支持他們印象的角度來解釋後來出現的額外資訊，無論那些資訊是什麼。例如，如果你最初對一個人有正面的印象，關於此人的額外資訊，你可能都會以正面的角度解讀（光環效應）。同樣地，最初是負

面的印象，就會有相反的效果（尖角效應）。即使最初感受到的正面或負面因素與後面的評價無關，也會出現這個效應。聖地牙哥州立大學羅伯‧柯普朗（Robert Kaplan）所做的一項實驗顯示出，評分者會因論文作者外表上的吸引力給予較高的評分。[1]實驗中要求受測者對學生寫的論文打分數，論文中也附上學生的照片。另外，再由其他評審對寫論文的學生長相打主觀吸引力分數。結果，論文的分數與主觀吸引力分數呈現出強烈的相關性。有趣的是，每位受測者拿到的都是同一篇論文，而其上所附的照片則是隨機分派的。

* **從眾偏誤（Bandwagon bias）**。1951年，一位心理師所羅門‧艾許（Solomon Asch）[2]告訴一群受測者（學生），他要為他們做一項視力測驗（請見圖表12.1）。當被問到哪條直線的長度最接近測試線的長度時，99%正確地選擇C。但是艾許還做了另一項實驗，他分別要房間裡的幾個學生選出長度最接近的直線。受測的學生不知道前面幾個學生是實驗的一部分，那些人私下被指示要選擇A，真正受測者則接在他們後面作答。當一位學生選了錯

圖表12.1　艾許一致性實驗

受測者被告知要做一項視力測驗，詢問他們
A、B、C三條線，何者長度與測試線相同。

誤答案，接在後面的那位受測者做出正確選擇的機率只有97%。當兩位或三位學生選擇錯誤答案後，接下來的受測者答對的機率分別為87%及67%。而如果團體中每個人都答對就會有團體獎金（增加一致性的壓力）的狀況下，只有53%的受測者會答對。

- **浮現偏好（Emerging preferences）**。一旦人們開始偏好某個選項，他們對新增資訊的偏好會產生改變，會偏好支持先前決定的新增資訊。這聽起來類似光暈／尖角效應，但這是在決策分析進行間確實改變了偏好。舉例而言，如果經理人偏好A計畫勝過B計畫，在他們做了這項選擇後，你告訴他們，A計畫風險比較小，但工期比B計畫長很多，他們很可能表示自己一直以來都比較喜歡風險小勝過快速完工。但是如果你告訴他們，B計畫風險比較小但工期比較長，他們很可能回答，自己一直都喜歡快速完工勝過低風險。即使**人們最初不支持該項決定**，而被說服相信他們是支持的情況，也同樣是如此。這種情況的另一種版本被稱為「選擇盲目」（choice blindness）[3]。另一項實驗，是請雜貨店的顧客品嘗兩種果醬，說出比較喜歡哪一種。然後由另一位研究人員轉移受測者的注意力，偷偷將兩個罐子和標籤調換。再次請受測者品嘗他們認為是先前比較喜歡的果醬。75%完全無法偵測出有被調換過，還詳細解釋了為什麼他們喜歡這果醬勝過另一罐。

幸好，對於這些影響人類估計能力的每一項不理性影響，都有可以修正的方式。康乃爾大學的傑·愛德華·羅素（Jay Edward Russo）是認知誤差方面的領先研究者，開發出一些解決方式。例如，為了減輕浮現偏好的影響，羅素提出一個簡單形式的盲測。在專家們開始對個別選項作評估之前，先讓他們排出偏好的順序。如此可以避免他們

以「我一直都比較偏好這項特質勝過那個特質」來支持他們最初的決定。

　　撇開這些偏誤不談，我們依賴人類專家，乃是因為對於某些沒有結構的問題，我們假設人類專家是唯一可能的解決方式。舉例而言，假設要從許多提案中選出最優的電影計畫。我曾經參與創造一個統計模型，用來預測哪種類型的電影計畫比較可能會票房大賣。付錢請來檢視電影計畫的通常都是以前的電影製片，他們很難想像一條方程式要如何勝過他們的判斷。在某次談話中，我記得一位劇本評論者，談到他需要根據創意判斷和多年經驗，對整部電影計畫做「全面的」分析。字裡行間顯露出，這項工作「對數學模型而言，是太複雜了」。

　　但是當我詳細看了過去專家對票房的預測，和真正的票房收入之後，我發現根本沒有相關性。換言之，如果我開發出一個亂碼產生器，產生出與票房歷史資料相同的分配，我就可以做出和專家一樣好的預測結果。但是有些歷史資料有強烈的相關性。舉例而言，事實上是院線願意花多少錢宣傳，與票房收入有中等程度的相關性。我們使用多一些變數，創造出一個模型，和實際票房結果有顯著的相關性。這是超越專家先前預測紀錄的一大進步。

　　不幸的是，沒有根據的「專家」迷信，並不限於電影產業。在各式產業假設「專家是可用的最佳工具」的各種問題中，它都存在。畢竟，數學算式怎麼可能比專家知識來得好？事實上，龐雜麻煩的問題要靠人類專家才能有最好的解決方案，這樣的想法已經被拆穿好幾十年了。

　　1950年代，一位美國心理學家保羅·米爾（Paul Meehl, 1920-2003）提出一個至今仍被視為異端的觀念，認為以專家為主的精神病臨床診斷，可能比不上簡單的統計模型。他是真正的懷疑論者，收集

了許多研究顯示，根據醫療記錄所做的歷史迴歸分析，能產生較醫生及心理分析師更佳的診斷。由於米爾是著名的「明尼蘇達多重人格彙編」（Minnesota Multiphasic Personality Inventory）的開發者，他能夠證明，這套人格測驗在預測關於神經失調、青少年犯罪、成癮行為等行為方面，優於專家的預測。

1954年，他的重要經典著作《臨床預測對統計預測》（*Clinical versus Statistical Prediction*）震驚了精神科專業人士。在那時他已經能舉出超過90項研究，挑戰大家認為的專家權威。研究人員像是密西根大學的羅賓‧道斯（Robyn Dawes）受到啟發，接續這些研究且他們擴充規模，涵蓋臨床診斷以外的專家，而每一項新研究都符合米爾的發現。[4]他們彙編的研究資料包含了下列發現：

- 在預測大一學生的平均學業分數（GPA）方面，高中排名及性向測驗的簡單線性模型，勝過有多年經驗的入學審查工作人員。
- 在預測刑犯的再犯行為方面，犯罪紀錄及坐監紀錄勝過犯罪學者。
- 對醫學院學生的學業表現預測，根據過去學業表現的簡單模型，優於教授面談所做的預測。
- 在二次大戰對海軍新兵在新兵訓練營的表現預測研究中，根據高中紀錄及性向測驗的模型，優於專家面談。即使將同樣的資料拿給面談者，忽略專家的意見，所得到的預測結果是最好的。

對於專家的信心一部分來自道斯所稱的「學習幻覺」（the illusion of learning）。他們認為隨著時間增加，自己的判斷**必定**會變得比較好。道斯相信，這一部分是因為對機率回饋的不正確解讀。很少專家

真正衡量過自己過去的績效表現，反而傾向於以軼事的方式總結記憶。有時候他們是對的，有時候是錯的，但是他們記得的軼聞野史傾向於美化自己。這也是先前提及的過度自信的一個原因，還有為什麼在校準測驗中大多數經理人──至少他們首次嘗試時──傾向於表現不佳。

學習幻覺也出現在專家會使用的分析性方法中。對問題做過分析後再做決策，他們會感覺比較好，即使那個分析方法完全無法改善決策。下列研究顯示出，使用大量的定性分析或甚至所謂的「最佳實務」（best practice）方法，有可能無法改善結果──即使會增加決策的信心。

- 一項對賽馬專家的研究發現，給他們比較多關於賽馬的資料，他們預測比賽結果的信心會提高。那些拿到一些資料的人，比完全沒有資料的人表現得好。但是隨著給他們的資料數量增加，預測的表現開始停止上升，甚至下降。然而，對於預測的信心持續上升，甚至在資訊負荷使預測變差之後，仍是如此。[5]

- 另一項研究顯示，到達某個程度以前，向其他人尋求決策的意見可以改善決策，但是超過那個程度之後，決策其實會隨著專家合作的人數愈多，而稍微變差。然而，同樣地，即使在決策已經無法改善之後，決策的信心仍然持續升高。[6]

- 1999年的一項研究，在對照控制測試下，衡量受測者偵測謊言的能力。一些受測者接受謊言偵測的訓練，另一些則沒有訓練。受過訓練的受測者對於謊言的偵測比較有信心，即使他們的偵測結果**遜於**未受訓的受測者。[7]

　　至少有些過程顯然提高了專家的信心，卻沒有改善（或事實上還降低了）他們的判斷，這個事實應該使經理人在採取任何「正式」或「結構式」的決策分析方法時，先深思一下。研究結果清楚地呈現出，許多傳統的專家使用，都值得懷疑。此外，我們發現專家都過分自信，同時會隨著分析增加不斷提高他們的信心，即使其分析根本沒有可衡量到的進步。

　　如同先前討論過的實驗及抽樣偏誤，第一個層次的保護是承認問題的存在。想像一下，此處所列的效果如何改變專家對計畫成本、銷售、生產力利益之類的估計。專家可能覺得自己的估計不會受到這些偏誤的影響，但是，同樣地他們可能沒有察覺到。

　　我們每個人都喜歡想像自己不是容易受影響的，而且比起這些研究中的受測者有較佳的「專家紀錄」。但是我發現最容易受騙的人，就是那些堅稱他們不會受這些效果影響的人。

條理化：績效評量的案例

　　你可能認為，伊利諾大學芝加哥分校資訊及決策科學系的主任會為任何事物做出相當複雜的數量方法。但是當阿卡古德‧拉瑪帕賽德（Arkalgud Ramaprasad）博士需要衡量教職員生產力時，他的方法比你猜想的簡單多了。他說，「過去他們用『紙堆』法」（他喜歡如此稱呼那個方法），「審查小組會圍坐在一個堆滿教職員資料的桌邊，討論他們的績效表現。」沒有特定的順序，討論每位教職員的出版著作、得到的研究經費、所寫的計畫書、專業獎項等等，在1到5分之間做評分。根據這個沒有架構的方法，他們對教職員的加薪等事宜做出重大的決定。

　　拉瑪博士認為，在評量過程所產生的錯誤，大部分是呈現資料的不一致。因此若能將這些資料條理化或以有秩序的格式呈現出來，會大有助益。為了改善這個狀況，他只是將教職員績效的所有相關資料組織條理化，用一張很大的矩陣表呈現出來。每一列是一位教職員，每一欄是專業成就的一項類別（獎項、出版著作等）。

　　拉瑪博士並無意要進一步將這些資料的分析正式化，他仍然使用1到5分的評分。評量是根據審查小組的共識，這個方法只是確定他們看的是同樣的資料。這看起來似乎太簡單了。當我建議資料的欄位至少可以是某種指數或分數時，他回答我：「當資料以這個方式呈現出來，他們看到每個人之間的不同，而不是聚焦在隨意給的指數。對於分數應該給多少會有討論，但是對於資料則不討論。」因為過去他們看的資料不同，在評量時會有比較多的誤差。

　　這是關於衡量非常有生產力觀點的一個有用案例。有些人會（毫無疑問地，一定會）堅持反對對教職員生產力做任何衡量，因為新方法會產生新的誤差，而且無法處理各式各樣的例外。（這些顧慮乃是有些人知道，如果績效被衡量後，成績會很差。）但是拉瑪博士了解，無論新衡量方法的缺點為何，還是優於以前的衡量方式。持平而論，他的方法降低了不確定性，因此是一項衡量。如史帝芬斯的分類法（第3章）所示，拉瑪至少可以有些信心地說，A的績效表現優於B。就這項評量支援的決策（誰得到升遷或加薪）性質而言，這正是它所需要的。

　　我對這個方法的反對意見為，拉瑪沒有處理我們討論過的任何認知偏誤；他只改正了每位教職員資料不一致的潛在干擾和誤差。

　　此外，我們無法真正得知，這是否是一項改善，因為未對這個方法的表現做衡量。畢竟，我們怎麼知道這個過程不會產生道斯提到的

「學習幻覺」呢？有足夠的證據顯示，像拉瑪這類的方法可能不如想像般有效。我們稍早曾看過一個例子（二次大戰時海軍召募新兵的評量案例），顯示出即使提供專家「結構化的資料」，他們的表現也不如簡單統計模型。因為這項理由，我認為「組織條理化」步驟是其他方法的一個必要前奏，但其本身並非一個解決方案。

令人驚訝的簡單線性模型

另一個方法不是理論上最健全的，甚至也不是最有效的解決方案，但是它很簡單。如果你必須為許多類似的品項作估計，加權計分是可以嘗試的作法。如果你正要估計一些房地產投資的「商業機會」，你可以找出你認為重要的幾項主要因素，利用這些因素來評估每項投資，然後將它們綜合為一個整合分數。你找出的因素可能像是地點優越性、成本、該類地產的市場成長性、留置權（lien）等因素。然後你可以將每項因素乘上某個數字予以加權，再加起來得到一個總值。

我過去會斷然不用加權的分數，並視其為占星術之流，後來的研究則說服了我，它們確實可以提供一些好處。不幸的是，似乎有些好處的方法通常不是企業慣常採用的方法。

根據決策科學研究者暨作家傑・愛德華・羅素所言，加權分數的功效「端視你在做什麼而定。人們通常有段長路要走，因此即使很簡單的方法也是一大進展」。的確，即使最簡單的加權分數也可以改善人類的決策——一旦這個分數本身的誤差經過處理。

羅賓・道斯於1979年寫了一篇論文《難登大雅之堂的線性模型之實用美》（*The Robust Beaty of Improper Linear Models*）。[8]令人驚訝

的是，他聲稱：「這些模型中的權重通常並不重要。你需要知道的是
要衡量什麼，然後加總起來。」道斯、米爾及其他研究者發現的專家
問題都是在沒有架構化的評量領域，像是臨床診斷及大學入學許可
等。簡單線性模型顯然提供了足夠的架構，在許多案例中，優於專家
的表現。

　　對於他們的主張，有兩點需要澄清。第一，拉馬博士評量教職員
的經驗，符合羅素和道斯所言。過去的方法充滿了錯誤，在衡量上，
條理化本身似乎就是好處。

　　此外，當道斯談到分數時，他其實是在說常態化的z分數
（normalized z-score，第9章），而不是任意的權重。他將所有評量選
項中的某項因素數值取出，創造一個常態化的分配，其平均數為零，
每個數值都轉換為高於或低於平均數的標準差數字（例如，－1.7，
＋0.5等等）。例如，他可以從拉瑪的教職員評分表中取出所有人的
發表著作排名，然後進行下列五個步驟：

1. 每個評量選項中的每項因素，都以某種順序分數或數字分數進行
   評估。請注意：當問題型態是有真實單位的數字分數（例如，成
   本金額、期間月數）時，採用這種分數比較好。
2. 計算每一欄全部數值的平均數。
3. 使用Excel母體標準差公式＝stdevp()來計算每一欄的標準差。
4. 對欄中的每個數值，計算其z分數：
   Z＝（數值－平均數）／標準差
5. 此即產生一個分數，其平均數為0，下限為－2或－3，上限為＋
   2或＋3。

　　道斯的z分數可以避開其他加權計分法的問題，理由之一是它處理了不適當的權重問題。在分數沒有轉換成z分數的情形下，你可能不經意地給了某一項因素較高的數值範圍，結果改變了權重。舉例而言，假設房地產投資的每項因素都用1到10分來評量。但是有一項準則，地點的優越性，變動很大，你常常給到7或8分，而對於市場成長這項準則，你傾向於給出一致性的4或5分。如此一來，淨效果就變成，即使你認為市場成長性更為重要，結果你卻給了地點比較高的權重。道斯將此轉換為z分數的作法，處理了這個問題。

　　雖然這個簡單的方法沒有直接處理我們先前列出的認知偏誤，但是道斯和羅素的研究似乎指出這個特殊的加權分數有利於決策，即便只有一些些。只要以這種方式想問題，至少能降低些微的不確定性，改善了決策。然而，對於大型及高風險性的決策，其資訊價值非常高，我們可以而且也應該做得更細緻，而不只是條理化或使用加權分數而已。

如何將評量標準化：拉許模型

　　在我為這本書對統計方法做大規模調查的時候，我決定要從過去沒處理過的領域去尋找。其中一個領域，就是用在教育測驗上的方法，包括一些在其他衡量領域幾乎沒聽過的方法。也就是在這個領域，我發現了一本書《客觀衡量》（ Objective Measurement ）。[9]這個書名似乎導引你相信，這本書會周延地處理所有天文學家、化學工程師或經濟學家都會有興趣的衡量議題。然而，這部**五大冊著作**只是關於人的績效表現和教育測驗而已。

　　這就如同你看到一份標題為「世界地圖」的舊地圖，上面其實只是單獨一個、遙遠的太平洋島嶼，製作地圖的人不曉得他們只是處在一個大星球上的一部分而已。教育測驗領域的一位專家告訴我一個他稱為「無變異比較」（invariant comparison）的概念——他認為太基本了，所以只是「衡量基礎、初級統計的東西」。另一人則說，「它是物理學家工作的基本」。後來，我問了幾位物理學家和統計學家，幾乎每個人都表示未曾聽過。顯然，那些教育衡量領域認為對每個人而言都是「基本」的東西，只對他們而言是基本的。持平而論，我相信有些人對於一本宣稱教導如何衡量所有事物的書，也會有相同的想法。

　　事實上，我們可以從教育測驗領域學到一些非常有趣的事。該領域的專家處理判斷人類表現的所有議題——這是衡量問題的一個大類型，企業界可從中發現許多他們標籤為「不可衡量的」案例。無變異比較的觀念處理一項許多人類績效測驗，像是智商（IQ）測驗的核心關鍵問題。「無變異比較」是一項原理，如果一項衡量工具表示A比B多，那麼另一項衡量工具應該給出相同的答案。換言之，A和B之間的比較不會隨著使用衡量工具的種類而有變異。這對物理學家來說似乎是再明顯不過的，不值得一提。你會想，如果一個磅秤說A比B重，另一個工具應該給出相同的答案，不管第一個工具是彈簧磅秤，第二個是天秤或電子磅秤。然而這正是一項IQ測驗或任何其他人類績效表現測驗可能發生的事。因為測驗問題不相同，有可能一項IQ測驗和另一類IQ測驗的結果是不一樣的。因此，有可能在一項測驗中鮑伯的分數高於雪莉，但在另一項測驗中，卻低於雪莉。

　　這個問題的另一版本是，當不同的人類評審要對許多個人做評量時，如同先前米爾和道斯提供的「未結構化的面試」案例。也許每位

評審要評量的個人太多了，因此，將這些個人分組給不同的評審，每個人可能會有不同的評審。也許一位評審評量一位受測者的某個面向，而評量另一位受測者的不同面向，或不同的人會被以不同難度的問題做評量。

　　例如，假設你要評量計畫經理人的能力，根據的是他們被分派到不同計畫上的績效表現。如果你要評量很多位計畫經理人，你可能必須用不只一位評審。事實上，評審可能就是計畫經理人的直屬上司（因為其他人不熟悉該計畫）。指派的計畫也可能困難度差異很大。但是現在假設所有的計畫經理人，無論他們的計畫為何，或他們的上司是誰，都必須競爭同樣的有限升遷機會或紅利。那些被指派到「嚴格評審」或困難計畫的，將會處於不利的位置，這與他們的績效表現無關。不同計畫經理人之間的比較，在評量他們個人或被評量的計畫之間，都不會是無變異的（亦即是獨立的）。事實上，計畫經理人之間相對立足點的壓倒性決定因素，可能完全和他們能掌控的因素無關。

　　1961年，一位統計學家喬治‧拉許（Georg Rasch）為這個問題開發出一個解決方案。[10]他提出一個方法來預測受測者答對是非題的機率，根據（1）母體中其他受測者答對同一個題目的比率，以及（2）此受測者答對其他問題的比率。即使受測者做不同的測驗，一位測試者在他從未作過的測驗的表現，其結果也可以預測，而且誤差是可以計算的。

　　首先，拉許計算一位從母體中隨機選取的人答對一個題目的機率。這只是從回答問題的人當中答對者的比率。這稱為「題目困難度」（item difficulty），然後拉許計算那個機率的對數勝算（log-odds）。「對數勝算」只是答對機率和答錯機率的比率的自然對數。如果題目困難度為65%，就表示有35%的人答對，65%的人答錯。答對和

答錯的比率為0.548，它的自然對數為－0.619。你可以用Excel公式：

$$= \ln (P(A) / (1 - P(A)))$$

此處，P（A）為答對該題目的機率。

然後拉許以同樣方式計算那個人答對所有問題的機率。因為這個人答對了82%的題目，受測者的對數勝算為ln（0.82 / 0.18）＝1.52。最後，拉許將這兩個對數勝算相加，－0.619＋1.52＝0.9。將此轉換回機率，你可以用Excel的公式：

$$= 1 / (1 / \exp(0.9) + 1)$$

計算結果為71%，這表示此受測者在已知的題目困難度及受測者在其他題目上的表現情形下，有71%的機會答對該題目。在數量龐大的題目及／或人數眾多的受測者的情形下，我們會發現，當受測者／題目答對的機率為70%時，那些人當中約70%的人會答對該問題。90%、80%以及其他都同樣適用。就某種程度上而言，拉許模型只是另一種形式的機率校準。

位於芝加哥的衡量研究公司（Measurement Research Associates, Inc.）的瑪莉・倫茲（Mary Lunz），將拉許模型應用在美國臨床病理學會（American Society of Clinical Pathology）的一項重要公共醫療議題上。該學會過去的病理學家認證過程有大量錯誤，需要降低。每位候選人都被指派一項或多項個案，由一位或多位評審評量他們每項個案的反應。讓每位評審評量每件個案是不切實際的，同時也無法保證個案的困難度都相同。

　　過去，對於誰會拿到證書最好的預測是候選人被**隨機**指派的評審和個案，而不是如我們所希望的候選人的能力。換言之，寬鬆的檢驗者非常可能讓無能的候選人通過。倫茲為每位評審、每件個案、每項技術類別的候選人做了標準拉許分數計算。使用這個方法，就可以預測一位候選人在平均的評審、平均的個案情形下是否能通過，即使該候選人是碰到寬鬆的評審和簡單的個案（或嚴格的評審及困難的個案）。現在，因為評審或個案困難度造成的變異，可以完全從發照過程的考量中移除了。對一般大眾來說，真是及時的解決方案。

以拉許的方法衡量閱讀能力

　　拉許統計有一項很棒的應用，是衡量讀本內容的困難度。MetaMetrics, Inc. 總裁及創辦人傑克‧史坦納（Jack Stenner）博士使用拉許模型，開發出 Lexile 架構（Lexile Framework）來評量閱讀及寫作困難度與能力。這個架構整合了測驗、讀本及學生的衡量，首次讓大家在這些領域能以共同的語彙做全面的比較。

　　MetaMetrics 有 65 名員工，在這個領域完成的工作幾乎超過任何其他機構，無論是公立的或私人的。包括：

- 所有主要的閱讀測驗報告都用 Lexile 分級衡量。大約 2,000 萬名美國學生做過 Lexile 能力衡量。
- 超過 20 萬本書及數千篇雜誌文章的閱讀困難度是以 Lexile 分級衡量。
- 許多教科書出版商的閱讀進度表是以 Lexile 分級來架構的。
- 州政府及地方政府的教育機構快速採用 Lexile 分級。

> 100-Lexile的內容物是小學一年級，而1,700-Lexile的內容物則出現在最高法院判決、科學期刊之類。MetaMerics公司能預測一位600-Lexile的讀者對於一份600-Lexile分級的內容物會有平均75%的理解（本書為1240-Lexile）。

去除人的不一致性問題：Lens模型

1950年代，一位決策心理學研究者伊剛·布朗斯維克（Egon Brunswik）要以統計的方式衡量專家的決策。[11]他的大部分同事都對專家所經歷的隱藏決策過程感到興趣，布朗斯維克的興趣則在於描述他們真正做的決策。他是這麼說決策心理學家的：「我們應該比較不像地質學家，而比較像製圖家。」換言之，他應該只是繪製外部可以觀察到的事物，而不應該關心他認為是隱藏的內在過程。

有了這樣的目標，布朗斯維克開始進行實驗，專家會根據一些提供給他們的資料，對某事物做估計（假設是研究所入學申請或癌性腫瘤的狀況）。布朗斯維克大量利用這些專家的評估，找出最符合的迴歸模型（現在使用Excel的迴歸工具很容易就能做到，請見第9章）。結果是一條公式，包含一套隱含的權重，為決策者有意識地或無意識地使用來決定估計。

令人驚訝的是，他也發現該公式，雖然只是根據專家判斷，沒有客觀的歷史資料，居然優於專家對這些所做的判斷。舉例而言，在預測誰在研究所表現比較好或是哪個腫瘤是惡性的，這個**只根據專家判斷的分析**的公式，優於專家的預測。此稱為Lens模型。

Lens模型被應用在很廣的範圍，包括醫療診斷、海軍雷達操作員的航空器辨識、根據財務比率的企業倒閉機率。在每個案例中，模型和專家的表現一樣好，而在大部分案例中，則是有大幅的改善（請見圖表12.2）。

Lens模型的做法，是從評量中除去判斷不一致性的誤差。專家的評量通常都會變動，即使是在相同的情形下。就如本章一開始所討論的，人類專家會被各式各樣不相關因素影響，卻仍保有學習及專長的幻覺。然而，專家評量的線性模型會給出完全一致的評估。

對專家有利的是，這似乎指出他們是知道**一些事**的。事實上，專家通常是那些一開始找出在統計模型中要包含什麼因素的人。米爾關於「專家無效」的發現並不必然表示專家不懂任何事。但是當他們應任務所需，應用所知時，他們只是以非常不一致性的方式進行。此外，因為Lens模型是根據已知的資料投入，以數學的方式表達，它

圖表12.2　Lens模型改善各種類型的決策

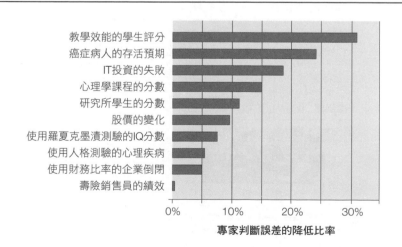

可以自動化並且應用在大量資料的情況，那對必須逐一做評估的人類
評審來說實際上是完全行不通的。

　　以下七個步驟非常簡單。我從布朗斯維克原來的方法做了一些改
變（請見圖表12.3）。

1. 找到願意參與的專家。

2. 如果他們將評估機率或範圍，先做校準訓練。

3. 請他們指出與待估計事項相關的因素（例如，軟體計畫的持續期
   間會影響失敗的風險，或申貸人所得影響還款機率等），但不要
   超過10項。

4. 步驟3找出的每一項因素，用數值的組合產生一套情境──可以
   根據真實案例或純粹是假設。提供給你調查的每位評審30到50
   項情境。

5. 請專家提供每個情境的相關估計。

圖表12.3　Lens模型過程

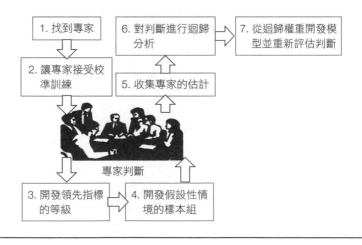

6. 進行第9章中所敘述的迴歸分析。自變數X為交給評審考慮的因素，應變數Y為評審被要求產生的估計。

7. 你的情境中每一欄資料，Excel創造的報告中都會有一個係數。將每個變數和係數配對，將係數乘以資料，然後將所有這些係數與變數的乘積加總起來——如同第9章多項迴歸分析中所示。這就得到你要估計的數量。

這個過程會產生一個表格，上面是模型中每個變數的一系列權重。由於模型沒有任何的不一致性，我們知道至少有些誤差已經降低。

藉由估計評審們的不一致性，我們可以快速估計出這個模型降低了多少不確定性。使用一些評審不知道的重複情境，我們可以估計不一致性。換言之，第七個情境可能和第二十九個情境是完全一樣的。在檢視了二、三十個情境後，專家會忘記他們已經對同樣的情況做過回答，常常會給出稍微不同的答案。在專家的情境評估中，思慮周延的專家是相當一致的。然而，在大部分的專家估計中，誤差的10%到20%是不一致性造成的。這項誤差可以由Lens方法完全去除掉。

羅賓‧道斯是擁護簡單、非最適化線性模型的，他同意布朗斯維克的方法大幅改善了沒有任何協助的專家判斷，但主張它可能不能歸因於迴歸權重「最適化」。在其發表的四個案例研究中，道斯呈現了Lens模型只是小幅改善了他所謂的「難登大雅之堂」（improper）模型，在那些模型裡權重不是從迴歸導出，而是全部相同，或更令人驚訝的，是**隨機**指派的。[12]

道斯的結論是，也許專家的價值只在找出影響因素，以及決定每項因素是「好」或「壞」（影響到它們是正或負的權重），而權重的

大小不一定要用迴歸做最適化。

　　道斯的案例可能不適用在估計商業問題的Lens模型，[13]但是他的發現仍然是有用的，理由有二：

1. 道斯的資料確實顯示出最適線性模型有優於不適當模型的一些優點，即使只是很小。
2. 他的發現進一步支持了，一些一致性模型的結論——無論是否有最適化的權重——還是優於只靠人類的判斷。

　　然而，我發現用在創造最適模型的努力，尤其是為非常大的決策所做的，即使只是比簡單模型改善一點點，也是非常合理的。

　　但是我們常常可以做得比「最適」線性模型更好。我為企業使用的迴歸模型常會有一些條件規則，像是「計畫的期間要超過一年才算是差別因素——所有不超過一年的計畫，風險都相同。」就這個意義而言，模型不完全是線性的，但是它們得到比純線性的Lens模型更好的相關性。道斯在他最初的論文中提到的所有研究，都是線性的。他所得到的相關性，一般而言低於我的非線性模型。

　　我從兩個來源發現這些條件規則：專家的明白陳述，以及他們回答中的模式。舉例來說，如果一位專家正在評估軟體計畫規模會大幅擴增的機率，告訴我計畫期間不到十二個月的，他不做區分，我不會把原始的「計畫期間」當作一項變數。我可能會對變數做改變，將小於12個月的數值當作1，13個月的為2，14個月為3，以此類推。或者，即使專家沒有明說，從他的判斷中也可以明顯看得出來。假設我們將專家的判斷標示在「需求改變的機率」（重大的事項，比如，增加超過25%）為「計畫期間月數」的函數，請見圖表12.4。

圖表12.4　Lens模型變數的非線性例子

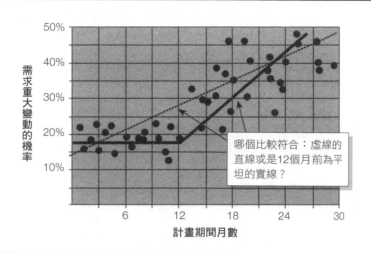

需求重大變動的機率

哪個比較符合：虛線的直線或是12個月前為平坦的實線？

計畫期間月數

如果你從這些資料看到的不是直線，你並不孤單。工期超過1年的計畫，帶來一些不同的因素。也許有些變數對專家而言，其重要性取決於計畫的期間。非線性的Lens模型能更符合專家的意見；更重要的是，也更符合計畫的真實結果。

有時候我也發現，一個變數如果我用更細緻的規則，會更為符合。也許使用該變數的對數、倒數、或與其他變數的乘積，其相關性是最好的。我鼓勵大家做些實驗。往往我會用同樣的資料嘗試許多非線性變數版本，通常我發現會有一個版本明顯勝出。但除此之外，我會盡量讓模型維持相對少的變數，並盡量避開想讓模型「過分符合」資料的作法。不要去發明更符合資料的非線性模型。非線性的規則應該在問題中是有意義的（例如，一個花費兩倍工期的計畫，其複雜性超過兩倍等等）。

事實是，你可以將加權決策模型應用在許多不同複雜程度的問題

上。如果你對做非線型方法有信心，那是你的最好方法。如果你無法
那樣做，但你可以處理線性迴歸，就做線性迴歸吧。如果你對使用迴
歸沒有信心，就繼續使用道斯的相等權重 z 分數。每個方法都能改善
比較簡單的方法，而這些全部都能改善未經協助的專家意見。

萬靈丹或安慰劑？可疑的衡量方法

衡量上的大忌諱

最最重要的是，不要使用會增加初始估計誤差的方法。

有些讀者會認為，到目前為止，我的方法一直在降低衡量的標
準，光是標準的改變就足以讓所有事物都「可以衡量」了。我已經說
過，畢竟，要能做為衡量，只要能降低不確定就足夠了。觀察存在的
各種誤差，都不是衡量的阻礙，只要不確定低於過去的程度。

即使一般認為是「主觀的」分析方法，如果有大量證據顯示，這
類方法確實產生更準確的估計，仍然算是衡量（例如，拉許及 Lens
模型）。但是即使在這些明顯寬鬆的限制下，我還是不會把某些方法
算做是適當的衡量。在此，該是我提出一些警告，並且在我們加速進
入一些新衡量方法時審慎地踩一下煞車了。

我們一直在使用衡量「降低不確定性」的定義，使所有事物的衡
量更為可行（因為我們現在不必擔心精確度）。但是那個定義同時也
是一個嚴格的限制。如果一個方法其實沒有降低不確定性，或者更糟
地，**增加**了數量的不確定性，那麼它就不夠格做為衡量，並且對決策

者毫無經濟價值。應用詹姆斯·藍帝（請見第2章）、保羅·米爾、羅賓·道斯的懷疑論精神，我們應該討論兩項共通的衡量方法：典型的成本效益分析，以及主觀加權分數。

當我開始著手撰寫本書時，我發出請求給眾多我接觸過的人，請他們提供我可以用來當個案研究的衡量解決方案。點子多得不得了，而我進行許多個案研究的電話訪談，遠超過我最後放入這本書中的個案。然而，我注意到，許多分析師、顧問、企業人士似乎都將「衡量」和「商業上的效益」（business-case）看做是一樣的。他們沒有提供太多使用觀察來降低未知數量的不確定性的例子，反倒解釋了他們如何將自己想要的計畫讓它有商業效益上的合理性。

為了公平起見，我相信成本效益分析（cost-benefit analysis, CBA）確實算是第8章中提到的分解法的一種，而它本身可能不需要進一步衡量就能降低不確定性。就如同費米以他的提問所做的，用商業效益來分解問題，揭露你原來就已經知道的事情，並不是根據新觀察的衡量。但是我也指出，在我過去十年評估過的案例，光靠分解法，只能降低25%高資訊價值變數的不確定性。大部分的案例，要降低不確定還是得做一些實證觀察的努力。

相反地，許多企業產生的衡量案例**只是**分解類型的（也就是效益），沒有嘗試實證方法。每個變數都只是初始估計——來自一位專家或經「小組」同意的——而且總是點估計，沒有表達任何關於變數不確定性的範圍。沒有應用到或甚至考慮到使用調查、實驗或改善主觀判斷的方法。同樣的人很熱心地提出效益做為衡量的例子，無論我多努力要求，他們都無法提出經由調查或實驗得到的成本效益分析數字。

如果任務是為效益產生一個確切的數值，尤其是結果關係到估計

者的利益時，其作法會非常不同於由一位校準估計者來提出初始90%
信賴區間。在會議室內，從事這項任務的一位或多位人員會對每個估
計都不予以肯定。在被迫要選擇一個確切的數值時，無論是多麼不確
定或專斷隨意，估計者自問：「這個數值應該是多少，才會被其他人
接受，同時仍足以證明我先前判定的論點？」這好像把「共識」和
「事實」當作是同義字了。先前討論過艾許實驗的從眾偏誤，只是這
個方法的問題之一而已。

　　管理方面的決策，有一個不同且令人不安的趨勢，就是發展出一
種加權分數，該分數和權重都是隨意決定的點估計主觀分數，不是像
道斯所使用的z分數。如同先前討論過的簡單線性模型，這些方法會
請一位管理多項計畫的經理對計畫提案做評比，評比的項目像是「策
略一致性」、「全組織的風險」等等。

　　這些方法大部分都有4到12項目的評分，但是有些會有超過100
項。通常每個計畫提案在每一項中的分數是1到5分。每一項的分數
再乘以權重——也許也是1到5——權重代表該項目的相對重要性。
對每家公司而言，權重通常是標準化的，因此所有的計畫都能用可以
比較的標準來評分。然後再將相乘後的分數加總起來，得出該計畫提
案的總分。

　　分數是表達相對價值、偏好等等的方法，不必使用到真實的衡量
單位。雖然用打分數的方法常被稱為是一種序數衡量系統，如我們在
第3章討論過的，我總是認為隨意專斷的分數是衡量的假象。它會帶
來額外的誤差，有六點理由：

1. 評分法容易忽略第11章中提到的分割相依問題。不同的序數數
　　值之間隨意選擇在哪裡分割——甚至是給予的序數數值——都對

回應有非常大的影響。

2. 分數常常用在有合適的量化指標可以使用的情況，而量化指標可能更為清晰（例如，將好好的投資報酬率轉換為一個分數，或將風險計算成一個分數，而不是像精算或財務分析的處理方式）。

3. 研究人員已經指出，這類評分方法所使用的模糊標籤，對於決策者毫無幫助，事實上還增加了他們的誤差。其中一個問題是，那些評估風險的人可能對文字標籤或5分尺度有不同的解讀，因此可能在不了解彼此對於風險的感受大相逕庭的情形下，達成所謂的共識。這創造出一位研究者所稱的「溝通幻覺」（the illusion of communication）。[14]

4. 分數可以顯露出真相，如果它們是對一個很大的群體所做調查的一部分（例如，顧客滿意度調查），但是如果個人用它們來「評量」意見、策略、投資等等，效果就很不明確了。人們很少從應用在自己身上的一套分數中得到沒想過的訊息。

5. 分數只是序數性的，但是當許多使用者將這些序數分數當作是真正數量時，會增加誤差。如先前解釋過的，較高的序數分數表示「比較多」，但並沒顯示出多了多少。將序數分數乘以或加上其他序數分數，會產生使用者不能完全發現到的後果。因此，這個方法容易產生意想不到的後果。[15]

6. 序數尺度會增加一種極端的捨入誤差（rounding error），稱為「範圍壓縮」（range compression）。[16]當應用在風險分析上，「中等」風險類別裡風險最大的項目，其實可能比同類別中風險最低項目的風險高出好幾倍。這些方法的使用者很容易有集中式的回答，使得5分尺度的表現像是2分尺度的——實質上進一步降低了這個方法的「解析度」，將強度差異極大的風險歸為同一類。

　　羅賓‧道斯所用的z分數和Lens模型所產生的權重,與這類評分方式的差異性,值得更深入討論。道斯的「不適當」線性模型及布朗斯維克的最適Lens模型,所用的是比較客觀的投入,像是IT計畫月數或研究所數學申請的平均課業成績分數(GPA)。這些投入都不是專家隨意設定的1到5分尺度。同時,道斯和布朗斯維克使用的權重是比率──不是序數尺度──且布朗斯維克的權重還是實證決定的。人們如何使用這類尺度的心理,比表面上要複雜許多。當專家在1到5的尺度上選擇權重時,他們對4的解讀是否為2的重要性的兩倍,不必然是明確的。5分尺度(或7分尺度或任何分數尺度)會因為這些模糊不明確,而在過程中添加了額外的誤差。

　　對於隨意專斷的權重分數尺度系統,我們得到的唯一正面的觀察是,其結果顯然常常被經理人忽略。我發現決策者往往忽略權重評分模型的結果,以至於很明顯地沒有證據顯示出這個分數有**改變**過決策,更不用說改善過決策。這是很奇怪的,因為在許多案例中,經理人花費相當多的時間和努力開發及應用他們的評分方法。

　　這些方法其中的一個,有時候被用在IT上,被誤導地稱為「資訊經濟學」(Information Economics)。[17]這個名稱代表客觀、結構化及正式化,但事實上,該方法並非根據任何被接受的經濟模型,而且完全不能被稱為經濟學。經過仔細的檢驗,該名稱完全是誤稱。比較正確的名稱應該為「IT主觀及未經調整的加權評分」。

　　該方法為IT系統提案產生的總分,沒有財務上的意義。同一類別中不同分數及一個類別的權重,都不是基於任何科學方法,不論是理論上或實證上。該方法其實只是另一個完全主觀的評量過程,沒有經過拉許和Lens模型的誤差校正處理。許多IT加權評分的使用者聲稱,他們看到了好處,但是這個過程的價值根本衡量不到。

　　資訊經濟學方法以另一種方式增加了新的誤差。它將有用的以及有財務意義的數量，像是ROI，轉換成一個分數。轉換方式為：ROI等於或小於零，分數為0；1%到299%分數為1；300%到499%分數為2，以此類推。換言之，不怎麼樣的5% ROI所得到的分數和200% ROI得到的分數是一樣的。在更數量化的組合排序方法中，這樣的差別，在兩個計畫的優先排序上會造成很大的距離。這個方法的使用者一開始面對兩個有明顯區隔的計畫；現在在ROI分類上卻都是1分。這個分析有「破壞」資訊的淨效果。

　　《IT管理學》作者芭芭拉‧麥克挪林（Barbara McNurlin）同意這樣的評估。麥克挪林分析了25種不同的效益估計技術，包括各種加權評分方法。[18]她認為這些沒有理論基礎的方法，全都是「沒有用處的」。

　　《資訊系統管理期刊》（*Journal of Information Systems Management*）的書籍評論作家保羅‧葛瑞（Paul Gray）可能做了最好的總結。在他對《資訊經濟學：連結企業績效與資訊科技》（*Information Economics: Linking Business Performance to Information Technology*）的評論中，對於這本資訊經濟學方法的經典書籍，葛瑞寫道：「不要因為書名上的『經濟學』字眼就遲疑了：唯一討論到教科書經濟學的部分是附錄裡的成本曲線。」[19]原意是讚美的，葛瑞的文字卻也總結了這個方法的關鍵弱點：這個版本的資訊經濟學，沒有真正的經濟學在裡面。

　　隨意專斷的加權計分有另一個版本，稱為「層級分析流程」（Analytic Hierarchy Process, AHP）。[20]AHP和其他加權分數有兩項不同。第一，它是根據一系列的成對比較，而不是直接對特性做評分。也就是，詢問專家某項特性是否比另一項特性「強烈地更為重要」、「稍微地更為重要」，以此類推，而不同的選項會以同樣的方式在相

同的特性中做比較。例如，受測者會被問到，他們是否偏好新產品A
的「策略效益」超過新產品B。然後再問他們是否偏好A的「開發風
險」超過B。同樣也會問他們「策略效益」的重要性是否高於「開發
風險」。他們會持續在每個特性中比較每個選項，然後做每個特性之
間的比較。成對的比較避免了隨意評分尺度的問題，可能是這個方法
的優點。然而，奇怪的是，AHP將比較的資料轉換為一個隨意專斷的
分數。

　　AHP和其他隨意加權評分方法的第二個不同在於，它計算了所謂
「一致性係數」（consistency coefficient）。這個係數是判定答案內部一
致性程度的一個方法。舉例而言，如果你偏好策略效益勝過低開發風
險，同時偏好低開發風險勝過利用現有配銷管道，那麼你就不應該偏
好利用現有配銷管道勝過策略效益。如果這種循環式的不一致結果發
生很多次，一致性計算會得到很低的數值。一套完全一致的答案，其
一致性數值為1。

　　一致性的計算是根據一個用來解答各種數學問題的Eigenvalues矩
陣代數方法。因為AHP使用這個方法，因此常被稱為「理論上健全
的」或「經過數學證明的」。如果理論健全的標準只是簡單地在程序
的某個過程中，使用數學工具（即使是像Eigenvalues這麼有力的方
法），那麼證明一項新的理論或程序將會比實際上容易多了。有人可
以使用Eigenvalues在占星術上，或用微分方程式在掌相學上。這兩種
情況都不會只是因為使用了在另一個情況下被證明有效的數學方法，
而使該方法變成有效成立。

　　事實是，AHP只是另一種加權評分方法，使用一種可辨認出不
一致答案降低干擾的方法（一致性係數）。但那很難讓結果成為它常
宣稱的「得到證明」。問題在於，對像是策略結盟及開發風險等特性

的比較，通常是沒有意義的。如果我問你比較喜歡一輛新車還是金錢，你應該會先問我，我所說的是哪種車以及多少錢。如果是一輛15年的小型車，而金錢是100萬美元，很明顯地你的答案會不同於如果我告訴你，車是全新的勞斯萊斯而金錢是100美元。然而我還是目睹過，用AHP工具的團體，在過程中沒有人停下來問「我們所談論的是多少的開發風險，對上多少的製造成本？」令人驚訝的是，他們就直接作答了，好像這些都已經有明確定義似的。這樣做會引起一種危險，就是一個人所想像的取捨和其他人所想的是完全不同的。這平白增添了另一層不必要的干擾。

即使對AHP理論上是否有效，都有很多的爭論，更不用說它是否改善了決策。最先被發現的問題之一，稱為「次序逆轉」（rank reversal）。[21]假設你使用AHP來對A、B、C三個選項做排名，A是最受偏好的。假設接下來你刪除了C；這會改變A和B的排序，以至於A變成第二好，而B成為最好嗎？AHP就能產生像這樣的不理性結果。〔AHP的一個修正版稱為「理想流程模式」（Ideal Process Mode）解決了這個問題。我覺得奇怪的是，在問題解決之前，AHP擁護者原來的立場是認為排名反轉是合理且不需要「解決」的。〕

其他問題不斷浮現出來。其中一個是違反偏好的所謂「獨立性標準」要求。如果我們為一個已經排名的選項列表增添一項標準，那項標準對每個選項都是一樣的，排名就不應該改變。假設你在評量舉辦公司野餐的地點，你用AHP對各選項做出排名。然後有人決定你應該要包含「與公司的距離」這項標準，但是所有的選項與公司的距離都相同。所有選項都得到相同評分的這個額外標準，若改變了排名順序，就是不合理的，然而它卻可能發生。[22]在我另一本書《The Failure of Risk Management》中，我引用了許多決策分析研究者的研

究，他們因為這些問題，堅持AHP不是可靠的工具。（我在該書中提到AHP，是因為太多人評估風險時使用AHP，而不是適當的機率性方法。）

但是即使有理論上的瑕疵，其本身也不應該是一個障礙。有理論上的瑕疵又怎樣呢？沒有任何一篇該主題的理論論文嘗試去計算，這類問題在真正的實務上有多常出現。（也沒有一篇做過這類評量所需的任何實證研究。）然而，成本效益分析或各種加權分數是否可以做為一項衡量，有一個決定性的標準：**結果必須能改善先前的知識狀態。**

無論使用何種方法，它必須能顯示出真實的預測與決策隨著時間而有進步。雖然已經有數百個，也許數千個個案研究是用像AHP這樣的工具，但與對照組比較，仍然沒有證據顯示長期而言對決策有顯著、衡量得到的改善。

校準訓練、拉許模型、蒙地卡羅模型都有大量的、已發表的、衡量得到的證據顯示改善了決策。即使少部分米爾以及道斯所引用的那類實證研究，都能充分地顯示出這類方法都可衡量到決策的改善。Lens模型收集的那類資料，如圖表12.2所示，會為AHP及較簡單、流行使用的加權分數法的效力提供具有說服力的證據。如果流行的計分方法可以呈現出這類證據，我承諾我將會立即改信且成為虔誠的擁護者。

但是即使AHP自1980年代起一直廣為使用，到2008年，學術圈仍在徵求對其有效性的實證測試。[23]已經做過的少數研究並未真的衡量客觀可觀察的成功結果；反而只衡量結果有多麼符合使用者**最初**的主觀偏好。[24]另一項研究只嘗試衡量AHP在預測其他人的主觀預測方面是否有用，而非它是否吻合預測項目客觀的結果。（甚至是這個任

務，研究者的結論也只是有時候行得通，有時候行不通。）[25]

即使對整個方法沒有支持或反對的證據，但是較軟性的計分方法和AHP的主要組成因素，還是有一些已知且可以衡量的問題存在。這些方法沒有處理先前提過的序數尺度特有的問題，像是範圍壓縮、分割相依，以及溝通幻覺。（有一類的分割相依有特別為AHP做過測試；結果觀察到隨意選擇尺度會造成結果上的重大改變。）[26]較軟性的計分方法也沒有試圖處理前面章節中討論過的典型人類偏誤。我們大部分人都有系統性的過分自信，容易低估不確定性和風險，除非我們接受訓練，抵銷這類影響（請見第5章）。同時沒有理由相信任何這些方法可以避開前面敘述過的定錨、從眾效應、光暈／尖角效應，以及選擇盲目（請見第11章）。

然而，這些方法仍有許多熱情的擁護者。就如本章前面討論的，我們知道決策者會經歷決策信心的提升，即使分析或資訊收集方法被發現是沒有效果的。這是道斯所謂「學習幻覺」的一部分。

所有的這些效應可能都會出現在第2章艾蜜莉·羅莎衡量的信心滿滿的觸摸治療師身上。那些治療師從來不費心去衡量自己在有安慰劑控制組情況下的表現。艾蜜莉的簡單實驗顯示出，他們能從事這項任務的信念全是一種幻覺。經理人可能會認為，那個例子不適用於他們。畢竟，他們又不是相信有超自然的氣存在。但是，為什麼他們會認為自己是與眾不同的呢？他們衡量過自己的決策績效嗎？如果沒有，他們需要考慮一下自己無異於米爾、道斯、艾蜜莉衡量的「專家」的可能性。

各種方法的比較

一旦我們對某些已知的問題做了修正，人的判斷就不是一項不好的衡量工具了。如果你有數量龐大的相似、重複性決策，拉許和Lens模型能夠去除掉人為判斷的某些種類誤差，絕對能夠降底不確定性。即使是道斯的簡單z分數，都能對人的判斷有微幅的改善。

為了當作比較的基準，我們會使用只根據歷史資料的客觀線性模型。與本章討論的其他模型不一樣的是，歷史模型不受人類判斷影響，因此，如米爾的結論顯示，通常表現要好很多。通常我們偏好使用這類方法，但是在許多案例中，我們需要將「不可衡量的事物」數量化，這些詳細的、客觀的、歷史性的資料比較難取得。因此，會需要其他方法，像是Lens、拉許等等。

在第9章當中，我們討論過如何進行迴歸分析，將多項變數的效果獨立出來並做衡量。如果我們對一項特定且反覆發生的問題有許多歷史資料，每項因素都有完整的紀錄，且這些因素是根據客觀指標（不是主觀的尺度），同時我們已經記錄了真實的結果，那麼我們就可以創造一個客觀的線性模型。

Lens模型是將投入變數與專家估計連結起來，而客觀模型則是將投入變數與真實的歷史結果連結起來。對圖表12.2中提到的每一項Lens模型研究，也同時完成了以歷史資料為主的迴歸模型。舉例而言，關於癌症病患的預期存活期間研究，需要給醫生病人的病歷資料，然後建立Lens模型做出醫生對存活預期的估計。該研究也持續追蹤病患，保留真正的存活期間追蹤資料。雖然醫師診斷的Lens模型只比人的判斷少2%的誤差，客觀模型的誤差則整整少了12%。圖表12.2上的所有研究，Lens模型的誤差比起沒有協助的衡量估計者，

平均少了5%的誤差，而客觀線性模型則比人類專家的誤差，平均少了30%。

當然，即使是客觀線性模型也不是改善沒有協助的人類判斷的終極解答。更細緻的問題分解，如我們在前面章節討論過的，通常可以進一步降低不確定性。如果我們要將這些模型排列在一張光譜上，從沒有協助也沒有條理的人類直覺，到客觀的線性模型，這張光譜看起來會近似圖表12.5。

圖表12.5　類似問題群組估計方法的相對價值

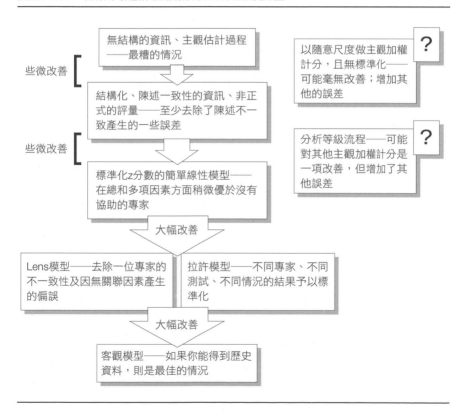

　　如果有歷史資料的話，那可能對沒有協助的人類判斷是一項改善。但是只是對人類判斷的某些誤差做校正，沒有使用歷史資料的其他方法，也是有價值的。像是拉許及 Lens 模型的方法是經過實證證明，能協助去除人類判斷中的一些顯著誤差，並可能將人類專家轉變為一個非常有彈性、校準、有力的衡量工具。

　　對許多決策科學的研究者而言，辯論這些方法的有效性，是多此一舉。偉大的保羅・米爾在比較沒有協助的人類專家和簡單統計模型時，有以下最好的說法：

　　　　當大量的各種不同屬性的研究都指向相同的結果，在社會科學中這就是沒有爭議的了。當我們有接近 90 項（現在已接近 150 項）的各種預測研究，從足球賽到肝病診斷的預測，只得到半打左右的研究結果微弱地有利於〔人類專家〕，是可以下定論的時候了。[27]

注釋

1. Robert Kaplan, "Is Beauty Talent? Sex Interaction in the Attractiveness Halo Effect," paper presented at the *Annual Meeting of the Western Psychological Association*, Los Angeles, California, April 8-11, 1976.

2. S. E. Asch, "Effects of Group Pressure upon the Modification and Distortion of Judgment. In H. Guetzkow (ed.), *Groups, Leadership and Men* (Pittsburgh Carnegie Press. 1951).

3 Petter Johansson, Lars Hall, Sverker Sikström, and A. Olsson, "Failure to Detect Mismatches between Intention and Outcome in a Simple Decision Task," *Science* 310, no. 5745 (2005): 116-119.

4 R. Dawes, *House of Cards: Psychology and Psychotherapy Built on Myth* (New York: Simon & Schuster, 1996).

5 C. Tsai, J. Klayman, and R. Hastie, "Effects of Amount of Information on Judgment Accuracy and Confidence," *Organizational Behavior and Human Decision Processes* 107, no.2 (2008): 97-105.

6 C. Heath and R. Gonzalez, "Interaction with Others Increases Decision Confidence but Not Decision Quality: Evidence against Information Collection Views of Interactive Decision Making," *Organizational Behavior and Human Decision Processes* 61, no. 3 (1995): 305-326.

7 S. Kassin and C. Fong, "I'm innocent!: Effects of Training on Juddgments of Truth and Deception in the Interrogation Room" *Law and Human Behavior* 23 (1999): pp. 499-516.

8 Robyn M. Dawes, The Robust Beauty of Improper Linear Models in Decision Making,: *American Psychologist* 34 (1979): 571-582.

9 M. Wilson (ed.) and G. Engelhard (ed.) *Objective Measurement*, vol. 5, (Elserier Science, January 15, 1999).

10 G. Rasch, "On General Laws and the Meaning of Measurement in Psychology," *Proceedings of the Fourth Berkeley Symposium on Mathematical Statistics and Probability* (Berkeley: University of California Press, 1980), pp. 321-334.

11 Egon Brunswik, "Representative Design and Probabilistic Theory in a Functional Psychology," *Psychological Review* 62 (1955): 193-217.

12 Robyn M. Dawes and Bernard Corrigan, "Linear Models in Decision Making," *Psychological Bulletin* 81, no. 2 (1974): 93-106.

13 四個例子中至少有一個例子,「專家」是學生。剩下的例子中有兩個例子,專家預測的是其他專家的意見(臨床心理學家預測其他臨床醫師的診斷,教職員預測入學審查小組的評量)。同時,大部分我建立的專家模型,看起來至少在預測結果上稍微優於道斯研究中所討論的專家。

14 D. V. Budescu, S. Broomell, and H.-H. Por, "Improving Communication of Uncertainty in the Reports of the Intergovernmental Panel on Climate Change," *Psychological Science* 20, no. 3 (2009): 299-308.

15 L. A. Cox Jr. "What's Wrong with Risk Matrices?" *Risk Analysis* 28, no. 2 (2008): 497-512.

16 Ibid.

17 M. Parker, R. Benson, and H. E. Trainor, *Information Economics: Linking Business Performance to Information Technology* (Englewood Cliffs, NJ: Prentice-Hall, 1988).

18 Barbara McNurlin, *Uncovering the Information Techonlogy Payoff* (Rockville, MD: United Communications Group, 1992).

19 Paul Gray, book review of *Information Economics Linking Business Performance to Information Techonology, Journal of Information Systems Management* (Fall 1989).

20 一份文獻調查顯示，該名稱也用「analytical」而不是用「analytic」，甚至同儕檢視的期刊論文也如此，但是大部分的擁護者似乎都用「analytic」。T. Saaty, *The Analytic Hierarchy Process: Planning, Priority Setting, Resource Allocation* (New York: McGraw-Hill, 1980).

21 A. Stam and A. Silva, "Stochastic Judgments in the AHP: The Measurement of Rank Reversal Probabilities," *Decision Sciences Journal* 28, no. 3 (Summer 1997).

22 Perez et al. "Another Potential Shortcoming of AHP," *TOP: An Official Journal of the Spanish Society of Statistics and Operations Research* 14, no. 1 (June 2006).

23 Robert T. Clemen, "Improving and Measuring the Effectiveness of Decision Analysis: Linking Decision Analysis and Behavioral Decision Research," *Decision Modeling and Behavior in Complex and Uncertain Environments* 21 (2008): 3-31.

24 P. Schoemaker and C. Waidi, "An Experimental Comparison of Different Approaches to Determining Weights in Additive Utility Models" *Management Science* 28, no. 2 (February 1982).

25 M. Williams, A. Dennis, A. Stam, and J. Aronson, "The Impact of DSS Use and Information Load on Errors and Decision Quality," *European Journal of Operational Research* 176, no. 1 (January 2007): 468-481.

26 Mari Pöyhönen and Raimo P. Hämäläinen, "On the Convergence of Multi Attribute Weighting Methods," *European Journal of Operational Research* 129, no. 3 (March 2001): 569-585.

27 P. E. Meehl, *Clinical versus Statistical Prediction* (Minneapolis: University of Minnesota Press, 1954), pp. 372-373.

## 第13章

新的管理衡量工具

衡量世界：以網際網路為工具。

我很好奇，像埃拉托色尼、恩里科、艾蜜莉那種心智的人，如果使用本書提到的一些衡量工具，他們可以衡量哪些事物。毫無疑問地，會有很多。但是，不幸地，這些工具並未被廣泛使用，而大型、高風險的決策可能因此而受到損害。

同樣地，當談到衡量工具時，我所談的不只是使用在一些科學觀察中的桌上設備而已。我談的是你已經知道的事物，但是可能未將其當作是一種衡量工具。這包括了一些新的無線設備，甚至整個網際網路。

二十一世紀的追蹤者：用科技做紀錄

我們討論過的觀察方法之一，是使用工具來追蹤一個現象，而該現象是之前未曾被追蹤過的。在現象裡崁入某些東西，你會比較容易追蹤。我父親是國家氣象局的員工，為了要衡量上層氣流的移動，會將帶著無線電傳送器及基本氣象設備的氣球放到空中。在我們討論過調查魚的總量例子中，將更簡單的標籤放入魚群中，然後就可以用捉放法來衡量總量。如果有事物是很難觀察的，有多種方法可以在過程中崁入標籤、探測器、顯影劑等。

除了工具的功用，工具的成本也創造出許多可能性。舉例而言，簡單的無線射頻辨識（Radio frequency ID, RFID）在衡量某些商業活動方面即有革命性的貢獻，而其應用還有更大的空間。RFID是很小的條狀物質，能反射無線電信號，並在反射的信號中傳送獨特的辨識碼。RFID目前每個只要10到20美分，大部分用來追蹤倉儲。

當我詢問知名的物理學家暨作家佛里曼·戴森（Freeman Dyson），他認為最重要、最聰明及最有啟發性的衡量是什麼，他毫

不遲疑就回答：「GPS（全球定位系統）是最令人驚嘆的例子。它改變了一切。」事實上，我期待的是不一樣的回答，也許是二次大戰時他為皇家空軍做作業研究的某種東西，但是在真正革命性衡量工具以及做為衡量本身，GPS是有道理的。GPS在經濟上幾乎所有人都買得起，同時也有各種軟體支援工具和服務。然而許多人在思考商業上新的衡量工具時，可能不會想到GPS，部分原因在於，GPS已經普遍存在了。但是像戴森這樣心智的人相信它是衡量上最令人驚嘆的例子時，我們應該要聆聽。

　　大部分汽車相關產業都受益於GPS提供的衡量能力。GPS Insight是一家協助運輸公司充分開發利用GPS的廠商，位於亞歷桑納州斯科茨代爾市（Scottsdale）。該公司提供的車用GPS，可透過無線網路在該公司網站上取得訊號。它可以將車輛的位置顯示在Google地圖上。任何熟悉Google地圖的人都知道，它是將地球的衛星照片層層疊上道路、商業，以及無數其他客製地理資訊系統資料（Geographic Information System）。人們可以免費下載Google地圖，看到他們附近或任何地方的衛星影像。

　　Google地圖上的影像並非即時影像，有時候甚至超過兩年以上；然而，道路及其他資料通常會比較新。（我住處附近的影像出現的是興建中的建築，而該建築已經完工超過兩年了。）而有些地區的涵蓋性也不如其他地區。許多地方你可以輕易地看到車子，但是在我兒時家鄉南達科塔州耶魯市，照片解析度很低，幾乎看不到任何道路。毫無疑問地，涵蓋率、解析度、影像的即時性，都會逐漸改善。

　　然而，在網路上可以取得第三方高品質空照圖，GPS Insight通常會把它們放在Google地圖上提供給顧客。成本不高，每平方英哩收費1到10美元不等。

　　聰明人可以使用這些工具做為衡量工具。但是GPS Insight靠著組合GPS、無線網路、網路存取、Google地圖等，能夠產生車輛位置、駕駛人活動、駕駛習慣等詳細報告，過去要追蹤這些資料是不太實際的。這些報告簡潔地呈現出路程時間、停靠時間、及其平均數和變異數，有助於判斷要在哪裡深入檢視。深入檢視可以判斷出確切的位置、時間、活動，像是在43街和中央大道路口的一棟建築物停留了兩小時之類。然後開啟Google地圖上的「酒吧及餐廳」，甚至可以判斷出是那家餐廳。

　　其他種類的報告，將誰超速、不同車輛一天的使用時間與工作時間的比較、什麼時候車輛被使用在正常上班時間外的時間、駕駛是否遵照預設路線，以及為了燃料稅報稅用的每一州行駛的英哩數與小時數等等予以數量化。因為這項工具以成本不高的方式，降低了許多數量上的不確定性，它有資格做為非常有用的衡量工具。

　　另一個聰明使用科技的例子，是用於會議中人與人互動與關係上。喬治‧艾伯斯塔特（George Eberstadt）是nTAG的共同創辦人，該公司開發出一個姓名標籤，可以追蹤誰在和誰互動。這個標籤重量不到5盎司，在配戴者走入談話距離內時，使用對等聯網（peer-to-peer，或簡稱P2P）無線電技術辨識彼此。要追蹤某場談話時間的在場者，nTAG系統使用紅外線頻閃觀測器「鎖定」（亦即獲得訊號）房間中的每個人。標籤追蹤誰和誰說過話，以及說了多久，如此一來，公司可以衡量這個活動是否達成建立人際網路的目標。這些資料會以無線的方式傳送到無線網路基地台（radio access point），然後傳送到中央資料庫。

　　姓名標籤法設法處理關鍵性的接受度問題。艾伯斯塔特說：「雖然大多數人不喜歡穿戴電子追蹤設備，但姓名標籤是保密的。我們得

到100%的接受度。」他稱它為一種「互惠設備」（reciprocity device）
——你願意使用這個設備，因為對你有利。「人們願意釋出自身的資
訊，如果你回報他們有價值的東西。」

　　如果你要衡量位於不同地點的溝通程度，這些資料可能會透露許
多資訊。如果你舉辦一場會議，發現多數團體內互動頻繁，但是團
體之間卻很少互動，你可以找到方法使溝通更為順利。nTAG到目前
為止主要是用在會展產業，但是已經在盤算要擴大使用。艾伯斯塔
特說：「人們通常會將人際關係、教育，以及激勵當作會議的關鍵目
標。如果你要衡量會議的價值，你必須衡量那些目標。」nTAG設備
追蹤誰和誰說話以及說多久，因此公司可以衡量會議的人際網路目標
達成情形。

　　如果埃拉托色尼藉由觀察日影可以衡量地球的圓周，我很好奇他
若使用網路GPS，可以衡量出哪些經濟、政治、行為上的現象。如果
恩里科·費米用一把彩紙能衡量原子彈的力場，我很好奇他使用一
把的RFID晶片能做出多少事來。如果艾蜜莉用一個卡片紙螢幕的簡
單實驗能揭穿觸摸療法，我很好奇她用稍微多一點的預算和幾項新工
具，她現在能做出怎樣的衡量。

衡量世界：以網際網路為工具

　　　網際網路使得那些過去無法衡量的事物變得可以衡量了：健
　　康醫療資訊在母體中的散布情況、即時追蹤長期的醫療資訊，以
　　及辨認資訊供給與需求之間的差距。
　　　　　　——岡瑟·艾森巴哈（Gunther Eysenbach，Infodemiology的開發者）

2006年多倫多大學的岡瑟‧艾森巴哈醫師展現了，在Google上的搜尋型態可以用來預測流行性感冒的爆發流行。他開發出一種工具，收集Google不同地理位置的使用者所做的搜尋字詞，並予以解讀。艾森巴哈將像是「流感症狀」之類的字詞搜尋和後來確認的實際流感爆發，做了關聯研究。結果顯示，他可以比使用傳統醫院通報方法的疾管當局還要**提早整整一周**預測出流感的爆發。[1]後續的研究也都出現類似的結果。他稱這個研究的方法為「Infodemiology」，並且將它和其他支持的證據發表在一份新的醫學期刊《*Journal of Medical Internet Research*》（醫療網路研究期刊）上。[2]是的，是有這樣的期刊，而且可以確定還會有更多出現。

1980年代，作家威廉‧吉布森（William Gibson）寫了某一類別的科幻小說，而他是這個類別小說的主要創造者。他創造了「網際空間」（cyberspace）一詞，做為網際網路的未來版，使用者不只是使用鍵盤和滑鼠，而是直接將探測器崁入大腦進入虛擬實境，在資料大地上飛行。

如同科幻小說作家一樣，吉布森在某些方面是不實際的。雖然聽來有趣，我個人認為在網際空間裡的資料大地上飛行，研究價值有限。我認為在電腦螢幕上使用老式的Google及Yahoo，再加上一些平板繪圖，能更快得到更多有用資訊。但是吉布森的網際空間概念，不只是資料的儲藏室，而是整個地球上進行中所有事物的一種即時脈動，這倒是與真實相去不遠。我們真的能夠立即進入大量的資料大地。即使不用在虛擬實境中飛行，也可以看到影響重要決策的固定模式。

探查網際網路奇妙的可能性，已非新鮮事──這早已是陳腔濫調了。但是有種特定的用法似乎是低度開發的。網際網路本身可能是我

們大多數人這一生中會見識到的最重要的衡量新工具。使用網際網路和一些搜尋引擎來挖掘你要衡量事物的相關研究，是非常簡單的。但是網際網路做為衡量工具有一些其他的意涵，它很快就成為如何衡量萬事萬物這個問題的答案。

我們有必要指出，網路上兩項剛出現的科技。其中之一是從網際網路收集資料的方法，而另一個是使用網際網路以更有效率的方式，從其他人那裡收集資料。在網際網路上有相當多的資訊，而且變化非常快。如果你使用標準的搜尋引擎，你會得到一連串的網址，但僅止於此。假設，你要衡量你公司的名稱在特定新聞網站出現的次數，或是關於一項新產品在部落格被討論的次數。你可能甚至要使用這個資訊，與其他以報告格式出現在其他網站上的特定資料一起使用，例如政府部門的經濟資料。

網際網路「螢幕擷取」（screen scraper）是收集所有這項資訊的一種方法，無須雇用實習生每天24小時，一周7天，就可以例行性地進行。陶德‧威爾森（Todd Wilson）是 www.screen-scraper.com 總裁及創辦人，他說：「有些網站每三秒或四秒就變換一次。我們的工具在監看網路上一段時間的變動方面是非常擅長的。」你可以使用螢幕擷取工具，在 www.ebay.com 網站上追蹤你的產品在二手市場狀況；將你的商店在不同城市的銷售與當地氣候連結，或甚至每小時在各種搜尋引擎上查看你們公司名稱的點擊次數。（如果你只是需要被提醒新資訊的出現或不考慮建立資料庫，可以註冊 Google Alert。）

如同在網際網路上搜尋可以顯示，有許多「集錦」（mashups）存在，資料從多種來源被拉出來，然後以新面貌出現。集錦現在的共同角度是將企業、房地產、交通等資訊繪製在像是 MapQuest 或 Google Earth 等地圖網站上。我發現一個 Google Earth 和房地產資料的集錦

www.housingmaps.com，可以讓你在地圖上看到最近出售的房屋價格。另一個在www.socaltech.com上的集錦，則呈現出一張地圖，上面標有最近得到創投資金的企業位址。初看之下，你可能會認為，這些網站只是提供給那些要買房子或要在新公司找工作的人。但是對於建設公司的研究或預測新興產業成長的人來說呢？只有我們自己的聰明才智會限制可能的發展。

你可以想像，藉由創造像是MySpace及YouTube等網站集錦，幾乎就有無限的分析組合，可以衡量文化趨勢或公眾意見。eBay給予我們大量關於買方和賣方的免費資料，以及現在都在買賣些什麼東西，而且有許多強力的分析工具可以對eBay網站上的所有資料做整理。希爾斯（Sears）、沃爾瑪（Walmart）、目標（Target）百貨公司網站及Overstock.com網站上個別產品的意見及評論，都是來自消費者的免費資訊來源，如果我們夠聰明，知道如何利用這些資訊。

國家休閒集團

關鍵調查（Key Survey）公司的另一個客戶是國家休閒集團（National Leisure Group, NLG），為年營收7億美元的大型休閒郵輪公司。

朱莉安娜·海爾（Julianna Hale）是國家休閒集團人力資源及內部溝通部門的首長。她一開始是把關鍵調查工具用在人力資源上，尤其是員工滿意度、績效輔導評估，以及訓練評量，但後來看出它在衡量顧客滿意方面的潛能。她說：「在旅遊產業，每一分錢都很難賺。這是非常微利的事業。」在這些限制下，衡量顧客對NLG的形象有多肯定，仍然是很重要的。「我們有許多很

棒的業務人員，但是再訪率卻很低。」海爾解釋，「所以我們創造了顧客體驗部門，開始衡量顧客滿意度。經過一些時間我們才接受這項衡量。那真是一場大奮戰。」

　　每隔六到八個月，關鍵調查會收集跨部門的顧客調查意見。為了節省顧客的時間，該公司必須很有效率地進行。海爾敘述：「顧客調查內容修正了好幾次，但是最後每個人都同意了。」在顧客做了預約之後，會有一份「簽約後」調查，以e-mail自動發送給顧客。在顧客旅途結束後，也會以e-mail自動發送另一份「歡迎回家」的調查。海爾說：「我們只是想看能得到什麼樣的結果。最初我們的回應率為4%到5%，但是歡迎回家的e-mail則有11.5%的回應率。」以調查的標準而言，那是非常高的。而使用簡單對照控制，NLG對像是「你是否會向朋友推薦我們？」的問題，比較了顧客旅行前後的回應，檢視度假後的分數是否比較高。

　　當他們發現客戶旅行後沒有比較快樂，NLG決定和業務團隊推出全新的旅遊計畫。海爾說：「我們必須重新訓練業務團隊以不同的方式進行銷售，並讓顧客得到他們想要的假期。」光是發掘問題就是衡量的成功。現在該公司需要衡量的是新計畫的成效。

　　任何人都可以去Google註冊，從Google Trends下載詳細的資料。它顯示的是Google的使用者搜尋字詞長期的趨勢變化，甚至還以城市作細分。有一項指數是在亞馬遜網路書店銷售前100名左右的書籍中，面試和找工作類書籍與其他類書籍的比較，這比勞工部統計資料發布還能更早顯示出就業情形的變化。這實在令人感到驚異。

　　或是，不用「螢幕擷取」及集錦方式在網路上挖掘資料，你可以在網路上直接對客戶、員工及其他人做調查。關鍵調查（Key Survey）是一家用網路做調查的廠商（www.keysurvey.com）。這類廠商提供不同的統計分析能力；有些有「人工智慧」或適應型的調查方法，調查會根據答題者先前如何作答，動態地詢問不同的問題。雖然這些能力可能非常有價值，許多使用過網路調查服務的顧客發現，光是降低成本這一項理由就值得使用這些衡量方法。

　　看看以下的數據。關鍵調查的一位客戶《農場期刊》（*Farm Journal*），過去對農夫們做的一份40到50個題目的問卷調查，平均每人要花4到5美元。現在，使用關鍵調查，每份問卷只花《農場期刊》25美分，而且能夠對50萬人做調查。

預測市場：動態的意見總合

　　網際網路也使新的、動態的衡量成為可能，經由類似股票市場使用的機制對意見做總合。2008年之後，稱這些機制「有效率」也許不合理，但是有些地方使用這類方法，還是很有效的。當經濟學家談到股票市場是有效率的，他的意思是要持續打敗市場，是非常困難的。對於任一股票而言，在某個特定時點，其股價在非常短的時間內，向上漲和向下跌的可能性是一樣的。如果這不成立，那麼市場的參與者將能據以買入或賣出股票，直到達到「均衡」（如果在市場有這樣的東西存在的話）為止。

　　這個總合意見的過程在預測方面比市場上幾乎所有的個別參與者都來得好。遠比意見民調來得好，參與者有誘因仔細考慮問題，特別是涉及大量金錢的時候，還會擴大自己的資源投入來取得新資訊分析

投資。那些出價不理性的人，傾向於較快耗光金錢、退出市場。不理性的人也容易成為「隨機雜訊」（random noise），在大型市場中會抵銷掉，因為不理性的人高估股票和低估股票的可能性是一樣的〔雖然我們的「群體心理」（herd instinct）會強化市場中的不理性〕。同時，因為有參與的誘因，有關公司價值的新聞也會快速地反映在股價上。

　　這正是新的「預測市場」要使用的那種機制。雖然早在1990年代初期就有人加以研究，但是到2004年才在詹姆斯·索羅維基（James Surowiecki）的暢銷書《群眾的智慧》（*The Wisdom of the Crowds*）中獲得較廣泛的讀者。[3]有些軟體工具和公開的網站為諸如誰會贏得奧斯卡最佳女主角，或是誰會是共和黨總統提名人等這類事項創造出「市場」。圖表13.1呈現的是各種預測市場工具的例子。

圖表13.1　可用的預測市場整理表

Consensus Point www.consensuspoint.com	提供服務給想要建立內部使用的預測市場的企業。由創造 Foresight Exchange 人馬中的一些人開發的，企業在如何建立及創造優良預測者的獎勵系統方面有很大的彈性，包括金錢的誘因。
Foresight Exchange www.ideosphere.com	提供給公眾的免費網址，為預測市場觀念最早期的實驗之一。所有的賭局都是「遊戲幣」。由公眾提出主張，由志願者檢討。是一個活躍的市場，有為數龐大的玩家，是進入預測市場一個很好的途徑。
NewsFutures www.newsfutures.com	是 Consensus Point 直接的競爭者，提供企業建立預測市場的服務。
Intrade www.intrade.com	一開始是 www.tradesports.com，為運動下注網站的一種，擴大進入政治、經濟、全球事件及其他領域。目前這些都是分開獨立的網站。任何人都可以開立帳號，但賭注是真正的金錢。任何人都可以提出一項主張，但是也需要錢。

這個市場的參與者買或賣出對於一項特定預測事項「主張」（claim）的股份，我們舉例來說吧，誰會是共和黨的美國總統提名人。通常如果這項主張成真，則一個股份價值為一個既定的金額，通常為1美元。你可以對一項主張下賭注，買一個股份的「是」，或是買一個股份的「非」。也就是說，如果該主張成真，而你有一個股份的「是」，你就可以賺到錢；如果該主張不成立，而你有一個股份的「非」，你也可以賺到錢。一個「過期」（retired）的股份，是已經判斷出是或非並且已經付過報酬的股份。

如果對某人獲得提名，你持有100股「是」，結果那個人成為提名人，你將贏得100美元。但是你剛開始買那些股份時，完全不能確定該項主張是否會成真。在候選人宣布前幾個月你就買那些股份時，每一股你可能只付了5美分而已；在此人宣布參選提名時，成本可能就會提高了，而每當有另一位熱門人選宣布參選時，成本可能會下降一些，然後在每次有候選人退出時成本提高一些。持有股份到最後，你可以賺到錢，或者在你認為市場高估這項主張的價值時，出售持股，你也可以賺到錢。

在預測市場受到檢驗的主張不必然要是政治勝利、奧斯卡或選秀節目〈美國偶像〉的獲獎人，它們可以是任何你要衡量的預測，包括兩家競爭公司是否會合併、新產品的銷售量、一些重要訴訟的結果，或甚至公司是否能繼續經營。圖表13.2顯示出一項在 Foresight Exchange 交易所的網站上已過期的主張「蘋果電腦會在2005年之前完蛋」的價格。如果蘋果在2005年1月1日前不是存在的企業體，這項主張必須付給每個「是」股份1美元。這個主張的確切意思——如果蘋果被買走或與其他廠商合併、破產重整等等要如何判斷——會以詳細的敘述說明，而評審的注釋則由評判該主張為是或非的人所寫。

圖表13.2　Foresight Exchange上「蘋果電腦在2005年之前完蛋」的股價

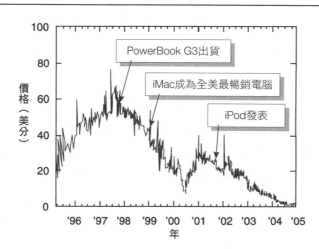

正如目前所知，蘋果並未歇業，且每位擁有「是」股份的人會發現，這些股份毫無價值。但是那些反對這項主張而下注買「非」股份的人，所擁有的每股都賺到1美元。像股價一樣，不同時間的價格反映出市場上可得的消息。（該圖顯示的是過期日之前，蘋果歷史上的一些重大事件。）和股價不一樣的是，一個「是」股份的價格立刻可以轉換為該公司退出市場的機率。1999年1月，「是」股的價格大約30美分，表示市場認為蘋果在2005年1月1日前退出市場的機率有30%。到了2004年，當蘋果在第二年仍會在市場上的態勢變得更為明確，「是」一股的價格掉到低於5美分。

預測市場有趣的地方在於，價格似乎符合主張成真的機率。當檢視過大量的過期主張之後，我們可以看出預測市場有效的程度。就像校準專家，我們藉由檢視大量歷史性的舊預測及後來真正的結果，來判斷一個計算出來的機率是否良好。如果產生機率的方法是好的，

那麼當它告訴我們一組事件有80%的可能性,大約就有80%的機會應該會是正確的。同樣地,以40美分賣出的所有主張,應該有約40%的機率真的會成真。圖表13.3顯示出這個測試在Intrade News、Futures、Foresight Exchange上成立的程度。

該圖顯示的是從《電子市場》(*Electronic Markets*)發表的研究上所蒐集到的國家足球聯盟(National Football League, NFL)208場比賽中Trade Sports和News Futures的價格。[4]我將這些資料與我收集所有Foresight Exchange(不限於NFL賽事)353項主張的發現重疊在一起,但僅限於那些有明顯交易數量的主張。

我們可以看到當價格上升,事件成真的機率也是如此。Trade Sports是真正金錢的賭局網站,是一項校準良好的吻合(亦即,一個事件的機率非常接近它的價格)。News Futures即使玩家使用的是遊戲幣而非真的金錢,也一樣吻合。(最好的玩家可以用他們的「錢」去標購獎品,像是iPod。)

圖表13.3   預測市場的表現:價格與事實的對照

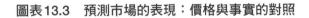

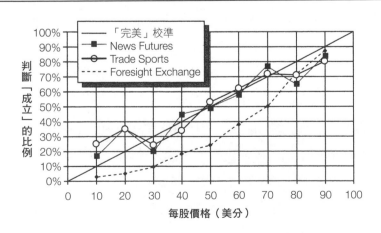

Foresight Exchange和其他兩個網站很不一樣。交易只限使用遊戲幣，且不提供玩家購買獎品的機會。玩家只能得到每星期50美元遊戲幣的額度。這個錢只能買主張的股份，最佳預測者只得到誇口的權利，沒有其他報酬。這可能是為什麼在這個市場上幾乎每件事的價格都是高估的（亦即，價格高出事件成真的機率）。另一個理由，可能與一項事實有關，那就是Foresight Exchange上的主張是由一般大眾提出的。在這個交易所裡大多數的主張都很冷門——許多相當奇異；所有主張中只有23%成真過。然而，有趣的是價格高估的**一致性**。一致性高到我們只需用一項調整因素將該市場價格轉換為機率，結果就會和Trade Sports或News Futures一樣好。因為這個研究，Trade Sports將其非運動相關的交易，移轉出去成立了一家新公司，名為Intrade（www.intrade.com）。

有些公司，像是奇異（General Electric, GE）及陶氏化學（Dow Chemical），已經開始檢視預測市場做為衡量特定未來事件的機率。例如，GE用這些市場來衡量員工創新提案的市場性。將預測市場用於衡量還有一個實用的方式，是對門檻打賭。如果一個新產品的第一年營收達到250萬美元，才算是好的投資。該公司可以設定一個主張「X產品推出後第一年會產生超過250萬美元的營收」。

自從2008年金融海嘯，大家可能會好奇，是否能證明像這樣的方法是有效的。單是根據2008年的經驗，有些人會說，市場不是有效率的。然而，請記住這裡存在一些重要的差異。股票市場中買賣的項目是高度交互關聯的。一些股票的異動會影響許多其他股票。然而，打賭誰會在實境電視節目競賽中獲勝，和誰會贏得下一任總統大選，這兩者之間可能一點關連也沒有。在一套毫無關聯的賭局中，似乎不存在「市場泡沫」或「市場恐慌」這類東西。

　　除此之外，我們應該要謹記在心的是，我們比較的是什麼東西。我們拿預測市場和沒有協助的人類專家做比較。毫無疑問地，預測市場是沒有協助的人類專家的一大進步。請記住第3章中衡量的定義。衡量不是100%的時間都要100%正確。

　　要衡量那些似乎不可能衡量的事物，預測市場絕對是有力的新工具。預測市場的擁護者熱切地相信，這些工具是衡量所有事物的終結、萬能工具。我聽過一些擁護者說，要創造出商業效益，你只需對效益中的每項個別變數創造一個主張，公開到市場上即可。在索羅維基的書出版後，這樣的狂熱更為增長。

　　了解這些之後，我們需要小心一些事情。預測市場不是魔術。它們只是一個方法去總合一群人的知識，尤其如果使用的是真的金錢，提供人們誘因對他們的交易做研究。我們討論過的其他方法也一樣有用，可能還更好用，端視你的需求而定。圖表13.4綜合了到目前為止

圖表13.4　預測市場與其他主觀評量方法的比較

校準訓練	在需要許多快速、低成本估計時是最佳的。只需要一位專家，答案是立即的。應該是大部分情況中的第一個估計方法——如果資訊價值證明合理，可以使用更細緻的方法。
Lens模型	在有大量同類型重複估計的情形下（例如，大型投資組合的評量），以及能收集到每種相同類型的資料時，會使用這個模型。一旦創造出此模型，能為這類型的問題產生立即的答案，無論能否找到原始的專家。此模型只用假設的情境就可以創造出來。
拉許模型	用來標準化那些出自不同專家或對不同問題的測驗所得到的不同估計或評量。和Lens模型不一樣的是，這個模型需要許多真實的評估（非假設的）。標準化時必須全部加以考量。
預測市場	對預測而言是最佳的，尤其在追蹤機率隨時間變化上很有用。需要至少兩個市場玩家產生第一筆交易。如果你需要對大批的數量，無論是否同質，產生快速的答案，這就不是理想的工具。如果主張的數量超過市場上交易的數量，許多主張就會沒有估計。

所討論過的改善判斷的方法。

我們學到的一堂課：DARPA「恐怖主義市場」

2001年美國國防部「國防先進研究計畫署」(Defense Advanced Research Projects Agency, DARPA) 的「資訊監管辦公室」(Information Awareness Office, IAO) 決定將預測市場用在政策分析上，因為根據一些研究顯示，這類市場在許多議題上，能比個別的專家做出更好的預測。不料這項實驗引發了公眾爭議。

2002年建立了示範市場來預測嚴重急性呼吸道症候群 (SARS) 的擴散及防護威脅程度。這些市場原本計畫在政府部門內運作，但是顧慮到不會有足夠的交易者以及部門間金錢移轉的法律問題，最後則開放給一般大眾交易。

有一份報告以模擬螢幕顯示出各種可能的預測，像是阿拉法特刺殺案及北韓的飛彈攻擊。這個例子受到了注目。2003年7月28日，美國參議員朗‧懷登 (Ron Wyden, D-Ore) 及拜朗‧多根 (Byron Dorgan, D-N. D.) 寫信給IAO主任約翰‧波因戴斯克特 (John Poindexter)：「在你的報告中提供的例子，將讓參與者投注『明年恐怖分子會不會以生化武器攻擊以色列？』當然，這類威脅的資訊應該用最高品質的情報蒐集取得──不是讓個人在網際網路的網站上拿問題來打賭，花費納稅人的錢創造恐怖主義的賭場，是既浪費又令人反感的。」隨即引爆媒體討論。

兩天之內，計畫就被取消了，而波因戴斯克特辭職下台。該計畫成員之一，同時也是被視為預測市場觀念上的領導人喬治梅森大學 (George Mason University) 的羅賓‧漢森 (Robin

Hanson）說道，「國會沒有人問過我們這項指控是否正確，或是否拿掉該計畫中比較攻擊性的觀點。DARPA什麼話都沒說。」

　　參議員將該議題塑造為道德問題，且假設該計畫不會有效。他們也影射該計畫取代了其他情蒐方法，而其實情報單位總是同時使用多種方法。如果他們的憤怒是認為恐怖分子會利用這個市場發大財，同樣地，他們的憤怒也放錯地方了。他們的立場忽略了一項事實，市場參與者只能贏得很小的金額，因為任何交易都有100美元的限額。漢森對這整個事件做了個結論：「他們就是要對了解很少的計畫擺出姿態。一兆美元預算中的一百萬美元計畫，是個很好的目標。」道德與政治姿態的淨效果為，一項可能大幅改善情報分析的低成本工具就這樣被取消了。

注釋

1 G. Eysenbach, "Infodemiology: Tracking Flu-Related Searches on the Web for Syndromic Surveillance," *AMIA Annual symposium Proceedings* (2006): 244-248.

2 G. Eysenbach, "Infodemiology and Infoveillance: Framework for an Emerging Set of Public Health Informatics Methods to Analyze Search, Communication and Publication Behavior on the Internet," *Journal of Medical Internet Research* (2009).

3 James Surowiecki, *The Wisdom of Crowds* (Anchor, August 16, 2005).

4 Emile Servan-Schreiber et al., "Prediction Markets: Does Money Matter?" *Electronic Markets* 14, no. 3 (September 2004).

第14章

通用的衡量方法：
應用資訊經濟學

應用資訊經濟學能應用在各種不同的領域，諸如研發、市場預測、軍事補給、環保政策，甚至是娛樂產業。

1984年，迪堡顧問（Diebold Group）集合了10家大型公司的執行長及財務長在著名的芝加哥俱樂部，向30家芝加哥最大公司的同儕們做報告。這些公司包括IBM、美孚石油（Mobile Oil）、AT&T、花旗銀行（Citibank），報告了他們在做大型投資決策時所使用的流程。這些報告相當一致又簡單：如果一項投資被認為是具有策略性的，就能得到資金。沒有計算投資報酬率，更不用說將風險數量化了。這讓在場30家公司中的一些人，感到很詫異。

雷・艾比屈（Ray Epich）是IT界德高望重的人，也出席了這場會議。雷是麻省理工學院史隆商學院畢業的。他是迪堡顧問及我的前東家Riverpoint的顧問。他也是非常有趣的說故事人。和保羅・米爾、艾蜜莉・羅莎一樣，雷對專家的共同說法有質疑的本領。雷不相信執行長們只根據他們認為投資有多「策略性」，就能做出良好的決策。

雷對這個決策方法的「成功率」有許多反例。「米德紙業（Mead Paper）想要在紙張中放入邊材，結果浪費了1億美元」是他提到的一個例子。他也提到與當時全球第三富有家族馬蒙集團（Marmon Group）的鮑伯・普立茲克（Bob Pritzker）之間的對話。「我問他如何做資本預算。他說部下會打電話詢問，然後他會再告訴他們可以或不可以。他說他僱不起專人計算投資報酬率。」在那之後，可能馬蒙集團已經願意接受一些基本的簡單計算，並對主管直覺做合理的懷疑。也許沒有。

這就是我於1988年開始在普華永道當管理顧問時，所面對的世局。我從事一些有趣的數量問題，即使它們一開始不是數量化的，我仍傾向於以數量化的方式來加以定義。這一直都是我的世界觀點。然而，在沒有刻意規劃下，我常常被指派去分析大型軟體開發計畫，最

後還成為計畫經理。

　　大約在那時，我開始注意到，一些商業及政府部門很少使用數量方法，甚至沒聽過這些方法，尤其是在IT管理上。一些企業中會衡量的問題，在IT產業卻被當做不可衡量的。那時我就決定為IT開發、引進一套經過驗證的數量方法。

　　到了1994年，我受雇於位於伊利諾州的DHS & Associates（現在的Riverpoint）。該公司管理階層也看到，IT需要更數量化的解決方案，而他們提供顧問們許多空間去開發新的想法。同年，我開始組合起我稱為應用資訊經濟學（Applied Information Economics, AIE）的方法。雖然我原是為IT開發這個方法的，但它後來處理了所有領域的一些基本衡量問題。從那時起，我有機會將AIE應用在許多其他問題上，包括研發組合、市場預測、軍事補給、環保政策，甚至是娛樂產業。

拼出全貌

　　這本書的一開始，我們討論所有衡量問題的一般性架構。我在此重申五個步驟的架構，然後利用兩個真實的計畫案例，解釋這些步驟如何應用在實務上。

1. 定義決策及重要的變數（請見第4章）。
2. 對那些變數目前的不確定性狀態建立模型（請見第5及第6章）。
3. 計算額外衡量的價值（請見第7章）。
4. 以符合成本的方式，衡量高價值的不確定性（請見第8到第13章）。

5. 在降低了符合成本的不確定性後，做風險／報酬決策（請見第6
及第11章所述之風險／報酬決策）。回到步驟1，做下一個決策。

　　因為它們被運用在實際的組織環境中，因此我必須將這些步驟以
特定的流程呈現出來，才能傳授給其他人。在最初幾個計畫之後，我
強調的這五個步驟可以重組成一系列的階段。我發現，在定義決策和
建立不確定性目前狀態的模型方面，一連串的工作會議，是收集資料
最好的方法。我稱此為「第一階段」，其中包含一個工作會議做專家
校準訓練。

　　在這些工作會議之後，下一個階段開始計算額外資訊的價值，以
及確認要衡量什麼及衡量的方法。這項計算及大部分的實證方法都不
需要從工作會議參與者取得投入。資訊價值可以直接計算（可由我所
寫的Excel巨集快速計算出來）。同樣地，實證方法包括隨機樣本、
問卷調查或對照控制實驗，通常我只需要一點資訊來源上的提示便能
完成。每次我完成一類的實證衡量後，我會更新模型，再計算一次資
訊價值，看看是否還需要做進一步的衡量。

　　當額外衡量已經沒有經濟價值之後，我們進入最後一個階段。
因為通常有重大資訊價值的項目其實非常少（請見第7章），且因為
有高價值的通常是小量逐漸增加的衡量（同樣在第7章），實證衡量
常常很快就結束了，即使是那些剛開始非常不確定的變數。在最後階
段，我們可看到結果，並且呈現最後的分析與決策者所定義的風險／
報酬邊界的比較。圖表14.1可以看到這些階段與原始步驟間的對應。

　　在此，我增加了「第0階段」以捕捉前期的規劃、排程、準備工
作等這類計畫早期的工作。接下來，我將更詳盡地說明每個步驟。

圖表14.1　AIE流程圖：通用的衡量方法

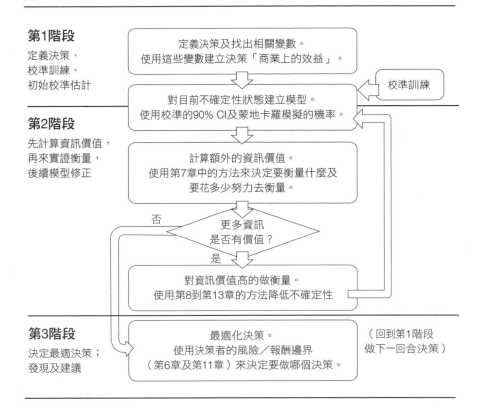

第1階段	
定義決策、校準訓練、初始校準估計	定義決策及找出相關變數。使用這些變數建立決策「商業上的效益」。 ← 校準訓練

第0階段：計畫準備

- **初期研究**。對訪談、間接研究及之前的報告做研究，使AIE分析者能快速了解問題的特性。

- **找到專家**。通常由四或五位專家來提供估計，但是我曾經找過多達20位的專家（並不推薦這樣做）。

- **規劃工作會議**。安排與專家們進行四到六個半天的工作會議。

第1階段：建立決策模型

- **定義決策問題**。第一次的工作會議，專家找出要分析的問題究竟是什麼。例如，他們是要決定是否進行某一項投資，或只是要如何對投資計畫做修正？如果要決定的是一項投資、計畫、承諾或其他提案，我們需要和決策者開會，建立出組織的投資邊界。

- **決策模型的細節**。在第二次工作會議完成之前，我們用Excel試算表，列出決策中所有重要因素，以及它們之間的相關性。如果決策是要審核某項重大計畫，我們需要列出所有的效益與成本，將這些加總成現金流量，計算投資報酬率。

- **初期校準估計**。剩下的工作會議中，我們對專家做校準訓練，然後將數值放入模型的變數中。這些數值不是固定的點（除非已經確切知道其數值）。它們是校準專家的估計。所有的數量都是以90% CI或其他機率分配方式表達。

第2階段：最適衡量

- **資訊價值分析（Value of information analysis, VIA）**。在這時候，我們對模型中的每一個變數跑VIA。這會告訴我們決策中每一項不確定變數的資訊價值及門檻。我寫的Excel巨集能做得非常快速又正確，但是本書先前討論過的方法都是很好的估計。

- **初步衡量方法設計**。從VIA中，我們了解到大部分的變數有足夠的確定性，不需要做比初始校準估計更進一步的衡量。通常只有一兩個變數具有很高的資訊價值（而且它們常常是出乎意料的）。根據這項資訊，我們選擇的衡量方法，雖然低於完全資訊的預期價值（Expected Value of Perfect Information, EVPI），也能

降低不確定性。VIA也告訴我們衡量的門檻——也就是它對決策開始發揮作用的地方。衡量方法的重點在降低門檻的不確定性。

- **衡量方法**。分解法、隨機抽樣、主觀貝氏分析、對照控制實驗、Lens模型（及其他等等）或一些上述方法的組合，全都是可能用來降低變數不確定性的衡量方法。

- **更新決策模型**。我們用從衡量得到的發現來改變決策模型中的數值。分解的變數會在決策模型中明顯呈現出來（例如，一項不確定的成本部件可以分解為較小的部件，而每個小部件以其90% CI呈現）。

- **最後的資訊價值分析**。VIA及衡量（先前四個步驟）可以反覆進行不只一次。只要VIA顯示有明顯的資訊價值，遠大於衡量成本，衡量就會繼續下去。然而，通常只需要一兩個回合，VIA就會顯示進一步的衡量已經不具經濟正當性了。

第3階段：決策最適化及最後的建議

- **完成風險／報酬分析**。最後的蒙地卡羅模擬顯示出可能結果的機率。如果決策是關於一些重大投資、計畫、承諾或其他提案（通常為其中之一），將組織的投資邊界和風險及報酬做比較。

- **找出指標程序**。常常會有殘存的VIA（變數還有一些資訊價值，但完整的衡量並不實際或不符經濟性，但是後來會變得明顯）。常常這些是關於計畫進度的變數，或關於商業或經濟環境的外在因素。這些需要被追蹤，因為它們可能會造成中途的修正。需要有適當的程序持續對它們做衡量。

- **決策最適化**。真正的決策很少是簡單的「是／非」核准流程。即使是，也有多種方式可以改善決策。現在已經開發出來一個風險

及報酬的詳細模型，可以設計降低風險的策略，同時使用what-if
分析，對投資做修正。

- **最終報告及呈現**。最終報告包括決策模型、VIA結果、所用的衡
  量、投資邊界的位置，以及建議的指標或對未來的分析、後續的
  決策等的綜合陳述。

上述看起來像有許多東西要消化，但其實只是累積了本書到目前
所討論的全部內容。現在讓我們來看一兩個案例，是我的課程中許多
參與者認為部分或完全不可衡量的。

案例：飲用水監控系統的價值

環保署的安全飲用水資訊系統（the Safe Drinking Waters Information
System, SDWIS）是追蹤美國境內飲用水安全性，以及確保對健康危
害事件能快速反應的重要系統。當SDWIS的分區主管傑夫・布萊恩
（Jeff Bryan）需要更多經費時，他必須找出具說服力的效益。然而，
他擔心SDWIS的效益最終是關於公眾的健康，而他不知道要如何以
經濟性的方式來加以數量化。

環境資訊辦公室的副資訊長及科技長馬可・戴（Mark Day）建議
布萊恩進行AIE分析來衡量價值。戴主導過環保署裡的大部分AIE計
畫，甚至還表示他的辦公室願意分擔成本。

第0階段

第0階段是規劃階段，我們找到12位環保署中了解SDWIS及其
價值的人。在三周內安排了五場半天的工作會議。傑夫・布萊恩被視

為「核心小組」人物——我們藉由他找出其他專家及回答其他問題。

第1階段

就在第一次工作會議中（定義決策），很明顯地，環保署的經理人未將SDWIS做整體的分析。該系統已經用了好幾年，但究竟要終止還是換掉它，卻沒被認真考慮過。真正的兩難只是要證明SDWIS三項特定改善措施的正當合理性：改造異常追蹤系統、網路化讓州政府能取得應用，以及資料庫現代化。這三項提案需要初期投入分別約100萬美元、200萬美元、50萬美元，再加上後續的維護費用。我們必須回答哪一項是合理的，以及在合理的提案中排出優先順序。

試算表必須分別呈現出三個改善措施的效益。問題在於，如何做成本和健康效益的比較。管理及預算辦公室要求環保署對於所有環保政策提案都要做經濟論述。環保署對於想要執行的每項政策都必須計算遵循成本（compliance cost）及公眾利益。許多這類研究已經有各種常見飲用水汙染物的經濟衝擊。環保署常常訴諸支付意願（WTP）論點，但是有時候它在計算汙染成本時只算了工作天數的損失。

接下來兩場工作會議，我們將焦點集中在SDWIS如何有助於公眾健康。我們做出試算表模型，將SDWIS修正提案與公眾利益的經濟評估結合起來。該模型總共找出99項變數，其架構如圖表14.2所示。

圖中每個框框都代表試算表裡的許多變數。例如，在州政府網路案中，我們估計各項活動所需花費的時間、哪些活動能夠減少、水安全違規糾正可以加快多少時間的影響。

第1階段的最後兩場工作會議，我們帶領所有的專家接受校準訓練，並要求他們對模型中的每項變數做初始估計。從校準訓練得到的

圖表14.2　SDWIS 修正案效益的試算表模型總覽

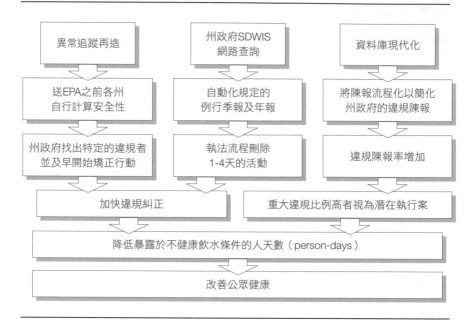

結果,顯示出專家得到非常好的校準(亦即,90% 真正的答案落在陳述的 90% CI 中)。模型中的每項變數都有一些程度的不確定性,有些變數有非常寬的範圍。例如,提出的效益之一包括違規陳報率的提高——不是所有的水汙染都會陳報。這項增加是高度不確定的,所以專家在陳報率增加這項的 90% CI 是 5% 到 55%。

試算表為 SDWIS 三項修正案分別計算了投資報酬率。到了此時,我們有詳細的模型顯示專家目前的不確定性狀態。

第2階段

在這個階段,我們要跑 VIA。即使所有變數的範圍都表達很大的不確定性,只有一個變數值得做衡量:新的安全用水政策對健康的平

均影響。SDWIS的全部目的就是對汙染能做更好的追蹤，以及更快速及有效率地糾正。雖然單一政策潛在健康效益的上限大約是每年10億美元，還是有可能低於該政策的遵循成本。換言之，這些政策的經濟效益是如此不確定，以至於校準專家其實包含了淨效益為負值的可能性。

如果執行水規範沒有淨價值（也就是，健康影響的價值減去遵循成本），規範執行得更快更好就沒有效益存在。所有關於州政府對這些技術的採用率、效率改善、陳報率改善等等的不確定性都變成資訊價值為零。我們必須做的，是降低我們對飲用水政策淨經濟效益的不確定性。但是潛在健康效益（亦即上限）和SDWIS升級的小成本比起來是非常大的。這經濟效益衡量的門檻只略高於零而已。換言之，我們真正必須降低不確定性的，只是飲用水政策的淨經濟效益是否為正而已。因此，我們設定目標為降低對此項目的不確定性，而且只有這項就夠了。

由於許多先前的水政策經濟分析所使用的方法相當不同，我們決定以簡單的直覺貝氏法開始，根據對所有到當時為止的經濟分析作更詳盡回顧。

校準專家將水政策會有負效益的可能性包含進來，理由是在許多經濟分析，其中有一個顯示出某項水政策的經濟影響是負的。做進一步分析，發現這項經濟分析只檢視了極為保守的水汙染經濟影響——基本上，只有損失的工作天數和損失的經濟影響。然而，大多數人會同意，生病的損失並不只是幾天無法工作損失的薪資而已。其他的經濟分析除了損失的薪資，還包含了避免生病的WTP價值。在有包含避免生病WTP價值的其他分析中，最差的也都有很小的正效益。

結果，我們為每一項水政策的個別效益做了更詳盡的細分。然後

我們呈現出，如果利益最小的政策包含進來其他政策中相同的效益，它校準的90% CI效益會是什麼樣子。很明顯地，水政策的淨經濟影響其實不可能是負的。我們將模型做了更新，呈現出這項資訊。下一次的VIA顯示出，無須進一步的衡量，就可以證明每項SDWIS修正方案的正當合理性。

第3階段

我們在這個階段對三項投資分別都跑了最後的蒙地卡羅模擬。水政策經濟效益的不確定性已經降低之後，每一項投資都成為高度值得投資。然而，先前計畫好的執行期程有個改善的方式，改善後的異常陳報有很高的潛在報酬（平均效益成本比約為3比1），但是有足夠的不確定性，以至於負報酬的機會仍有12%。其他兩項修正方案的負報酬機率小於1%。我們將這三項修正方案畫在已經為環保署記錄了的投資邊界上（第11章）。三項修正方案全都是可以接受的，但是程度並不相同。異常陳報的改造案，是三者中風險最高而報酬最低的。

一些後續指標也找出來了。州政府使用者的採用率及新系統多快可以完成，是兩個比較不確定的項目。因而它們有殘存的VIA（也就是，它們仍然有一些衡量價值，但並不高）。我們建議環保署應該加速其他兩項投資，延遲異常陳報改造案。在異常陳報案開始開發前會考慮另外兩項投資的採用率，萬一它們的採用率很低，開發案就會被取消（不太可能，但還是有可能性存在）。

結尾

馬克・戴預期AIE分析能做到的結果出來了。他說：「將軟體轉化為環保及健康上的影響令人讚嘆。透過一連串的事件可以追蹤出軟

體模組對大眾的效益，這是假設的事實，但從未被量化過。」他也提到量化分析對決策過程的影響，「讓我驚訝的結果是，對於應該做什麼事原本看法分歧的人達成同意的程度。在我看來很難達到共識的地方，同意的結果很驚人。」對戴而言，VIA的效益是過程中另一個重要的部分，「在此之前，沒有人了解資訊價值的觀念，也不知道要找的是什麼。他們必須對所有東西都做衡量，但那是負擔不起的，所以就不做任何衡量。變數的數量很快就超過了可以衡量的能力，因為他們不知道真正重要的是什麼。」戴如此表示。

傑夫‧布萊恩和戴不一樣，他在這個計畫之前沒接觸過AIE。他說：「對於要進行AIE分析，我起初的反應是極度抗拒的，我不希望所有人放下正在做的事，被拉來做這項分析。但是結果卻是這麼有價值。」對於校準，他一開始也是抱持懷疑的態度，「但是在走完整個流程之後，看到人們對估計的回應，我可以看到校準的價值。」對於布萊恩來說，也許最有用的步驟，就是看到一套資訊系統連結上計畫目標。「那個圖〔圖表14.2〕顯示出SDWIS和公眾健康如何連上關係，以及如何計算效益。我沒想到，光是將問題以數量化方式定義，就能產生那樣有說服力的東西。我無法表達出我的重點，而AIE法將效益溝通得非常好。我都數不清那張圖後來被用了多少次。」最後，最重要的是，布萊恩徹徹底底地執行後續工作。「我們遵循最後建議的每一項——包括建議的內容和時機。」

我用這個案例來做說明，有兩個理由：

1. 此案例表現了如何將諸如公眾健康這類「無形事物」，在IT計畫中做了數量化。我看過許多IT計畫以「無法衡量」為由，放棄掉更能輕易衡量的效益，並在計算ROI時予以排除。

2. 此案例是關於什麼是**不必**衡量的。在99項變數中結果只有1項變數是需要降低不確定性。其他的98項用初始校準估計就足夠了。

和往常一樣，那些沒做VIA就被考慮的衡量，可能就是一些低價值的衡量，像是成本和生產力的改善，而不確定性更大的卻被忽略掉了，像是公眾健康。

案例：海軍陸戰隊的燃料預測

2004年秋天，我應邀將AIE應用在一個非常不同類型的問題上，在那之前我都是應用在企業和政府部門。一家頗富聲譽的顧問公司承攬了美國海軍研究辦公室（Office of Naval Research）及美國海軍陸戰隊（U. S. Marine Corps, USMC）的計畫，要提高後勤補給計畫者的戰場燃料預測。USMC為了在伊拉克的軍事行動，光是陸上單位，每天就要用掉數十萬加侖的燃料。（飛機的用量還要多上三倍。）燃料短缺對於作戰成功及戰場上陸戰隊員的安全來說，是不容發生的情境。

然而，為了規畫及補給的目的，後勤管理官必須準備60天的安全儲量，才能在需要時有充足的燃料。不幸地，要精準預測這麼遠期的戰場需求，是不可能的。由於不確定性太高而燃料缺乏的風險是無法接受的，因此很自然的反應，就是用最佳預測用量的三到四倍來規劃運送。

准尉泰瑞‧康納曼（Terry Kunneman），是已服役27年的陸戰隊老兵，在陸戰隊總部監督大量燃料計畫的政策及程序。「我們知道我們在使用那些過時、可靠性又不高的燃料耗用因素。在美伊戰爭（Operation Iraqi Freedom, OIF）中，我們發現傳統系統效能都很差。

根本就是垃圾進、垃圾出。」康納曼說道。而海軍研究辦公室的燃料研究首長路易斯・托瑞斯（Luis Torres）也看到相同的問題。托瑞斯說：「這是降低燃料耗用整體方針的一部分。我們使用的方法在預測過程中有錯誤，這個問題交給我們做研究。」

為了安全保證所需的額外燃料數量，是龐大的補給負擔。燃料倉庫遍布各處。每天都要將燃料往更內陸的下一個倉庫運送。倉庫，尤其是運送車隊，都是防衛上的風險；陸戰隊必須一路緊緊跟隨，保護燃料的安全。

如果USMC能降低燃料需求的不確定性，就不需要握有這麼多燃料，也不會增加斷料的風險。在當時，USMC使用相當簡單的預測模型：計算佈署單位各類設備的總和，然後減去因維修、轉移、戰鬥損失之類的設備。再找出接下來60天期間內處於「攻擊」狀態的單位及「行政／防禦」狀態的單位。通常如果一個單位是處在攻擊狀態，會移動較多而耗費較多燃料。每一件設備都有不同的平均消耗量，以每小時的加侖數及每天軍事行動小時數作衡量。處於攻擊狀態的單位設備，其軍事行動小時數通常會增加。USMC對每一個單位，根據單位設備及其是否處在攻擊狀態，計算出每日燃料的總消耗數量。然後用所有單位的每日燃料總消耗量算出60天的總量。

這個方法的正確性及精確性並不高。燃料估計的誤差常常超過兩倍以上（因此需要大量的安全保證數量）。即使我從未處理過戰場的供給預測，我以過去處理所有大型衡量問題的方法來處理這個問題：使用AIE。

第0階段

在這個階段，我回顧幾個之前進行的軍隊燃料需求研究。但這些

都沒有詳細提供特定的統計預測方法。至多，談到一些潛在的方法，而且只限於高層次的。然而，它們還是給了我關於問題的本質一個很好的背景。我們找到幾個後勤補給方面的專家，可以來參與工作會議，包括康納曼及路易斯‧托瑞斯。在三個星期內安排了六個半天的工作會議。

第1階段

　　第1階段的第一場工作會議從預測問題的決定開始。到這時才很明確地知道，USMC的重點在地面部隊的燃料使用總量，以及有數萬名陸戰隊員的一支陸戰隊遠征軍（Marine Expeditionary Force, MEF）60天期間的燃料使用總量。使用我們在第0階段研究的既有燃料預測表格，我建構出一系列的「燃料去處」圖。這些圖能讓團隊中的每個人（尤其是對我們這些不是每天面對此問題的分析人員）對燃料使用的數量大小有個概念。很明顯地，大部分的燃料不是給了坦克或甚至裝甲車輛。雖然，M-1亞伯拉罕（M-1 Abrams）坦克的每加侖英哩數只有三分之一英哩，但一隊MEF只有58輛坦克。相對地，卻有超過1,000輛卡車和超過1,300輛現在著名的HMMWV，即「悍馬車」（Humvee）。甚至在戰鬥期間，卡車的耗油量也是坦克的八倍之多。

　　更進一步討論這項軍備在耗油方面的實際作為後，讓我們做了三種不同的模型。模型的最大部分是護送模型。卡車和悍馬車絕大部分的油耗都是在特定運送路線上的護送工作。它們平均一天兩次來回護送。模型的另一個部分是「戰鬥模型」。裝甲戰鬥車，像是M-1坦克及輕型裝甲車（Light Armored Vehicle, LAV），花費較少時間在護送路線上，而傾向於將燃料耗用在特定的戰鬥軍事行動功能上。最後，所有的發電機、泵浦及行政用車輛，其油耗傾向於較一致且油耗率也

較低。對這一類軍備，我們使用既有的簡單每小時消耗率模型。

　　在其中的一場工作會議中，我們對專家做了校準訓練。他們在處理未知事物的機率上都展現出有校準良好的能力。他們估計出所有數量的範圍，而在過去是以點估計呈現的。例如，過去假設7噸卡車每小時耗油9.9加侖，現在代之以90% CI每小時耗油量7.8到12加侖。對於通常用在護送上的車輛，我們必須包含典型護送路線的距離及道路狀況對油耗的影響。對於用在戰鬥軍事行動的裝甲車輛，我們必須估計60天期間內花在攻擊上的時間比率的範圍。

　　這些加總起來共有52個基本的變數，描述出60天期間內會耗用多少燃料。幾乎全都以90% CI表達。在某種程度上，這就像我過去所做的商業效益分析。但此處我們不把這些變數放入現金流量或報酬率計算，而是簡單地算出這段期間的燃料總消耗量。根據這些範圍所做的蒙地卡羅模擬，得到一個可能結果的分配，非常類似於實際上的燃料消耗數字分配與誤差。

第2階段

　　在這一個階段，我們使用Excel巨集計算VIA。（在這個案例中，資訊價值如本書圖表7.3所示。）由於決策未以貨幣收益或損失表達，VIA產生的結果事實上表示每日預測加侖數的誤差。最大的資訊價值因而是護送路線的細節，包括距離和道路狀況。第二高的資訊價值是戰鬥軍事行動如何影響戰鬥車輛的燃料消耗。我們設計了方法來衡量這兩者。

　　為降低對於戰鬥行動中耗油的不確定性，我們選擇Lens模型，根據的是第一陸戰師的戰地後勤補給官的估計。這些大部分是營隊裡的幕僚軍官，有些是單位指揮官，全都有美伊戰爭的戰鬥經驗。他們

找出幾個因素,是他們覺得會改變對戰鬥車輛耗油估計的因素,包括敵軍接觸的機會(在行動計畫中會有報告)、對該地區的熟悉度、都會區或沙漠等諸如此類。我對他們每個人都做了校準訓練,然後為他們每個人創造了40項假設性戰鬥情境,並提供每項參數的資料。每一項情境,都請他們提供管轄車種(坦克、LAV等等)耗油量的90% CI。在整合他們所有的答案之後,我用Excel跑迴歸,得到每一車種的燃料使用公式。

而在護送模型中的道路狀況,我們決定有必要在加州沙漠城市二十九棕櫚村(Twenty-Nine Palms)進行一系列的道路實驗。計畫中的另一個承攬廠商購置了GPS,以及可以裝載在卡車燃油線路上的燃油流量計。在這個計畫之前,沒人知道燃料流量計是什麼。我只跟這些顧問說:「有人一直在做類似這樣的東西。我們應集思廣益,並找出誰來做及如何做。」很快地,他們在Google上找到數位燃料流量計的供應商,並且告知我們該如何使用。他們也找出如何將資料丟到試算表上,以及將GPS和燃料流量計同步化。我們三個人花了兩個星期,包含往返的時間,做了道路測試及Lens模型,包括建立及開發Excel系統。

GPS和燃料流量計被掛在兩個不同種類的三輛卡車上。一開始還顧慮會需要更多樣本,但是,我們謹記逐漸增加的衡量原則,我們認為一開始只會看到這些卡車有多大的差異——畢竟有兩輛是相同車款。GPS和燃料流量計每秒紀錄數次地點和耗油資料。在車輛行進時,有一台筆記型電腦持續載入這些資訊。我們在各種路況駕駛卡車,包括舖設道路、越野路徑、不同海拔高度(基地的部分地區海拔高度差異很大)、平地、山坡路、高速公路的速度等等。在我們完成時,已收集了50萬筆各種路況的油耗資料。

我們用一個大型的迴歸模型跑這些資料。這些筆數超過了 Excel 2003 年版能夠處理的數量，也比我們真正所需要的更為詳盡。我們將資料合併為每六秒一筆，再對不同的測試跑不同的迴歸。

在我們完成兩項衡量之後，看到幾項驚人的發現。燃料預測中造成變異的單一最大原因，只是護送路線的路面有沒有鋪設，然後是護送路線其他簡單的特性。此外，這些資料大部分（除了溫度之外）都是事前就非常了解的，因為現代的戰場都會用衛星及無人偵察機做徹底的繪圖。因此，道路狀況的不確定性是完全可以避免的誤差，圖表14.3 為其他變數所導致的預測誤差總結。

戰鬥車輛模型也告訴我們相當令人訝異的結果。單一最佳燃料預測因素不是與敵軍接觸的機會，而是該單位過去是否到過這個地區。當他們對環境不確定時，坦克指揮官會讓吃油極重的渦輪引擎持續運轉。他們必須維持液壓能夠轉動坦克的轉台，同時也要避免必要時無法啟動引擎的風險——不論可能性有多小。坦克之外的其他戰鬥車輛，傾向於將燃料耗用在較遠但較熟悉的路線上，或有時候是因為迷路。

圖表14.3　改變陸戰隊遠征軍（MEF）供給路線變數的平均影響總結表

改變事項	每日耗油的變化（加侖）
石頭路面對照鋪設過的路面	10,303
平均速度＋5 mph（英哩／小時）	4,685
爬坡＋10公尺	6,422
平均海拔＋100公尺	751
氣溫＋10度	1,075
路線＋10英哩	8,320
沿途停留次數＋1	1,980

　　和有關路線的衡量一樣，地區的熟悉度也是規畫者事前會知道的因素。他們知道一個單位過去是否到過這個地區。將這個因素一併考慮之後，降低了每日燃料耗用量誤差約3,000加侖。將敵軍接觸的機率放入模型，能降低誤差約每日2,400加侖──只高於三項供給路線相關因素。事實上，略高於護送路線上多一次停留的效果。

第3階段

　　在此階段，我們為後勤補給規劃者開發了一個試算表工具，將這些新因素都列入考慮。平均而言，會使以前預測方法的誤差降低一半。根據陸戰隊的燃料成本資料（在戰場上運送燃料的成本，遠高於運送到你們地方上的加油站），這會為每個MEF每年省下至少5,000萬美元。在本書第一版寫作當時，伊拉克戰場上有兩個MEF。

結尾

　　這項研究從根本改變了USMC所想的燃料預測。即使USMC後勤補給最有經驗的規畫人員都表示，他們對結果非常驚訝。肯納曼說：「讓我訝異的是，護送模型顯示出大部分的油料都花在補給路線上。研究甚至揭發了，坦克操作人員如果認為拿不到替換的啟動裝置，他們不會讓坦克熄火。那是後勤補給官花上100年也不會想到的事。」萬事萬物皆可衡量的哲學更「抽象」的效益，對肯納曼來說似乎明顯可見。「燃料是要花錢的。如果他們告訴我很難取得資料，我會打賭它不難。你的預測如果錯了，要付出多少錢？」托瑞斯同意。「最大的驚奇是，我們可以省下這麼多的燃料。由於不需移動這麼多燃料，因此可以不必動用大批車輛。對一個後勤補給人員來說，這是關鍵。現在，搬運燃料的車輛可以用來移動彈藥。」

如同SDWIS案例，這又是一個案例，顯示我們不必像以前一樣做那麼多衡量。有許多其他變數可以做更詳細的檢驗，但是我們可以完全避免。這也是一個案例，顯示出親手做、做就對了的方法可以做多少的衡量。團隊裡那些聰明的電腦程式顧問告訴我，他們從來沒有自己換過機油，卻拉起衣袖在卡車下面弄得滿手油汙、安裝燃料流量計和GPS系統。最後，燃料耗用衡量變成很容易，一部分就是因為我們從未懷疑過。如果團隊有足夠的聰明才智，一切都是可能的。這和之前海軍研究辦公室做過的研究，形成鮮明的對比。過去的研究比較像是典型的管理顧問：著重在崇高的觀念和遠見，卻沒有衡量也沒有新資訊。

對衡量抱持懷疑態度的人在這裡所學到的最後一件事是，這類衡量努力對人們的安全和防護是有意義的。我們不需要明白計算出這個計畫中陸戰隊的防護和安全的價值（雖然我們可以用WTP或其他方法做到），但是要移動的燃料較少，就表示可以減少護送，也減少陸戰隊員暴露於路旁炸彈和突擊的危險。我喜歡這樣想，我用正確的衡量可能拯救了某人的性命。我很高興對衡量的恐懼和忽略，沒有阻擋了這條道路。

啟動的想法：最後幾個例子

在這本書當中，我們涵蓋了幾個衡量的例子，包括績效、防護、風險、市場預測、資訊價值、評價健康及幸福背後的基本概念。我介紹了基本實證衡量背後的一些觀念，包括隨機抽樣、實驗及迴歸分析。

這項資訊看起來很龐大。但是，就像商業上或生活上的每件事一樣，常常就只是用幾個例子做開端、解決一個問題、看到結果。此處

我要介紹一些可能的衡量問題，是我們沒有討論過的。我會對這些問題做更深入的探討，讓你在思考衡量問題時能走在正確的路徑上。

這些問題都會應用標準的衡量步驟，即使我可能沒有詳細提及每一步。我建議先對每一步驟盡可能釐清，但是你仍需要思考你的初始不確定性、資訊價值、分解、選擇衡量工具。無論如何，我會讓你有足夠的資訊開始上路。

品質

有一位主管曾經問我，如何衡量品質。她自稱是專業品質協會的會員，還說在該團體每月會議中，對於如何衡量品質不斷有辯論發生。我覺得這很奇怪，因為被稱為「品質之父」的愛德華・戴明（W. Edwards Deming），將品質當作是一個數量。她似乎很熟悉戴明，但卻不知道這個人是統計學家。戴明再三強調，如果沒有衡量計畫，就是沒有品質計畫。對戴明而言，品質就是達到預期。未能達到預期就是瑕疵。衡量製造過程的品質，對戴明來說，是衡量各種瑕疵發生的頻率，以及衡量與預期標準的差異。

我認為戴明的品質觀點是品質衡量觀念基本上的必要條件，但也許其本身不是充分條件。我很尊敬戴明，但我認為品質的完整定義應該不止於此。一個成本非常便宜的產品可能完全符合製造商的預測，然而消費者會覺得是低品質產品。如果消費者不認為該產品有品質，為什麼生產者會認為它有品質呢？任何對品質的完整陳述，都應該包括消費者調查。

如果記得陳述偏好和顯現偏好之間的區別，對這個議題會很有幫助。在一項調查中，消費者陳述他們的偏好。當他們購買（或不購買），就顯現出其偏好所在。品質的終極表達是，顧客願意支付一項

產品的溢價（premium）。這項「溢價收益」也可以與廣告花費做比較，因為一般而言產品被視為高品質，人們會願意支付溢價，即使沒有多做廣告。也許有品質的產品回購率會較高，以及有更多的口碑宣傳。到目前為止提過的每件事都至少適合隨機調查方法，而且對聰明的分析人員而言，可根據顧客購買行為計算某種「隱含價格溢價」（implied price premium）。

流程、部門、功能的價值

「＿＿＿＿ 的價值為何？」這樣的問題幾乎是隨著衡量問題一起發生的。通常，衡量價值時感受到的困難，是因為對於為何要做衡量缺乏清楚的定義。有時候我聽到資訊長詢問如何衡量資訊科技的價值。我會問：「為什麼這麼問，難道你想要丟棄它嗎？」所有商業上或政府部門的評價問題，都是和替代方案做比較的。如果你要計算一家公司IT的價值，你可能必須拿沒有IT的成本效益與它做比較。所以這個問題是無關緊要的，除非你真的考慮不要IT（或者你只是要知道它的價值）。

然而，也許資訊長真的需要知道從她上任以來，IT的價值是否有所改善。在這個情況下，她應該把重點放在計算她上任後的特定決策及提案的淨效益。這個問題也可以當作以財務影響表達的績效衡量，這在前面的章節中已經討論過了。如果資訊長要IT的價值，是因為她要為反對整個部門委外做辯論，則她其實要的不是IT本身的價值，而是維持IT在公司內的價值，與委外的價值做對照。

如果沒有隱含的替代方案，就不會有人問起價值的問題。如果你定義了正確的替代方案，也定義了真正的決策，則價值的問題就非常明顯了。

創新

　　創新，和其他事物一樣，如果是真的，就一定有某種方式可以觀察得到。如同一些衡量問題，此處的挑戰可能較是屬於「要支援的決策是什麼」的定義問題。從衡量創新中所發現的知識，你會根據它而有什麼不同的作為？如果你能找到一些真正的決策──也許是評量團隊或研發工作，做為發放獎金或終止聘僱的決定──就接著看下去。否則，做這些衡量其實沒有商業上的意義。

　　如果你能找到至少一項決策，是真正會受到這個衡量影響的，我建議使用以下三種可能方法中的一種。第一，純粹主觀但對照控制的評量，這是永遠都可以用的方法。用獨立的人類評審加上拉許模型，並對照控制調整評審的偏誤。對照控制包含盲測，亦即對評審隱瞞團隊或個人的名字，讓評審只考量創意的結果（例如：廣告、商標、研究報告、建築藍圖或其他創意團隊開發的東西）。如果你嘗試根據一些發想組合，對研發單位的研究品質做評量的話，這可能會很有用。第2章中密特（Mitre）的案例可以讓你有一些了解。

　　另一個方法是根據創新的其他指標，是工作發表時可以取得的，例如專利權或研究報告。在書目計量學（bibliometrics）領域（教科書的衡量及研究，例如研究論文）使用像是計數和互相參照引用的方法。如果某人寫的東西是真正具開創性的，該論文傾向於被其他研究人員頻繁參用。在此例中，計數研究者得到的引用次數，可能比計數他寫了多少篇論文更能顯示出重要性。同樣的方法可以運用在專利權的產生上，因為專利權的申請，必須參考已經存在的類似專利，來討論其相似性和區別性。有一項稱為「科學計量學」（scientometrics）的研究領域，試圖對科學生產力做衡量。[1]雖然常常比較的是整家公

司或整個產業，但可提供你參考。

　　從二十一世紀初以來，出現了聲稱是衡量創新的幾項軟體工具。仔細檢視，這些工具大部分用的是第12章中揭穿的軟性評分方法。我常常發現，對這些工具有興趣的那些人，他們無法對衡量流程最重要的第一步做定義：你希望用這項衡量解決的決策是什麼？如果發現他們的「創新」比預期要高或低，他們的作為會有何不同？可參考第12章提供的資訊。

　　最後一項值得考慮的方法，類似於第13章以財務做為績效的方法。美國廣告業大師大衛・奧格威（David Ogilvy）說：「如果銷售不佳，就不是創意。」看起來很有創意的東西，在商業上可能並非真正有創意。如果目標是為一個商業問題找出創新的解決方法，那麼對商業上（亦即，最終是財務上）的影響是什麼？如果以湯姆・貝克威（Tom Bakewell）衡量學術績效的方式，或比利・賓（Billy Bean）衡量棒球球員表現的方式（第12章）來衡量研究人員，又是如何呢？

資訊的可得性

　　我為資訊的可得性（Information Availability）至少做過四次模型，每一個模型都得到相同的變數。改善資訊可得性，表示你花較少的時間尋找資訊，以及你漏掉資訊的次數減少。

　　遺漏資訊，會使得你得在沒有該項資訊的情況下做決策，或者你得重新創造該項資訊。尋找文件或試圖重新創造，是可以衡量的，以這些不想要或可以避免的工作的成本來衡量。如果唯一的選項是在沒有該資訊的情況下做決策，則資訊不足的決策，其成本就是更常出錯。文件搜尋的平均時間、文件重新創造的頻繁程度、（每年）缺乏

資訊的次數，這些都是一開始就可以由校準估計者估計出範圍來的。

彈性

　　「彈性」（Flexibility）這個名詞，其本身是如此廣泛、模糊不清，可能表示相當多的事情。此處我將焦點放在三個特定客戶如何定義及衡量它。由於他們所給的答案是如此不同，因此稍微詳細討論將會有所幫助。在釐清「彈性」的意思時，三位客戶的做法如下：

　　案例1：非預期的網路可用性問題平均處理時間的減少幅度，以百分比表示（例如，更快修理好病毒攻擊或非預期的網路流量增加）。
　　案例2：新產品平均開發時間減少的幅度，以百分比表示。
　　案例3：在必要時，與新套裝軟體的相容能力（之前的IT系統有幾項客製系統無法與以甲骨文軟體為基礎的應用軟體整合）。

　　三個案例全都關係到IT基礎架構或軟體開發的投資提案。一如往常，我們必須計算每一項每年現金流量的貨幣價值，才能計算出投資報酬率的淨現值。

　　案例1：5年投資報酬率每年的貨幣價值
　　＝（目前每年當機時數）
　　×（當機一小時的平均成本）
　　×（新系統減少的當機次數）

案例2：7年投資報酬率每年的貨幣價值

＝（（每年開發的新產品數量）

×（上市的新產品比率）

×（目前產品開發所需月數）

×（提早一個月引進新產品得到的額外毛利）＋（開發成本））

× 花費時間的減少

案例3：5年淨現值（NPV）每年的貨幣價值

＝（每年新應用軟體的數量）

×（客製軟體平均終身維護較標準套裝軟體高出部分的NPV）

＋（客製開發較標準套裝軟體高出的近期成本）

由於每一項都是大型、不確定的決策，EVPI都在數十萬到數百萬美元。但是，就像常常發生的狀況一樣，每一個案例中最重要的衡量，通常都不是客戶所選擇的。我們應用以下的方法來處理這些衡量問題。

案例1：我們對5種當機事件每次發生後對30個人做調查。客戶能夠判定人們是否有受到當機的影響，如果有，他們毫無生產力的時間維持多久。

案例2：我們將產品開發時間分解為九項分開的活動，用校準估計者來估計花在每項活動上的時間，以占全部開發時間的百分比來表示，然後用事前給了額外研究資訊的校準估計者來估計每項活動減少的時間。

　　案例3：我們找出未來兩年會被考慮的應用，計算每項應用相對
　　　　　　於相當的客製套裝軟體的開發及維護成本。

　　在每個案例中，衡量成本都低於2萬美元；為計算出來的EVPI
的0.5%到1%。每個案例中，初始不確定性都降低了40%以上。額外
的VIA顯示出沒有額外衡量的價值。在衡量之後，案例1及案例3都
有清楚的效益進行投資。案例2則仍是風險非常高，只有在大幅縮減
規模和成本做為前期部署之後，才具合理正當性。

選擇權理論的彈性

　　1997年，諾貝爾經濟獎得主為羅伯・默頓（Robert C. Merton）
及邁倫・休斯（Myron Scholes），因為他們開發出選擇權理論，尤其
是評價金融選擇權的布萊克—休斯公式（Black-Scholes formula）。
〔諾貝爾獎只頒發給還在世的人，另一位貢獻者費雪・布萊克（Fisher
Black）在獎項頒發前已經去世了。〕金融上的買入選擇權給予其擁
有者一項權利，但不是義務，在未來某個時點，可以用某個價格購買
其他的金融工具（股票、商品等等）。同樣地，賣出選擇權給予擁有
者以特定的價格賣出的權利。舉例而言，如果你有一項買入選擇權，
一個月後以100美元購買某支股票，到那時，該股成交價格為130美
元，你可以執行這個選擇權，以100美元買入，再以130美元賣出，
賺到30美元的利潤。問題出在，你不知道該股票一個月後的價格，
以及你的選擇權是否有價值。在布萊克—休斯公式出現之前，大家都
不清楚這樣的選擇權要如何訂價。

　　這項理論在商業媒體上得到的風靡流傳遠多過大多數的經濟理
論。不只應用在買入或賣出選擇權的訂價上，還應用到企業內部的決

策上，形成時尚。

這變成了「實質」選擇權理論（"real" options theory），許多經理人企圖將為數眾多的商業決策予以公式化，成為某種選擇權評價問題。雖然這個方法可能在有些情形是有意義的，但被濫用了。例如，並不是所有新科技的效益，都能以選擇評價問題來表達。在現實世界中，大部分「實質選擇權」甚至沒辦法濃縮為布萊克—休斯的應用，反而是較傳統的決策理論應用。

舉例來說，如果你為一個新的IT軟體平台跑蒙地卡羅模擬，而該平台給你的選擇是，如果未來條件做了有利的改變，你可以選擇改變，而模擬則會呈現，和沒有該選擇的情形相較之下，該選擇權具有價值。這並不涉及布萊克—休斯公式，但它其實就是大部分實質選擇權問題的情況。只有當你能將布萊克—休斯每個變數的意思轉譯到你的問題上時，用訂價股票選擇權的相同公式才會適合。布萊克—休斯公式的投入項目包含履約價（strike price）及股票的價格波動。如果在一項商業決策中，這些項目真正的意思並不明顯，那麼布萊克—休斯公式可能不是你要的解決方案。

現在大家都知道，布萊克—休斯存在一些有缺陷的假設，造成了許多金融災難。與之前我提過的現代投資組合理論（Modern Portfolio Theory）相同，選擇權理論也假設市場波動是常態分配。在我的書《The Failure of Risk Management》中，我也展現了假設市場波動是常態分配，在較罕見的極端事件時，會巨幅地低估機率。[2]

總結

如果你認為你面對的是「不可能」的衡量，請記住安全飲用水資

訊系統（SDWIS）及美國海軍陸戰隊（USMC）的例子。只要你想到
這一點，和這樣的衡量問題交手，其實相當簡單。

- 如果它真的那麼重要，就是你可以定義的東西。如果它是你認為
真正存在的，它就是你已經以某種方式觀察到的東西。
- 如果它是重要又不確定的東西，錯了你會付出代價，而你是有機
會犯錯的。
- 你可以用校準估計，將目前的不確定性數量化。
- 知道衡量的「門檻」，便可以計算額外資訊的價值。門檻是與目
前不確定性比較，會開始造成改變的地方。
- 一旦你知道對某事物做衡量的價值，就可以據此來做衡量，並決
定努力的程度。
- 只知道一些隨機抽樣、對照控制實驗，或甚至只是改善專家的判
斷，都能大幅降低不確定性。

　　回想一下，我很好奇如果是埃拉托色尼、恩里科、艾蜜莉，他們
會不會被我們認為「不可能的」衡量問題嚇退。在我看來，他們的行
動顯示，他們至少會直覺地抓住這本書關於衡量的每一個重點。也許
數量化目前的不確定性、計算資訊價值，以及資訊價值如何影響衡量
方法等，對他們來說是新的事物。即使這些衡量前輩們沒聽過我們討
論的一些方法，我認為他們仍然會找出方法，以進行能降低不確定性
的觀察。

　　我希望，埃拉托色尼、恩里科、艾蜜莉的例子，以及本書所敘述
的實務案例，能讓你對於你事業中「很重要的某些事物是無法衡量
的」這種說法，抱持多一些懷疑精神。

註釋

1. Paul Stoneman et al., *Handbook of the Economics of Innovation and Technological Change*, (Malden, MA: Basil Blackwell, 1995).

2. D. Hubbard, *The Failure of Risk Management: Why It's Broken and How to Fix It* (Hoboken, NJ: Wiley, 2009), pp. 181-187.

附錄

校準測驗

（附解答）

第5章校準題目解答

#	題目	解答
1	1938年英國蒸汽火車頭以多快的速度創下新的速度紀錄（mph）？	126
2	牛頓在哪一年發表萬有引力定律（universal law of gravitation）？	1685
3	一般商務名片的長度為幾吋？	3.5
4	網際網路（當初稱為「Arpanet」）在哪一年建立作為軍方通訊系統？	1969
5	莎士比亞出生在哪一年？	1564
6	紐約到洛杉磯的飛行距離為多少英哩？	2,451
7	一個圓形占據等寬正方形面積的比例？	78.5%
8	卓別林（Charlie Chaplin）於幾歲時去世？	88
9	這本書的第一版重量為幾磅？	1.23
10	電視影集《夢幻島》（Gilligan's Island）首播的日期？	9/26/1964
	敘述	解答
1	古羅馬人是被古希臘人征服的。	非
2	世界上沒有三峰駱駝。	是
3	1加侖的汽油比1加侖的水重量輕。	是
4	火星到地球的距離永遠大於金星到地球的距離。	非
5	波士頓紅襪隊贏得第一屆世界大賽。	是
6	拿破崙出生於科西嘉島。	是
7	M是英文中最常用到的三個字母之一。	非
8	2002年桌上型電腦平均購買價格低於1,500美元。	是
9	詹森在當副總統之前是州長。	非
10	1公斤比1英磅重。	是

接下來幾頁有更多校準測驗。

其他校準測驗

範圍類校準調查：A

#	題目	下限 （數值高於 此的機率 為95%）	上限 （數值低於 此的機率 為95%）
1	胡佛水壩的高度為幾英呎？		
2	20元美鈔的長度為多少英吋？		
3	美國回收鋁的比例為何？		
4	貓王出生在哪一年？		
5	以重量而言，氧氣占大氣的比例為何？		
6	紐奧良的緯度是多少？ 提示：緯度0度是赤道，緯度90度為北極。		
7	1913年，美軍擁有多少架飛機？		
8	歐洲第一部印刷機發明於哪一年？		
9	2001年美國廚房電器用電占全部住宅用電的比例為何？		
10	聖母峰的高度為多少英哩？		
11	伊拉克和伊朗交界的邊境有多少公里？		
12	尼羅河長度為多少英哩？		
13	哈佛大學創立於哪一年？		
14	波音747的機翼長度為多少英呎？		
15	古羅馬軍團士兵人數有多少？		
16	深海區（深度超過6,500英呎的海洋）的平均溫度為華氏幾度？		
17	太空梭的長度有多少英呎（不包含外掛油箱）？		
18	儒勒‧凡爾納（Jules Verne）《海底兩萬哩》（20,000 *Leagues Under the Sea*）在哪一年出版？		
19	曲棍球的球門寬度為幾英呎？		
20	羅馬競技場能容納多少觀眾？		

範圍類校準調查解答：A

#	解答
1	738
2	6 3/16 ths (6.1875)
3	45%
4	1935
5	21%
6	31
7	23
8	1450
9	26.7%
10	5.5
11	1458
12	4,160
13	1636
14	196
15	6,000
16	39°F
17	122
18	1870
19	12
20	50,000

範圍類校準調查：B

#	題目	下限 （數值高於 此的機率 為95%）	上限 （數值低於 此的機率 為95%）
1	火星地表首次探測維京1號，於哪一年在火星著陸？		
2	飛入太空最年輕的人是幾歲？		
3	希爾斯大樓（Sears Tower）高度幾公尺？		
4	「勃特靈衛星三號」（Breitling Orbiter 3）為第一個環繞地球的熱氣球，最高航行高度為幾英哩？		
5	平均而言，軟體開發計畫中設計的時間占總開發時間的比例為何？		
6	車諾比核電廠事件後有多少人被永久撤離？		
7	最大的飛船長度有幾英呎？		
8	舊金山到檀香山的飛行距離為多少英哩？		
9	最快速的禽類為獵鷹（falcon），能以每小時多少英哩的速度向下俯衝？		
10	DNA的雙螺旋結構於哪一年被發現的？		
11	足球場的寬度為幾碼？		
12	網際網路主機1996到1997年的成長率為多少？		
13	8盎司柳橙汁有多少卡路里？		
14	在海平面上要超越音速障礙的速度為每小時多少英哩（mph）？		
15	曼德拉在獄中待了幾年？		
16	已開發國家平均每日攝取多少卡路里？		
17	1994年聯合國的會員國有幾個國家？		
18	奧杜邦協會（Audubon Society）在美國是哪一年創立的？		
19	全球最高瀑布（委內瑞拉天使瀑布）高度幾英呎？		
20	鐵達尼號在海平面下幾英哩被發現的？		

還沒有得到校準嗎？請上www.howtomeasureanything.com網站做更多校準測驗。

範圍類校準調查解答：B

#	解答
1	1976
2	26
3	443
4	6.9
5	20%
6	135,000
7	803
8	2394
9	150
10	1953
11	53.3
12	70%
13	120
14	760
15	26
16	3,300
17	184
18	1905
19	3212
20	2.5英哩

二元類校準調查：A

#	敘述	答案是/非	答對的信心（請圈選）
1	林肯高速公路是全美第一條鋪設道路，從芝加哥到舊金山。		50% 60% 70% 80% 90% 100%
2	鐵的密度比黃金高。		50% 60% 70% 80% 90% 100%
3	美國擁有微波爐的家庭多於擁有電話的。		50% 60% 70% 80% 90% 100%
4	多利安（Doric）是一種屋頂形狀的建築名稱。		50% 60% 70% 80% 90% 100%
5	世界旅遊組織預測，2020年歐洲仍將是最受歡迎的旅遊地區。		50% 60% 70% 80% 90% 100%
6	德國是第二個發展原子武器的國家。		50% 60% 70% 80% 90% 100%
7	冰上曲棍球的圓盤可以放入高爾夫球洞裡。		50% 60% 70% 80% 90% 100%
8	蘇族（Sioux）為平地印第安部落。		50% 60% 70% 80% 90% 100%
9	對物理學家而言，電漿（plasma）是一種石頭。		50% 60% 70% 80% 90% 100%
10	百年戰爭其實超過一百年。		50% 60% 70% 80% 90% 100%
11	地球上的淡水大部分在極地冰帽中。		50% 60% 70% 80% 90% 100%
12	奧斯卡金像獎已經超過一百年了。		50% 60% 70% 80% 90% 100%
13	世界上財產超過10億美元的富翁少於200人。		50% 60% 70% 80% 90% 100%
14	Excel中「^」代表次方。		50% 60% 70% 80% 90% 100%
15	飛機機長平均年薪超過15萬美元。		50% 60% 70% 80% 90% 100%
16	比爾‧蓋茲的財富在1997年之前已超過100億美元。		50% 60% 70% 80% 90% 100%
17	大砲在11世紀已用於歐洲的戰事中。		50% 60% 70% 80% 90% 100%
18	安克拉治是阿拉斯加的首府。		50% 60% 70% 80% 90% 100%
19	華盛頓、傑佛遜、林肯、格蘭特為拉什莫爾山（Mount Rushmore）上的四個總統雕像。		50% 60% 70% 80% 90% 100%
20	約翰威立出版社（John Wiley & Sons）不是最大的書籍出版社。		50% 60% 70% 80% 90% 100%

二元類校準調查解答：A

#	解答
1	非
2	非
3	非
4	非
5	是
6	非
7	是
8	是
9	非
10	是
11	是
12	非
13	非
14	是
15	非
16	是
17	非
18	非
19	非
20	是

二元類校準調查：B

#	敘述	答案 是／非	答對的信心 （請圈選）
1	木星的大紅斑（Great Red Spot）比地球還大。		50% 60% 70% 80% 90% 100%
2	布魯克林道奇（Brooklyn Dodgers）的名稱為 trolley car dodgers 的縮寫。		50% 60% 70% 80% 90% 100%
3	高超音速（hypersonic）比亞音速（subsonic） 快。		50% 60% 70% 80% 90% 100%
4	多邊形是三維，而多面體是二維。		50% 60% 70% 80% 90% 100%
5	1 瓦的電動馬達會產生 1 匹馬力。		50% 60% 70% 80% 90% 100%
6	芝加哥人口比波士頓多。		50% 60% 70% 80% 90% 100%
7	2005 年沃爾瑪銷售額下滑到不及 1,000 億美元。		50% 60% 70% 80% 90% 100%
8	便利貼留言紙條是 3M 公司發明的。		50% 60% 70% 80% 90% 100%
9	諾貝爾將其財富捐贈給諾貝爾和平獎，其財富 係來自石油及爆破。		50% 60% 70% 80% 90% 100%
10	BTU 是熱能的度量單位。		50% 60% 70% 80% 90% 100%
11	第一位印第安納波利斯賽車（Indianapolis 500） 冠軍平均時速不到每小時 100 英哩。		50% 60% 70% 80% 90% 100%
12	微軟的員工人數超過 IBM。		50% 60% 70% 80% 90% 100%
13	羅馬尼亞和匈牙利國土相鄰。		50% 60% 70% 80% 90% 100%
14	愛德荷州面積大過伊朗。		50% 60% 70% 80% 90% 100%
15	卡薩布蘭加位於非洲大陸。		50% 60% 70% 80% 90% 100%
16	第一個人造塑膠是在 19 世紀發明的。		50% 60% 70% 80% 90% 100%
17	岩羚羊（chamois）是高山動物。		50% 60% 70% 80% 90% 100%
18	金字塔底部是正方形。		50% 60% 70% 80% 90% 100%
19	巨石群位於英格蘭本島。		50% 60% 70% 80% 90% 100%
20	電腦處理器以每三個月或更短時間成長一倍。		50% 60% 70% 80% 90% 100%

還沒有得到校準嗎？請上 www.howtomeasureanything.com 網站做更多校準測驗。

二元類校準調查解答：B

#	解答
1	是
2	是
3	是
4	非
5	非
6	是
7	非
8	是
9	是
10	是
11	是
12	非
13	是
14	非
15	是
16	是
17	是
18	是
19	是
20	非

中英名詞對照

第3章　無形事物的假象：
為什麼無法衡量之事物其實並非無法衡量

Precision	準確
prior knowledge	先備知識
Claude Shannon	克勞德・夏儂
Qualitative	屬質的
Stanley Smith Stevens	史丹利・史密斯・史蒂文斯
Nominal	定性的
Ordinal	定序的
Moh's hardness scale for minerals	莫氏礦物硬度計
ordinal scales	定序尺度
ratio scale	比率尺度
mentorship	師徒關係
clarification workshops	釐清工作會議
clarification chain	釐清連鎖
test group	試驗組
control group	對照組
median	中位數
Rule of Five	五的規則
David Moore	大衛・摩爾
Nike method, Just do it	耐吉法，做就對了
Applied Information Economics	應用資訊經濟學
Leonard Courtney	李奧納多・科特尼
Christine Todd Whitman	克莉絲汀・陶德・懷特曼
The Mismeasure of Man	《對人的不當衡量》

| Stephen J. Gould | 史蒂芬・古德 |
| Calibrated | 校準後 |

第4章　釐清衡量問題

IT security	資訊技術防護
Force	力
security，safety，reliability，quality	防護、安全、可靠性、品質

第5章　校準的估算：你目前所知有多少？

confidence interval，簡稱CI	信賴區間
Daniel Kahneman	丹尼爾・卡尼曼
Amos Tversky	阿莫斯・特沃斯基
Optimal	最適
Overconfidence/underconfidence	過度自信、自信不足
Calibration	校準

第6章　建立模型以衡量風險

Monte Carlo simulation	蒙地卡羅模擬
Stanislaw Ulam	斯塔尼斯拉夫・烏拉姆
John von Neumann	約翰・馮紐曼
Nicholas Metropolis	尼古拉斯・梅卓波里斯
Los Alamos	洛斯阿拉莫斯國家實驗室
normal distribution	常態分配
standard deviation	標準差
uniform distribution	均等分配

| data-mining | 資料採礦 |
| epiphany equation | 覺悟方程式 |

第8章　過渡：從衡量什麼到如何衡量

secondary research	間接研究
Geiger counter	蓋格計數器
Control	對照控制
systemic error/bias	系統性的誤差／偏誤
random error	隨機誤差
accuracy	正確性
precision	準確性
Alfred Kinsey	金賽
John W. Tukey	約翰・塔奇
Werner Heisenberg	維爾納・海森堡
Hawthorne Bias	霍桑偏誤
Elton Mayo	艾爾頓・梅堯

第9章　抽樣：觀察少數，探知全體

Census	普查
jelly bean	果凍豆
z-score	z分數
normal statistic	常態統計量
statistical significance	統計顯著性
Barry Nussbaum	貝瑞・納斯朋
Parametric	參數

第10章　貝氏分析：以先備知識為基礎的衡量

heterogeneous benchmark	異質標竿
Peter Tippett	彼得‧提佩特
sense of scale	尺度感

第11章　偏好與態度：衡量的軟性面

subjective valuation	主觀評價
stated preferences	陳述型偏好
Revealed preferences	顯現型偏好
Likert scale	李克特量表
response bias	回應偏誤
partition dependence	分割相依
Andrew Oswald	安德魯‧奧斯華
willingness to pay, WTP	支付意願
Value of a Statistical Life, VSL	統計生命價值
James Hammitt	詹姆斯‧海密特
Harvard Center for Risk Analysis	哈佛風險分析中心
innumeracy	數學盲
Risk Tolerance	風險耐受性
Harry Markowitz	哈利‧馬可維茲
Modern Portfolio Theory, MPT	現代投資組合理論
investment boundary	投資邊界
hurdle rates	要求報酬率
utility curve	效用曲線
strategic alignment	策略一致性
iso-utility	等效用曲線
indifference curve	無異曲線

Georg Rasch　　　　　　　　　　　　　喬治・拉許

Measurement Research Associates, Inc.　衡量研究公司

Mary Lunz　　　　　　　　　　　　　　瑪莉・倫茲

American Society of Clinical Pathology　美國臨床病理學會

Jack Stenner　　　　　　　　　　　　　傑克・史坦納

Egon Brunswik　　　　　　　　　　　　伊剛・布朗斯維克

business-case　　　　　　　　　　　　商業上的效益

cost-benefit analysis, CBA　　　　　　　成本效益分析

rounding error　　　　　　　　　　　　化整誤差

range compression　　　　　　　　　　範圍壓縮

the illusion of communication　　　　　溝通幻覺

Barbara McNurlin　　　　　　　　　　芭芭拉・麥克挪林

Paul Gray　　　　　　　　　　　　　　保羅・葛瑞

Analytic Hierarchy Process, AHP　　　　分析等級流程

consistency coefficient　　　　　　　　一致性係數

rank reversal　　　　　　　　　　　　排名反轉

Ideal Process Mode　　　　　　　　　　理想流程模式

第13章　新的管理衡量工具

Radio frequency ID, RFID　　　　　　　無線射頻辨識

Freeman Dyson　　　　　　　　　　　佛里曼・戴森

GPS　　　　　　　　　　　　　　　　全球定位系統

George Eberstadt　　　　　　　　　　喬治・艾伯斯塔特

radio access point　　　　　　　　　　無線網路基地台

Gunther Eysenbach　　　　　　　　　　岡瑟・艾森巴哈

William Gibson	威廉‧吉布森
cyberspace	網際空間
screen scraper	螢幕擷取
Todd Wilson	陶德‧威爾森
mashups	集錦
National Leisure Group, NLG	國家休閒集團
Key Survey	關鍵調查公司
Julianna Hale	朱莉安娜‧海爾
random noise	隨機雜訊
herd instinct	群體心理
James Surowiecki	詹姆斯‧索羅維基
The Wisdom of the Crowds	《群眾的智慧》
National Football League, NFL	國家足球聯盟
Electronic Markets	《電子市場》
General Electric, GE	奇異公司
Dow Chemical	陶氏化學
Defense Advanced Research Projects Agency, DARPA	國防先進研究計畫署
Information Awareness Office, IAO	資訊覺知辦公室
SARS	嚴重急性呼吸道症候群
Ron Wyden	朗‧懷登
Byron Dorgan	拜朗‧多根
John Poindexter	約翰‧波因戴斯克特
George Mason University	喬治梅森大學
Robin Hanson	羅賓‧漢森

第14章　通用的衡量方法：應用資訊經濟學

Diebold Group	迪堡顧問
Ray Epich	雷‧艾比屈
Mead Paper	米德紙業
Value of information analysis, VIA	資訊價值分析
the Safe Drinking Waters Information System, SDWIS	安全飲用水資訊系統
Jeff Bryan	傑夫‧布萊恩
Mark Day	馬可‧戴
compliance cost	遵循成本
Office of Naval Research	海軍研究辦公室
U. S. Marine Corps, USMC	美國海軍陸戰隊
Chief Warrant Officer 5, CWO5	軍備技術官
Terry Kunneman	泰瑞‧康納曼
Luis Torres	路易斯‧托瑞斯
Marine Expeditionary Force, MEF	陸戰隊遠征軍
HMMWV, Humvee	悍馬車
Light Armored Vehicle, LAV	輕型裝甲車
implied price premium	隱含價格溢價
David Ogilvy	大衛‧奧格威
Robert C. Merton	羅伯‧默頓
Myron Scholes	邁倫‧休斯
Black-Scholes formula	布萊克─休斯公式
"real" options theory	「實質」選擇權理論
strike price	履約價

國家圖書館出版品預行編目（CIP）資料

如何衡量萬事萬物：做好量化決策、分析的有效方
法／道格拉斯‧哈伯德（Douglas W. Hubbard）
著；高翠霜譯. -- 二版. -- 臺北市：經濟新潮社
出版：英屬蓋曼群島商家庭傳媒股份有限公司城
邦分公司發行, 2022.08
　　面；　公分. --（經營管理；112）
譯自：How to measure anything: finding the value
　　　of "intangibles" in business, 2nd ed.
ISBN 978-626-96153-5-3（平裝）

1. CST: 商業數學　2. CST: 商業分析　3. CST: 資
訊經濟學

493.1　　　　　　　　　　　　　　　　111010994